嵌入式应用技术

基于TI的MSPM0L1306微控制器

王宜怀　黄河　王佳　王进　钱瑛　编著

清华大学出版社
北京

内 容 简 介

本书以德州仪器(TI)公司于 2023 年推出的 ARM Cortex-M0+内核 MSPM0L1306 微控制器为蓝本，以知识要素为核心，以构件化为基础阐述嵌入式应用技术，同时配有实践硬件系统 AHL-MSPM0L1306。全书共 12 章，第 1 章在运行一个嵌入式系统实例的基础上简要阐述嵌入式系统的知识体系、入门问题与学习建议；第 2 章给出 ARM Cortex-M0+微处理器简介；第 3 章给出 MCU 存储器映像、中断源与硬件最小系统；第 4 章以 GPIO 为例给出规范的工程组织框架，阐述底层驱动应用方法；第 5 章阐述嵌入式硬件构件与底层驱动构件基本规范；第 6 章给出串行通信接口 UART 及第一个带中断的实例。第 1～6 章囊括了学习一个微控制器入门环节的完整要素。第 7～10 章分别讲解了 SysTick、Timer、PWM、Flash 在线编程、ADC、DAC、SPI、I2C、系统时钟、看门狗、复位模块及电源控制模块等内容；第 11 章概要介绍实时操作系统；第 12 章提供进一步学习指导。

本书提供了电子资源，内含芯片资料、使用文档、硬件说明、源程序等，还制作了课件及微课视频。

本书适用于高等学校嵌入式系统的教学或技术培训，也可供嵌入式系统与物联网应用技术人员作为研发参考。

图书在版编目(CIP)数据

嵌入式应用技术：基于 TI 的 MSPM0L1306 微控制器/王宜怀等编著. —北京：清华大学出版社，2024.6

ISBN 978-7-302-66131-3

Ⅰ.①嵌…　Ⅱ.①王…　Ⅲ.①微处理器－系统设计　Ⅳ.①TP332.021

中国国家版本馆 CIP 数据核字(2024)第 085659 号

责任编辑：刘向威　李薇漾
封面设计：文　静
责任校对：徐俊伟
责任印制：丛怀宇

出版发行：清华大学出版社
网　　　址：https://www.tup.com.cn，https://www.wqxuetang.com
地　　　址：北京清华大学学研大厦 A 座　　　　　　　邮　　编：100084
社 总 机：010-83470000　　　　　　　　　　　　　邮　　购：010-62786544
投稿与读者服务：010-62776969，c-service@tup.tsinghua.edu.cn
质量反馈：010-62772015，zhiliang@tup.tsinghua.edu.cn
课件下载：https://www.tup.com.cn，010-83470236
印 装 者：三河市铭诚印务有限公司
经　　销：全国新华书店
开　　本：185mm×260mm　　　印　　张：17　　　字　　数：425 千字
版　　次：2024 年 6 月第 1 版　　　　　　　　　　印　　次：2024 年 6 月第 1 次印刷
印　　数：1～3000
定　　价：89.00 元

产品编号：102598-01

前　言

　　嵌入式计算机系统简称嵌入式系统,其概念最初源于传统测控系统对计算机的需求。随着以微处理器(MPU)为内核的微控制器(MCU)制造技术的不断进步,计算机领域在通用计算机系统与嵌入式计算机系统这两大分支分别得以发展。通用计算机已经在科学计算、通信、日常生活等各个领域产生重要影响。在后 PC 时代,嵌入式系统的广泛应用是计算机发展的重要特征。一般来说,嵌入式系统的应用范围可以粗略分为两大类:一类是电子系统的智能化(如工业控制、汽车电子、数据采集、测控系统、家用电器、现代农业、嵌入式人工智能及物联网应用等),这类应用也被称为微控制器领域;另一类是计算机应用的延伸(如平板电脑、手机、电子图书等),这类应用也被称为应用处理器(MAP)领域。在 ARM 产品系列中,ARM Cortex-M 系列与 ARM Cortex-R 系列适用于电子系统的智能化类应用,即微控制器领域;ARM Cortex-A 系列适用于计算机应用的延伸,即应用处理器领域。不论如何分类,嵌入式系统的技术基础是不变的,即,要完成一个嵌入式系统产品的设计,需要硬件、软件及行业领域相关知识。但是,随着嵌入式系统中软件规模日益增大,业界对嵌入式底层驱动软件的封装提出了更高的要求,可复用性与可移植性受到特别关注,嵌入式软硬件构件化开发方法逐步被业界所重视。

　　本书在《嵌入式基础与实践》(第 6 版)基础上重新撰写,样本芯片使用 TI 公司于 2023年推出的基于 ARM Cortex-M0+内核的 MSPM0L1306 微控制器。《嵌入式基础与实践》(1～6 版)先后获得江苏省高等学校重点教材、普通高等教育"十二五"国家级规划教材、国家级一流本科课程教材等荣誉。本书配有可以直接实践的硬件系统 AHL-MSPM0L1306,具备简洁、便利、边学边实践等优点,克服了实验箱模式的冗余、不方便带出实验室、不易升级等缺点,为探索嵌入式教学模式提供了一种新的尝试。

　　书中以嵌入式硬件构件及底层软件构件设计为主线,基于嵌入式软件工程的思想,按照通用知识—驱动构件使用方法—测试实例—构件制作过程的顺序,逐步阐述电子系统智能化嵌入式应用的软件与硬件设计。需要特别说明的是,虽然编写教材与教学必须以某一特定芯片为蓝本,但作为嵌入式技术基础,本书试图阐述嵌入式通用知识要素。因此,本书以知识要素为基本立足点设计芯片底层驱动,使得应用程序与芯片无关,具有通用嵌入式计算机(GEC)性质。书中将大部分驱动的使用方法提前阐述,而驱动构件的设计方法后置,目的是让学生先学会使用构件进行实际编程,后理解构件的设计方法。因构件设计方法部分有一定难度,对于有不同要求的教学场景,也可不要求学生理解全部构件的设计方法,讲解一两个构件即可。

Preface

本书具有以下特点。

(1) 把握了通用知识与芯片相关知识之间的平衡。书中针对嵌入式"通用知识"的基本原理,以应用为立足点,进行语言简洁、逻辑清晰的阐述,同时注意与芯片相关知识之间的衔接,使读者在更好地理解基本原理的基础上,理解芯片应用的设计;反过来也可加深对通用知识的理解。

(2) 把握了硬件与软件的关系。嵌入式系统是软件与硬件的综合体,嵌入式系统设计是一项软件、硬件协同设计的工程,不能像通用计算机那样,将软件、硬件完全分开来对待。特别对于电子系统智能化嵌入式应用来说,没有对硬件的理解就不可能写好嵌入式软件;同样,没有对软件的理解也不可能设计好嵌入式硬件。因此,本书注重把握硬件知识与软件知识之间的关系。

(3) 对底层驱动进行构件化封装。书中对每个模块均给出根据嵌入式软件工程基本原则和构件化封装要求编制的底层驱动程序,同时给出详细、规范的注释及对外接口,为实际应用提供底层构件,方便移植与复用,可以为读者进行实际项目开发节省大量时间。

(4) 设计了合理的测试用例。书中所有源程序均经测试通过,在本书的网上教学资源中也保留了测试用例,为读者验证与理解带来方便,也避免了因例程的书写或固有错误给读者带来烦恼。

(5) 网上教学资源提供了所有模块完整的底层驱动构件化封装程序与测试用例。对于需要使用 PC 的程序的测试用例,还提供了 PC 的 C♯ 源程序、芯片资料、使用文档、硬件说明等,并制作了课件及微课视频。网上教学资源的版本将会适时更新。

本书由王宜怀、黄河、王佳、王进、钱瑛撰写。苏州大学嵌入式人工智能与物联网实验室的研究生参与了程序开发、书稿整理及有关资源建设,他们卓有成效的工作使得本书更加充实。TI 公司的王沁女士、谢胜祥先生为本书提供了许多支持,在此一并表示诚挚的感谢。

鉴于作者水平有限,书中难免存在不足和错误之处,恳望读者提出宝贵意见和建议,以便再版时改进。

苏州大学　　王宜怀

2024 年 1 月

硬件资源及网上教学资源

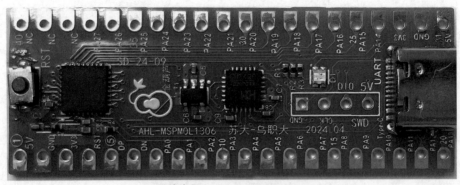

硬件资源（AHL-MSPM0L1306）

网上教学资源：AHL-MSPM0L1306

文 件 夹		内 容
01-Document		芯片资料、硬件使用说明等
02-Hardware		硬件文档
03-Software	CH01	硬件测试程序（含 MCU 端及 PC 端程序）
	CH02	认识汇编语句生成的机器码
	CH04	直接地址方式干预发光二极管、构件方式干预发光二极管、汇编编程方式干预发光二极管
	CH06	直接地址方式串口发送数据、构件方式串口发送数据、利用串口接收中断进行数据接收
	CH07	内核 SysTick 定时器；Timer 模块基本定时器；脉宽调制 PWM、输入捕捉、输出比较；PC 端配套测试程序
	CH08	Flash、ADC、DAC；PC 端配套测试程序
	CH09	SPI、I2C、DMA
	CH10	系统时钟程序的注解、复位、看门狗、CRC 等
	CH11	RT-Thread 实时操作系统实例（延时函数、事件、消息队列、信号量、互斥量）
04-Tool		AHL-MSPM0L1306 板载 TTL-USB 芯片驱动程序；C♯串口测试程序；C♯快速应用指南

　　该网上教学资源会适时更新。下载方法：百度搜索"苏州大学嵌入式学习社区"官网→"教材"→"嵌入式应用技术（TI）"下载；也可通过清华大学出版社官网下载。

目 录

Contents

第1章

概　述

本章导读

由于本书配有可实践的硬件体系,作为全书导引,本章首先从运行第一个嵌入式程序开始,使读者直观认识到嵌入式系统就是一台实实在在的微型计算机;接着阐述嵌入式系统的基本概念、由来、发展简史、分类及特点;给出嵌入式系统的学习困惑、知识体系及学习建议;随后提供微控制器与应用处理器简介,并归纳嵌入式系统的常用术语,以便读者对嵌入式系统的基本词汇有初步认识,为后续内容的学习打下基础;最后给出了嵌入式系统常用的C语言基本语法概要,以便快速掌握本书所用到的C语言基础知识。

1.1　初识嵌入式系统

嵌入式系统即嵌入式计算机系统(Embedded Computer System),它不仅具有通用计算机的主要特点,还具有自身的特点。嵌入式系统不单独以通用计算机的面目出现,而是隐含在各类具体的智能产品(如手机、机器人、自动驾驶系统等)中。嵌入式系统在嵌入式人工智能、物联网、工厂智能化等领域中起核心作用。

由于嵌入式系统是一门理论与实践密切结合的课程,为了使读者能够更好、更快地学习嵌入式系统,本书内部夹带了苏州大学嵌入式人工智能与物联网实验室(简称 SD-EAI&IoT)研发的 AHL-MSPM0L1306 嵌入式开发套件。下面从运行这台小小的微型计算机开始,开启嵌入式系统的学习之旅。

1.1.1　运行硬件系统

1. 了解实践硬件

图 1-1 为本书随附的 AHL-MSPM0L1306 嵌入式开发套件,包括内含德州仪器(TI)公司 ARM Cortex-M0+内核的 MSPM0L1306 微控制器;5V 转 3.3V 电源;红、绿、蓝三色灯;两路 TTL-USB 串口;对外接口有 GPIO、UART、ADC、SPI、I2C、PWM 等。

AHL-MSPM0L1306 是一个典型的嵌入式系统,虽然体积很小,但"麻雀虽小五脏俱全",它包含了嵌入式计算机的基本要素。

图 1-1　AHL-MSPM0L1306 嵌入式开发套件

2. 测试 AHL-MSPM0L1306 硬件

出厂时已经将电子资源[①]中的"..\03-Software\CH01\Test-AHL-MSPM0L1306"测试工程的机器码下载到这个嵌入式计算机内,只要给它供电,其中的程序就可以运行了,步骤如下。

步骤 1:使用标准 Type-C 数据线[②]给主板供电。将 Type-C 数据线的小端连接主板,另外一端连接通用计算机的 USB 接口。

步骤 2:观察程序运行效果。现象如下:①红、绿、蓝各灯分别每 5s、10s、20s 发生状态变化,对外表现为三色灯的合成色,其实际效果如图 1-2 所示,即开始时为暗,依次变化为红、绿、黄(红+绿)、蓝、紫(红+蓝)、青(蓝+绿)、白(红+蓝+绿),周而复始;②用手触摸主板上方的 MSPM0L1306 芯片(距离 Type-C 接口更远的那个大一点的方形芯片,注意,手只触摸芯片表面,不触及其引脚),可以看到黄灯闪烁三下。

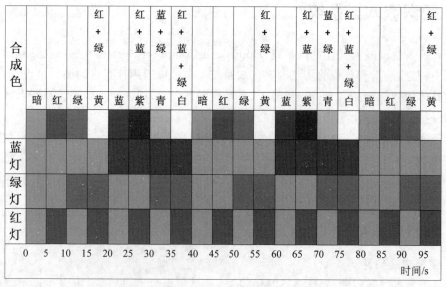

图 1-2　三色灯实际效果

---

①　本书电子资源下载途径:百度搜索"苏州大学嵌入式学习社区"官网,随后进入"教材"→"嵌入式应用技术(TI)"。

②　Type-C 数据线是 2014 年面市的基于 USB 3.1 标准接口的数据线,没有正反方向的区别,可承受 1 万次反复插拔,现在已经普及,例如华为手机的数据线,请读者自备。

从运行效果可以体会到这小小的嵌入式计算机的功能。实际上,该嵌入式计算机的功能十分丰富,借助编程可以完成智能化领域的许多重要任务,本书将由此带领读者逐步进入嵌入式系统的广阔天地。

1.1.2 实践体系简介

为了更好地进行嵌入式系统的教学,SD-EAI&IoT 开发了 AHL-MSPM0L1306 嵌入式开发套件。AHL 三个字母是"Auhulu"的缩写,中文名字为"金葫芦",英文名字为"Auhulu",其含义是"照葫芦画瓢①"。该开发套件与一般的嵌入式系统实验箱不同,它不仅可以作为嵌入式系统教学使用,也是一套较为完备的可用于实际嵌入式产品开发的微型计算机系统。

AHL-MSPM0L1306 嵌入式开发套件由硬件部分、集成开发环境、电子资源 3 个部分组成。

1. 硬件部分

AHL-MSPM0L1306 以 TI 公司的 MSPM0L1306 微控制器为核心,辅以硬件最小系统,集成红、绿、蓝三色灯;两路 TTL-USB 串口以 Type-C 接口引出,引出 MSPM0L1306 所有 I/O 口,形成一台完整的通用嵌入式计算机(General Embedded Computer,GEC),可以供读者方便地进行嵌入式系统的学习与开发。

2. 集成开发环境

嵌入式软件开发有别于个人计算机(Personal Computer,PC)软件开发的一个显著的特点在于:前者需要一个交叉编译和调试环境,即工程的编辑和编译所使用的工具软件通常在 PC 上运行,这个工具软件通常称为集成开发环境(Integrated Development Environment,IDE),而编译生成的嵌入式软件的机器码文件则需要通过工具下载到目标机上执行。这里的工具机就是人们通常使用的台式个人计算机或笔记本式个人计算机。本书的目标机就是随书所夹带的 AHL-MSPM0L1306 开发套件。

本书使用的集成开发环境为 SD-EAI&IoT 推出的 AHL-GEC-IDE,具有编辑、编译、链接、程序下载等功能,特别是配合"金葫芦"硬件,可直接运行、调试程序,根据芯片型号的不同兼容常用嵌入式集成开发环境。注意:PC 的操作系统需要使用 Windows 10/11 版本。

集成开发环境的下载途径:百度搜索"苏州大学嵌入式学习社区"官网,随后进入"金葫芦专区"→"AHL-GEC-IDE",下载后安装即可。

3. 电子资源

本书配套电子资源中包含了芯片资料、AHL-MSPM0L1306 用户手册、硬件原理图、各章的源程序、常用软件工具等。

电子资源的下载途径:百度搜索"苏州大学嵌入式学习社区"官网,随后进入"教材"→"嵌入式应用技术(TI)"。

---

① 照葫芦画瓢:比喻照着样子模仿,出自(宋)魏泰《东轩笔录》第一卷。古希腊哲学家亚里士多德说过:"人从儿童时期起就有模仿本能,他们用模仿而获得了最初的知识,模仿就是学习"。孟子则曰"大匠诲人必以规矩,学者亦必以规矩",其含义是高明的工匠教人手艺必定依照一定的规矩,而学习的人也就必定依照一定的规矩。本书借用此,期望通过建立符合软件工程基本原理的"葫芦",为"照葫芦画瓢"建立坚实基础,达到降低学习难度的目标。

1.1.3　编译、下载与运行第一个嵌入式程序

步骤 1：硬件接线。将 Type-C 数据线的小端连接主板的 Type-C 接口，另外一端连接通用计算机的 USB 接口。

步骤 2：打开环境，导入工程。打开集成开发环境 AHL-GEC-IDE，单击菜单"文件"→"导入工程"，随后选择电子资源中"..\03-Software\CH01\Test-AHL-MSPM0L1306"[①]。导入工程后，左侧为工程树形目录，右侧为文件内容编辑区，初始显示的内容为 main.c 文件，如图 1-3 所示。

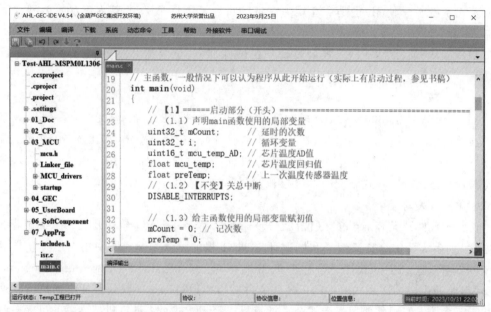

图 1-3　IDE 界面及编译结果

步骤 3：编译工程。单击菜单"编译"→"编译工程"，就开始编译。正常情况下，编译后会显示"编译成功！"。

步骤 4：连接 GEC。单击菜单"下载"→"串口更新"，将进入更新窗体界面。单击"连接GEC"查找目标 GEC，若连接成功，会显示芯片型号等信息，可进行下一步操作。若连接不成功，可参阅电子资源中"..\01-Document"文件夹内的 AHL-MSPM0L1306 用户手册中的"常见问题及解决办法"一节进行解决。

步骤 5：下载机器码。单击"选择文件"按钮，导入被编译工程目录 Debug 中的.hex 文件，然后单击"一键自动更新"按钮，等待程序自动更新。更新完成之后，程序将自动运行。

步骤 6：观察运行结果。与 1.1.1 节一致，这就是出厂时下载到芯片内部 Flash 存储器中的程序。

步骤 7：通过串口观察运行情况。①观察程序运行过程。在开发环境界面下，进入顶部菜单"工具"→"串口工具"，选择其中一个串口，波特率默认设为 115200 并打开串口，串口调试工具页面会显示三色灯的状态、MCU 温度（若没有显示，则关闭该串口，打开另一个串

---

① 建议复制一份再进行实际操作，文件夹名就是工程名。注意：路径中建议不包含汉字，层级也不能太多。

口）；②验证串口收发。关闭已经打开的串口，打开另一个串口，波特率选择默认参数，在
"发送数据框"中输入字符串，单击"发送数据"按钮。正常情况下，主板会回送数据给 PC，并
在接收框中显示，效果如图 1-4 所示。

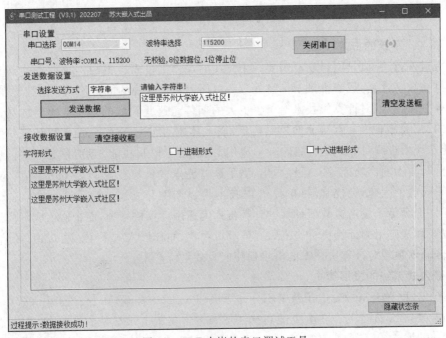

图 1-4　IDE 内嵌的串口调试工具

1.2　嵌入式系统的定义、发展简史、分类及特点

1.2.1　嵌入式系统的定义

嵌入式系统（Embedded System）有多种多样的定义，但本质是相同的。美国 CMP
Books 出版的 Jack Ganssle 和 Michael Barr 的著作 *Embedded System Dictionary*[①] 给出的
嵌入式系统的定义：嵌入式系统是一种计算机硬件和软件的组合，也许还有机械装置，用于
实现一个特定功能。在某些特定情况下，嵌入式系统是一个大系统或产品的一部分。手机、
数字手表、电冰箱、微波炉、无人机等均是嵌入式系统的实例。

美国电气电子工程师学会（Institute of Electrical and Electronics Engineers，IEEE）给
出的嵌入式系统定义：嵌入式系统是控制、监视或者辅助装置、机器和设备运行的装置。

中华人民共和国国家标准《GB/T 22033—2008 信息技术 嵌入式系统术语》给出的嵌入
式系统定义：嵌入式系统是置入应用对象内部起信息处理和控制作用的专用计算机系统。
它是以应用为中心，以计算技术为基础，软件硬件可剪裁，对功能、可靠性、成本、体积、功耗
有较严格要求的专用计算机系统，其硬件至少包含一个微控制器或微处理器。

---

① GANSSLE,BARR M.英汉双解嵌入式系统词典[M].马广云，潘琢金，彭甫阳，译.北京：北京航空航天大学出版
社，2006.

综上，可以从计算机本身的角度概括表述嵌入式系统。嵌入式系统即嵌入式计算机系统，它是不以计算机面目出现的"计算机"。这个计算机系统隐含在各类具体的产品之中，这些产品中的计算机程序起到了重要作用。

1.2.2　嵌入式系统的由来及发展简史

1. 嵌入式系统的由来

通俗地说，计算机是因科学家需要一个高速的计算工具而产生的。20 世纪 70 年代，电子计算机在数字计算、逻辑推理及信息处理等方面表现出非凡的能力。而在通信、测控与数据传输等领域，人们对计算机技术给予了更大的期待。这些领域的应用与单纯的高速计算要求不同，主要表现在：直接面向控制对象；嵌入具体的应用产品中，而非以计算机的面貌出现；能在现场连续可靠地运行；体积小，应用灵活；突出控制功能，特别是对外部信息的捕捉与丰富的输入输出功能等。可以看出，满足这些要求的计算机与满足高速数值计算的计算机是不同的。因此，微控制器（单片机）①技术得以产生并发展。为了区分这两种计算机类型，通常把满足海量高速数值计算的计算机称为通用计算机系统，而把嵌入实际应用系统中，实现嵌入式应用的计算机称为嵌入式计算机系统，简称嵌入式系统。可以说，通信、测控与数据传输等领域对计算机技术的需求促使嵌入式系统产生。

2. 嵌入式系统的发展简史

1946 年，世界上第一台电子数字积分计算机（The Electronic Numerical Integrator And Calculator，ENIAC）诞生。它由美国宾夕法尼亚大学莫尔电工学院制造，重达 30t，总体积约 90m³，占地 170m²，耗电 140kW/h，运算速度为每秒 5000 次加法，标志着计算机时代开始。计算机最重要的部件是中央处理器（Central Processing Unit，CPU），它是一台计算机的运算和控制核心。CPU 的主要功能是解释指令和处理数据，其内部含有运算逻辑部件，即算术逻辑运算单元（Arithmetic Logic Unit，ALU）、寄存器部件和控制部件等。

1971 年，Intel 公司推出了单芯片 4004 微处理器（Micro Processor Unit，MPU），它是世界上第一个商用微处理器，Busicom 公司就是用它制作电子计算器的，这就是嵌入式计算机的雏形。1976 年，Intel 公司又推出了 MCS-48 单片机（Single Chip Microcomputer，SCM），这个内部含有 1KB 只读存储器（Read Only Memory，ROM）、64B 随机存取存储器（Random Access Memory，RAM）的简单芯片成为世界上第一个单片机，开创了将 ROM、RAM、定时器、并行口、串行口及其他各种功能模块等 CPU 外部资源，与 CPU 一起集成到一个硅片上生产的时代。1980 年，Intel 公司对 MCS-48 单片机进行了完善，推出了 8 位 MCS-51 单片机，并获得巨大成功，开启了嵌入式系统的单片机应用模式。至今，MCS-51 单片机仍有较多应用。这类系统大部分应用于一些简单、专业性强的工业控制系统，早期主要使用汇编语言编程，后来大部分使用 C 语言编程，一般没有操作系统的支持。

经过 20 世纪 80 年代、90 年代的不断发展，进入 21 世纪后，嵌入式系统芯片制造技术快速发展，融合了以太网与无线射频技术，成为物联网（Internet of Things，IoT）及嵌入式人工智能的关键技术基础。

在嵌入式系统的发展历程中，ARM 处理器占据了嵌入式市场的重要份额，本书以

---

① 微控制器与单片机这两个术语的语义是基本一致的，本书后面除讲述历史之外，一律使用微控制器一词。

ARM 处理器为蓝本阐述嵌入式应用,下面简要介绍 ARM。

3. ARM 简介

ARM(Advanced RISC Machines,高级精简指令集处理器)既可以认为是一个公司的名称,也可以认为是对一类微处理器的通称,还可以认为是一种技术的名称。

1985 年 4 月 26 日,第一个 ARM 原型在英国剑桥的 Acorn 计算机有限公司诞生,1990 年成立了 Advanced RISC Machines Limited(后来简称为 ARM Limited,ARM 公司)。ARM 公司作为设计公司,本身并不生产芯片,而是采用转让许可证制度,由合作伙伴生产芯片。1993 年,ARM 公司发布了全新的 ARM7 处理器核心,其代表产品为 ARM7-TDMI,它搭载了 Thumb 指令集①,是 ARM 公司通用 32 位微处理器家族的成员之一。它的代码密度提升了 35%,内存占用也与 16 位处理器相当。

自 2004 年起,ARM 公司在发布经典处理器 ARM11 以后不再用数字命名处理器,而统一改用 Cortex 命名。例如,ARM Cortex-A 系列主要面向具有高计算要求、运行丰富操作系统以及提供交互媒体和图形体验的应用领域,如智能手机、移动计算平台、超便携的上网本或智能本等。ARM Cortex-M 系列面向对成本和功耗敏感的 MCU 和终端应用,如智能测量、人机接口设备、汽车和工业控制系统、大型家用电器、消费性产品和医疗器械等。

2009 年,ARM 公司推出了体积最小、功耗最低且能效最高的处理器 Cortex-M0。这款 32 位处理器问世后,打破了一系列的授权记录,成为各制造商竞相争夺的"香饽饽",仅 9 个月内,就有 15 家厂商与 ARM 公司签约。此外,该芯片还将各家厂商拉出了老旧的 8 位处理器泥潭。

2011 年,ARM 公司推出了旗下首款 64 位架构 ARM v8。2015 年,ARM 公司推出了基于 ARM v8 架构的一种面向企业级市场的新平台标准。2016 年,ARM 公司推出了 Cortex-R8 实时处理器,可广泛应用于智能手机、平板电脑、物联网领域。2018 年,ARM 公司推出一项名为 integrated SIM 的技术,将移动设备用户识别卡(Subscriber Identification Module,SIM)与射频模组整合到芯片,以便为物联网应用提供更便捷的产品。

综上所述,不同嵌入式处理器,应用领域各有侧重,开发方法与知识要素也有所不同。

1.2.3 嵌入式系统的分类

嵌入式系统的分类标准很多,可以按照处理器位数来分,也可以按照复杂程度来分,分类方法也各有特点。应用于不同领域的嵌入式系统的知识要素与学习方法有所不同,从学习嵌入式系统角度来看,可以按应用范围简单地把嵌入式系统分为电子系统智能化(微控制器类)和计算机应用延伸(应用处理器)这两大类,二者的主要区别在于可靠性、数据处理量、工作频率等方面。相对于应用处理器,微控制器的可靠性要求更高、数据处理量较小、工作频率较低。

1. 电子系统智能化类(微控制器类)

电子系统智能化类的嵌入式系统,主要用于工业控制、现代农业、家用电器、汽车电子、

---

① Thumb 指令集可以看作是 ARM 指令压缩形式的子集,它是为减小代码量而提出的,具有 16 位的代码密度。Thumb 指令体系并不完整,只支持通用功能,必要时仍需要使用 ARM 指令,如进入异常时。Thumb 指令的格式与使用方式与 ARM 指令集类似。

测控系统、数据采集等,这些应用所使用的嵌入式处理器一般称为微控制器。这类嵌入式系统产品从形态上看,更类似于早期的电子系统,但内部计算程序起核心控制作用。它们对应于 ARM 公司的面向各类嵌入式应用的微控制器内核 Cortex-M 系列及面向实时应用的高性能内核 Cortex-R 系列。相对于 Cortex-M 系列,Cortex-R 系列主要针对高实时性应用,如硬盘控制器、网络设备、汽车应用(安全气囊、制动系统、发动机管理)等。从学习与开发角度,电子系统智能化类的嵌入式应用,需要终端产品开发者面向应用对象设计硬件、软件,注重硬件、软件的协同开发。因此,开发者必须掌握底层硬件接口、底层驱动及软硬件密切结合的开发调试技能。电子系统智能化类的嵌入式系统,即微控制器,是嵌入式系统的软硬件基础,是学习嵌入式系统的入门环节,且为重要的一环。从操作系统角度看,电子系统智能化类的嵌入式系统可以不使用操作系统,也可以根据复杂程度及芯片资源的容纳程度使用操作系统。该类嵌入式系统使用的操作系统通常是实时操作系统(Real Time Operating System,RTOS),如 RT-Thread、Mbed OS、MQXLite、FreeRTOS、μCOS-Ⅲ、μClinux、VxWorks 和 eCos 等。

2. 计算机应用延伸类(应用处理器类)

计算机应用延伸类的嵌入式系统,主要用于平板电脑、智能手机、电视机顶盒、企业网络设备等,这些应用所使用的嵌入式处理器一般称为应用处理器(Application Processor),也称为多媒体应用处理器(Multimedia Application Processor,MAP)。这类嵌入式系统产品,从形态上看,更接近通用计算机系统;从开发方式上看,也类似于通用计算机的软件开发方式。从学习与开发角度看,对于计算机应用延伸类的嵌入式应用,终端产品开发者大多购买厂商制作好的硬件实体在嵌入式操作系统下进行软件开发,或许还需要掌握少量的对外接口方式。因此,从知识结构角度看,学习这类嵌入式系统,对硬件的要求相对较少。计算机应用延伸类的嵌入式系统,即应用处理器,也是嵌入式系统学习中重要的一环。但是,从学习规律角度看,若要全面学习掌握嵌入式系统,应该先学习掌握微控制器,然后在此基础上进一步学习并掌握应用处理器编程,而不要颠倒顺序。从操作系统角度看,计算机应用延伸类的嵌入式系统一般使用非实时嵌入式操作系统,通常称为嵌入式操作系统(Embedded Operation System,EOS),如 Android、Linux、iOS、Windows CE 等。当然,非实时嵌入式操作系统与实时操作系统也不是明确划分的,只是粗略分类,侧重有所不同而已。现在的 RTOS 的功能也在不断提升,一般的嵌入式操作系统也在提高实时性。

当然,工业生产车间经常利用工业控制计算机和个人计算机控制机床、生产过程等。这些可以说是嵌入式系统的一种形态,因为它们完成特定的功能,且整个系统不称为计算机,而是另有名称,如磨具机床、加工平台等。但是,从知识要素角度看,这类嵌入式系统不具备普适意义,本书不讨论这类嵌入式系统。

1.2.4　嵌入式系统的特点

与通用计算机系统相比,嵌入式系统的存储资源相对匮乏,速度较低,对实时性、可靠性、知识的综合要求较高。嵌入式系统的开发方法、开发难度、开发手段等,均不同于通用计算机程序,也不同于常规的电子产品。嵌入式系统是在通用计算机发展的基础上,面向测控系统逐步发展起来的。因此,从与通用计算机对比的角度来认识嵌入式系统的特点,对学习嵌入式系统具有实际意义。

1. 嵌入式系统属于计算机系统,但不单独以通用计算机的面目出现

嵌入式系统不仅具有通用计算机的主要特点,而且具有自身特点。嵌入式系统也必须要有软件才能运行,但其隐含在种类众多的具体产品中。通用计算机种类屈指可数,而嵌入式系统不仅芯片种类繁多,而且应用对象大小各异。嵌入式系统作为控制核心,已经融入各个行业的产品之中。

2. 嵌入式系统开发需要专用工具和特殊方法

嵌入式系统不像通用计算机那样,有了计算机系统就可以进行应用软件的开发。一般情况下,微控制器或应用处理器的芯片本身不具备开发功能,必须要有一套与相应芯片配套的开发工具和开发环境。这些开发工具和开发环境一般基于通用计算机上的软硬件设备,以及逻辑分析仪、示波器等。开发过程中往往有工具机(一般为 PC 或笔记本电脑)和目标机(实际产品所使用的芯片)之分,工具机用于程序的开发,目标机作为程序的执行机,开发时需要交替结合使用。编辑、编译、链接生成机器码在工具机完成,然后通过写入调试器将机器码下载到目标机中,进行运行与调试。

3. 使用 MCU 设计嵌入式系统,数据与程序空间采用不同存储介质

在通用计算机系统中,程序存储在硬盘上。实际运行时,通过操作系统将要运行的程序从硬盘调入内存(RAM),运行中的程序、常数、变量均在 RAM 中。一般情况下,以 MCU 为核心的嵌入式系统,其程序被固化到非易失性存储器①中。变量及堆栈使用 RAM 存储器。

4. 开发嵌入式系统涉及软件、硬件及应用领域的知识

嵌入式系统与硬件紧密相关,嵌入式系统的开发需要硬件和软件的协同设计、协同测试。同时,由于嵌入式系统专用性很强,通常用于特定应用领域,如嵌入在手机、冰箱、空调、各种机械设备、智能仪器仪表中,起核心控制作用,且功能专用,因此,要进行嵌入式系统的开发,还需要对领域知识有一定的理解。当然,一个团队协作开发嵌入式产品,团队的各个成员可以扮演不同角色,但对系统的整体理解与把握以及成员间的相互协作,有助于一款稳定、可靠的嵌入式产品的诞生。

1.3 嵌入式系统的入门问题、知识体系及学习建议

1.3.1 嵌入式系统的入门问题

关于嵌入式系统的学习方法,每个人因学习经历、学习环境、学习目的、已有的知识基础等存在不同,可能在学习顺序、内容选择、实践方式等方面有所区别。但是,应该明确哪些是必备的基础知识,哪些应该先学,哪些应该后学;哪些必须通过实践才能了解;哪些是与具体芯片无关的通用知识,哪些是与具体芯片或开发环境相关的知识。

嵌入式系统的初学者应该选择一个具体 MCU 作为蓝本,通过学习实践,获得嵌入式系统知识体系的通用知识,其基本原则是:入门时间较快、硬件成本较少、软硬件资料规范、知识要素较多、学习难度较低。

---

① 目前,非易失性存储器通常为 Flash 存储器,特点见有关"Flash 在线编程"的内容。

由于微处理器与微控制器种类繁多,对于微控制器及应用处理器的发展,人们在认识与理解上存在差异,一些初学者有些困惑。下面简要分析初学者可能存在的 3 个问题。

(1) 嵌入式系统入门问题之一——选择入门芯片:是微控制器还是应用处理器? 从性能角度看,与应用处理器相比,微控制器工作频率低、计算性能弱、稳定性高、可靠性强。从使用操作系统角度看,与应用处理器相比,开发微控制器程序一般使用 RTOS,也可以不使用操作系统;而开发应用处理器程序一般使用非实时操作系统。从知识要素角度看,与应用处理器相比,开发微控制器程序一般更需要了解底层硬件;而开发应用处理器终端程序,一般是在厂商提供的驱动基础上基于操作系统开发,更类似于开发一般 PC 软件的方式。从上述分析可以看出,要想成为一名知识结构合理且比较全面的嵌入式系统工程师,应该选择一种较典型的微控制器作为入门芯片,且从无操作系统(No Operating System,NOS)学起,由浅入深,逐步推进。

(2) 嵌入式系统入门问题之二——选择操作系统:NOS、RTOS 还是 EOS? 学习嵌入式系统的目的是开发嵌入式应用产品,但许多人想学习嵌入式系统,却不知道该从何学起,具体目标也不明确。一些初学者往往选择一个嵌入式操作系统就开始学习了,打一个不十分恰当的比方,这有点儿像"瞎子摸大象",只了解其一个侧面。这样难以对嵌入式产品的开发过程有全面了解。许多初学者选择"×××嵌入式操作系统+×××处理器"的嵌入式系统的入门学习模式,本书认为是不合适的。本书的建议是:首先把嵌入式系统软件与硬件基础打好,再根据实际应用需要,选择一种实时操作系统(RTOS)进行实践。读者必须明确认识到,RTOS 是开发某些嵌入式产品的辅助工具和手段,不是目的。况且,一些小型微型嵌入式产品并不需要 RTOS。因此,一开始就学习 RTOS,并不符合"由浅入深、循序渐进"的学习规律。

另外一个问题是:选 RTOS,还是 EOS? 面向微控制器的应用,一般选择 RTOS,如 RT-Thread、Mbed OS、MQXLite、FreeRTOS、µCOS-Ⅲ 和 µClinux 等。RTOS 种类繁多,实际使用何种 RTOS,一般需要由工作单位确定。基础阶段主要学习 RTOS 的基本原理,并学习在 RTOS 之上的软件开发方法,而不是学习如何设计 RTOS。面向应用处理器的应用,一般选择 EOS,如 Android、Linux、Windows CE 等,可根据实际需要有选择地学习。

(3) 嵌入式系统入门问题之三——硬件与软件:如何平衡? 以 MCU 为核心的嵌入式技术的知识体系必须通过具体的 MCU 来体现、实践与训练。但是,无论选择何种型号的 MCU,与其芯片相关的知识都只占知识体系的 20% 左右,剩余 80% 左右的是通用知识。这 80% 左右的通用知识必须通过具体实践才能获取,因此学习嵌入式技术要选择一个系列的 MCU。嵌入式系统均含有硬件与软件两大部分,它们之间的关系如何呢?

有些学者仅从电子角度认识嵌入式系统,认为"嵌入式系统=MCU 硬件系统+小程序"。这些学者大多具有良好的电子技术基础知识。实际情况是,早期 MCU 内部 RAM 小、程序存储器外接,需要外扩各种 I/O,没有像现在的 USB、嵌入式以太网等较复杂的接口,因此,程序占总设计量的 50% 以下,使人们认为嵌入式系统(MCU)是"电子系统",以硬件为主、程序为辅。但是,随着 MCU 制造技术的发展,MCU 内部 RAM 越来越大;Flash 进入 MCU 内部,改变了传统的嵌入式系统开发与调试方式;固件程序可以被更方便地调试与在线升级。许多开发方法与开发 PC 程序的难易程度相差无几,只不过开发环境与运行环境不是同一载体而已。这些情况使得嵌入式系统的软硬件设计方法发生了根本变化。特别是因软件危机而发展起来的软件工程学科对嵌入式系统软件的发展也产生了重要影响，催生出嵌入式系统软件工程。

有些学者仅从软件开发角度认识嵌入式系统，甚至有的仅根据嵌入式操作系统认识嵌入式系统。这些学者大多具有良好的计算机软件开发基础知识，认为硬件是生产厂商的事，但他们没有认识到，嵌入式系统产品的软件与硬件均是需要开发者设计的。本书作者常常接到一些关于嵌入式产品稳定性的咨询电话，发现大多数问题是由于软件开发者对底层硬件的基本原理不理解而产生的。特别是有些功能软件开发者过分依赖底层硬件驱动软件的设计，而自己对底层驱动原理知之甚少。实际上，一些功能软件开发者名义上是在做嵌入式软件，但仅是使用嵌入式编辑、编译环境与下载工具而已，本质与开发通用 PC 软件没有两样。而底层硬件驱动软件的开发，若不全面考虑高层功能软件对底层硬件的可能调用，也会使得封装或参数设计得不合理或不完备，导致高层功能软件的调用相对困难。

从上述描述可以看出，若把一个嵌入式系统的开发孤立地分为硬件设计、底层硬件驱动软件设计、高层功能软件设计，一旦出现了问题，就可能难以定位。实际上，嵌入式系统设计是一项软件和硬件协同设计的工程，不能像通用计算机那样，将软件和硬件完全分开来看，而要在一个大的框架内协调工作。在一些小型公司，需求分析、硬件设计、底层驱动、软件设计、产品测试等过程可能是由同一个团队完成的，这就需要团队成员对软件、硬件及产品需求有充分认识，才能协作完成开发。

关于学习嵌入式系统以软件为主还是以硬件为主，或是如何选择切入点，如何在软件与硬件之间找到平衡的问题，本书的建议是：要想成为一名合格的嵌入式系统设计工程师，在初学阶段，必须重视并打好嵌入式系统的硬件与软件基础。以下是从事嵌入式系统设计二十多年的一名美国学者 John Catsoulis 在 *Designing Embedded Hardware* 一书中关于这个问题的总结：嵌入式系统与硬件紧密相关，是软件与硬件的综合体，没有对硬件的理解就不可能写好嵌入式软件，同样，没有对软件的理解也不可能设计好嵌入式硬件。

充分理解嵌入式系统软件与硬件的相互依存关系，对嵌入式系统的学习有良好的促进作用。一方面，既不能只重视硬件，而忽视编程结构、编程规范、软件工程的要求、操作系统等知识的积累；另一方面，也不能仅从计算机软件角度，把通用计算机学习过程中的概念与方法生搬硬套到嵌入式系统的学习实践中，而忽视嵌入式系统与通用计算机的差异。在嵌入式系统学习与实践的初始阶段，应该充分了解嵌入式系统的特点，根据自身已有的知识结构，制定适合自身情况的学习计划。学习目标应该是打好嵌入式系统的硬件与软件基础，通过实践，为成为良好的嵌入式系统设计工程师建立起基本知识结构。在学习过程中可以将具体应用系统作为实践载体，但不能拘泥于具体系统，应该有一定的抽象与归纳。例如，有的初学者开发实际的控制系统时，没有使用实时操作系统，但不要据此认为实时操作系统就不需要学习，而要注意知识学习的先后顺序与时间点的把握。又如，有的初学者以一个带有实时操作系统的样例为蓝本进行学习，但不要据此认为任何嵌入式系统都需要使用实时操作系统，甚至把一个十分简明的实际系统加上一个不必要的实时操作系统。因此，片面认识嵌入式系统，可能导致产生认识误区。应该根据实际项目需要，锻炼自己分析实际问题、解决问题的能力。这是一个较长期的、需要静下心来的学习与实践过程，不能期望通过短期培训完成整体知识体系的建立。应该重视自身实践，全面地理解与掌握嵌入式系统的知识体系。

1.3.2　嵌入式系统的知识体系

根据由浅入深、由简到繁的学习规律,嵌入式学习的入门应该选择微控制器,而不是应用处理器。应通过对微控制器基本原理与应用的学习,逐步掌握嵌入式系统的软件与硬件基础,然后在此基础上进行嵌入式系统其他方面知识的学习。

本书主要阐述以 MCU 为核心的嵌入式技术基础与实践。要完成一个以 MCU 为核心的嵌入式系统应用产品设计,需要硬件、软件及行业领域的相关知识。硬件主要包含 MCU 的硬件最小系统、输入输出外围电路、人机接口设计。软件设计有固化软件的设计,也可能包含 PC 软件的设计。行业知识需要通过协作、交流与总结获得。

概括地说,学习以 MCU 为核心的嵌入式系统,需要以下软件和硬件基础知识与实践训练,即,以 MCU 为核心的嵌入式系统的基本知识体系如下[①]。

(1)掌握硬件最小系统与软件最小系统框架。硬件最小系统是包括电源、晶振、复位、写入调试器接口等的,可使内部程序得以运行的、规范的、可复用的核心构件系统[②]。软件最小系统框架是一个能够点亮一个发光二极管的,可能带有串口调试构件的,包含工程规范完整要素的,可移植与可复用的工程模板[③]。

(2)掌握常用基本输出的概念、知识要素、构件使用方法及构件设计方法。内容包括通用 I/O(GPIO)、模数转换(ADC)、数模转换(DAC)、定时器模块等。

(3)掌握嵌入式通信的概念、知识要素、构件使用方法及构件设计方法。内容包括串行通信接口(UART)、串行外设接口(SPI)、集成电路互联总线(I2C)、CAN、USB、嵌入式以太网、无线射频通信等。

(4)掌握常用应用模块的构件设计方法、使用方法及数据处理方法。内容包括显示模块(LED、LCD、触摸屏等)、控制模块(控制各种设备,包括 PWM 等控制技术)等。数据处理方法包括图形、图像、语音、视频的处理或识别等。

(5)掌握一门实时操作系统的基本用法与基本原理。作为软件辅助开发工具的实时操作系统,也可以作为一个知识要素。可以选择一种(如轻量级鸿蒙 Mbed OS、MQXLite、RT-Thread μC/OS 等)进行学习实践,在没有明确目的的情况下,没必要选择几种同时学习。先学好其中一种,在确有必要使用另一种实时操作系统时,再学习,也可触类旁通。

(6)掌握嵌入式软硬件的基本调试方法。内容包括断点调试、打桩调试、printf 调试方法等。在嵌入式调试过程中,特别要注意确保在正确硬件环境下调试未知软件,在正确软件环境下调试未知硬件。

读者若主要学习应用处理器类的嵌入式应用,也应该在了解 MCU 知识体系的基础上,选择一种嵌入式操作系统(如标准鸿蒙 Android、Linux 等)进行学习实践。目前,App 开发也是嵌入式应用的一个重要组成部分,可选择一种 App 开发进行实践(如 Android App、iOS App 等)。

与此同时,在 PC 上,利用面向对象编程语言进行测试程序、网络侦听程序、Web 应用程

---

① 有关名词解释详见 1.5 节,本书将逐步学习这些内容。
② 硬件最小系统将在本书第 3 章阐述。
③ 软件最小系统将在本书第 4 章和第 6 章阐述。

序的开发,以及对数据库进行基本了解与应用,也应逐步纳入嵌入式应用的知识体系中。此外,理工科专业的公共基础课本身就是学习嵌入式系统的基础。

1.3.3　基础阶段的学习建议

几十年以来,嵌入式开发工程师们逐步探索与应用构件封装的原则,把与硬件相关的部分封装为底层构件,统一接口,努力使高层程序与芯片无关,可以在各种芯片应用系统移植与复用,试图降低学习难度。学习的关键就变成了了解底层构件设计方法,掌握底层构件的使用方式,并在此基础上进行嵌入式系统设计与应用开发。当然,底层构件的设计方法,以及实际设计一个芯片的某一模块底层构件的方法,也是本科学生应该掌握的基本知识。专科类学生可以直接使用底层构件进行应用编程,但也需要了解知识要素的抽取方法与底层构件基本设计过程。对于看似庞大的嵌入式系统知识体系,可以使用“电子札记”的方式进行知识积累与补缺补漏。任何具有一定理工科基础的学生,通过一段稍长时间的静心学习与实践,都能学好嵌入式系统。

下面针对嵌入式系统的入门问题,从嵌入式系统知识体系的角度,对广大渴望学习嵌入式系统的读者提出 5 点基础阶段的学习建议。

(1) 遵循“先易后难,由浅入深”的原则,打好软硬件基础。跟随本书,充分利用本书提供的软硬件资源及辅助视频材料,逐步实验与实践①;充分理解硬件基本原理,掌握功能模块的知识要素,掌握底层驱动构件的使用方法,掌握 1~2 个底层驱动构件的设计过程与方法;在底层驱动构件的基础上,利用 C 语言编程实践并熟练掌握。若要理解嵌入式系统,必须勤于实践。关于汇编语言问题,由于 MCU 对 C 语言编译的优化支持,读者可以只了解几个必需的汇编语句,但必须通过第一个程序理解芯片初始化过程、中断机制、程序存储情况等区别于 PC 程序的内容;最好认真理解一个真正的汇编实例。另外,为了测试的需要,最好掌握一门 PC 方面面向对象的高级编程语言(如 C♯)。本书电子资源中给出了 C♯ 快速入门的方法与实例。

(2) 充分理解知识要素,掌握底层驱动构件的使用方法。本书针对诸如 GPIO、UART、定时器、PWM、ADC、DAC、Flash 在线编程等模块,首先阐述其通用知识要素,随后给出其底层驱动构件的基本内容,以期读者在充分理解通用知识要素的基础上,学会底层驱动构件的使用方法。即使只有这一点要求,读者也要下一番功夫。俗话说,书读百遍,其义自见。有关知识要素涉及硬件基本原理,以及对底层驱动接口函数功能及参数的理解,需反复阅读、反复实践,查找资料,分析、概括及积累。只要在深入理解 MCU 的硬件最小系统的基础上,对上述各硬件模块逐个开展实验进行理解,逐步实践,再自己动手完成一个实际小系统,就可以基本掌握底层硬件基础。同时,这个过程也是软硬件结合学习的基本过程。

(3) 基本掌握底层驱动构件的设计方法。本科学历以上的读者,建议至少掌握 GPIO 构件的设计过程与设计方法(第 4 章)、UART 构件的设计过程与设计方法(第 6 章),透彻理解构件化开发方法与底层驱动构件封装规范(第 5 章),从而对底层驱动构件有较好的理

---

① 这里说的实验主要指重复或验证他人的工作,其目的是学习基础知识,这个过程一定要经历。实践是自己设计,有具体的“产品”目标。如果你能花 500 元左右自己做一个具有一定功能的小产品,且能稳定运行 1 年以上,就可以说接近入门了。

解与把握。这是一个需要细致、静心的任务，应力戒浮躁，才能理解其要义。书中的底层驱动构件运用了软件工程的基本原理，学习时需要注意基本规范。

（4）掌握单步跟踪调试、打桩调试、printf 输出调试等调试手段。在初学阶段，应充分利用单步跟踪调试了解与硬件打交道的寄存器值的变化，理解 MCU 软件干预硬件的方式。单步跟踪调试也用于底层驱动构件设计阶段。不进入子函数内部执行的单步跟踪调试，可用于整体功能跟踪。打桩调试主要用于编程过程中的功能确认。一般编写几句程序语句后，即可打桩，调试观察。通过串口 printf 输出信息在 PC 屏幕显示，是嵌入式软件开发中重要的调试跟踪手段，与 PC 编程中 printf 函数功能类似。区别在于，嵌入式开发 printf 输出是通过串口输出到 PC 屏幕，PC 上需用串口调试工具显示；而 PC 编程中 printf 直接将结果显示在 PC 屏幕上。

（5）日积月累，勤学好问，充分利用本书及相关资源。有副对联："智叟何智只顾眼前捞一把，愚公不愚哪管艰苦移二山"。学习嵌入式切忌急功近利，需要日积月累、循序渐进，充分掌握与应用"电子札记"方法。同时，要勤学好问，下真功夫、细功夫。人工智能学科里有两个术语，叫"无教师指导学习模式"与"有教师指导学习模式"，无教师指导学习模式比有教师指导学习模式复杂许多。因此，多请教良师，就能少走弯路。此外，本书提供了大量经过打磨的、比较规范的软硬件资源，充分用好这些资源，可以更上一层楼。

以上建议仅供参考。当然，以上只是基础阶段的学习建议，要成为合格的嵌入式系统设计工程师，还需要注重理论学习与实践、通用知识与芯片相关知识、硬件知识与软件知识的平衡。要在理解软件工程基本原理的基础上理解硬件构件与软件构件等基本概念。在实际项目中锻炼，并不断学习与积累经验。

1.4　微控制器与应用处理器简介

嵌入式系统的主要芯片分为两大类：面向测控领域的微控制器类与面向多媒体应用领域的应用处理器类。本节给出其基本含义及特点。

1.4.1　MCU 简介

1. MCU 的基本含义

MCU 是单片微型计算机（单片机）的简称，早期的英文名是 single-chip microcomputer，后来大多称为微控制器（micro-controller）或嵌入式计算机（embedded computer）。现在 micro-controller 已经是计算机中的一个常用术语，但在 1990 年之前，大部分英文词典中并没有这个词。我国学者一般使用中文"单片机"一词，而缩写使用"MCU"，它来自于英文 "Microcontroller Unit"，本书后面的简写一律以 MCU 为准。MCU 的基本含义是：在一块芯片内集成了中央处理器（CPU）、存储器（RAM/ROM 等）、定时器/计数器及多种输入输出（I/O）接口的比较完整的数字处理系统。图 1-5 给出了典型的 MCU 组成框图。

MCU 是在计算机制造技术发展到一定阶段的背景下出现的，它使计算机技术从科学计算领域进入智能化控制领域。从此，计算机技术在两个重要领域——通用计算机领域和嵌入式（embedded）计算机领域都获得了极其重要的发展，为计算机的应用开辟了更广阔的空间。

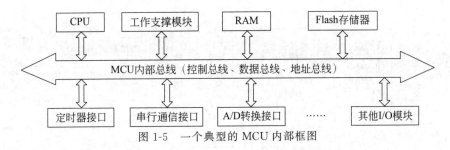

图 1-5 一个典型的 MCU 内部框图

就 MCU 的组成而言,它包含了计算机的基本组成单元,由运算器、控制器、存储器、输入设备、输出设备五部分组成,但是都集成在一块芯片内,这种结构使得 MCU 成为具有独特功能的计算机。

2. 嵌入式系统与 MCU 的关系

何立民先生说:"有些人搞了十多年的 MCU 应用,却不知道 MCU 就是一个最典型的嵌入式系统"①。实际上,MCU 是在通用 CPU 的基础上发展起来的,具有体积小、价格低、稳定可靠等优点,它的出现和迅猛发展,是控制系统领域的一场技术革命。MCU 以其较高的性价比、灵活性等特点,在现代控制系统中具有十分重要的地位。大部分嵌入式系统以 MCU 为核心进行设计。MCU 从体系结构到指令系统都是按照嵌入式系统的应用特点专门设计的,它能很好地满足应用系统的嵌入、面向测控对象、现场可靠运行等方面的要求。因此,以 MCU 为核心的系统是应用最广的嵌入式系统。在实际应用时,开发者可以根据具体要求与应用场合,选用最佳型号的 MCU 嵌入实际应用系统中。

3. MCU 出现之后测控系统设计方法发生的变化

测控系统是现代工业控制的基础,它包含信号检测、处理、传输与控制等基本要素。在 MCU 出现之前,人们必须用模拟电路、数字电路实现测控系统中的大部分计算与控制功能,导致控制系统体积庞大,易出故障。MCU 出现以后,测控系统设计方法逐步发生变化,系统中的大部分计算与控制功能由 MCU 的软件实现。其他电子线路成为 MCU 的外围接口电路,承担输入、输出与执行动作等功能;而计算、比较与判断等原来必须用电路实现的功能,可以用软件取代,大大提高了系统的性能与稳定性,这种控制技术称为嵌入式控制技术。在嵌入式控制技术中,核心是 MCU,其他部分依次展开。

1.4.2 以 MCU 为核心的嵌入式测控产品的基本组成

一个以 MCU 为核心,比较复杂的嵌入式产品或实际的嵌入式应用系统,包含模拟量的输入、模拟量的输出、开关量的输入、开关量的输出及数据通信的部分。而所有嵌入式系统中最为典型的则是嵌入式测控系统。图 1-6 给出了一个典型的嵌入式测控系统框图。

1. MCU 工作支撑电路

MCU 工作支撑电路也就是 MCU 硬件最小系统,它保障 MCU 正常运行,包含电源电路、晶振电路及必要的滤波电路等,甚至可包含程序写入器接口电路。

2. 模拟信号输入电路

实际模拟信号一般来自相应的传感器。例如,要测量室内的温度,就需要温度传感器。

---

① 何立民. 嵌入式系统的定义与发展历史[J]. 单片机与嵌入式系统应用,2004,(1):3.

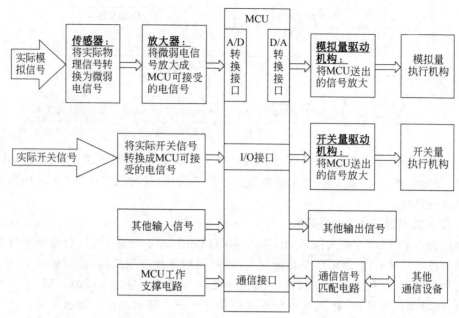

图 1-6   一个典型的嵌入式测控系统框图

但是,一般传感器将实际的模拟信号转成的电信号都比较微弱,MCU 无法直接获得该信号,需要将其放大,然后经过模数转换器(ADC)变为数字信号,再进行处理。目前许多 MCU 内部包含 ADC 模块,实际应用时也可根据需要外接 ADC 芯片。常见的模拟量有温度、湿度、压力、重量、气体浓度、液体浓度、流量等。对 MCU 来说,模拟信号通过 ADC 变成相应的数字序列进行处理。

3. 开关量信号输入电路

实际开关信号一般也来自相应的开关类传感器。例如,光电开关、电磁开关、干簧管(磁开关)、声控开关、红外开关等都属于开关类传感器,一些儿童电子玩具中就有一些类似的开关。手动开关也可作为开关信号送到 MCU 中。对 MCU 来说,开关信号就是只有"0"和"1"两种可能值的数字信号。

4. 其他输入信号或通信电路

其他输入信号通过某些通信方式与 MCU 沟通。常用的通信方式有异步串行(UART)通信、串行外设接口(SPI)通信、并行通信、USB 通信、网络通信等。

5. 输出执行机构电路

在执行机构中,有开关量执行机构,也有模拟量执行机构。开关量执行机构只有"开""关"两种状态。模拟量执行机构需要连续变化的模拟量控制。MCU 一般不能直接控制这些执行机构,需要通过相应的隔离和驱动电路实现。还有一些执行机构,既不是通常的开关量控制,也不是通常的数模转换量控制,而是"脉冲"量控制,如控制调频电动机。MCU 则通过软件对其控制。

1.4.3　MAP 简介

多媒体应用处理器(Multimedia Application Processor,MAP)简称应用处理器。MAP

是在低功耗 CPU 的基础上扩展了音视频功能和专用接口的超大规模集成电路。与 MCU 相比,MAP 的最主要特点是:工作频率高;硬件设计更为复杂;软件开发需要选用嵌入式操作系统;计算功能更强;抗干扰性能较弱;较少直接应用于控制目标对象;一般情况下,MAP 芯片价格也高于 MCU。

MAP 是伴随着便携式移动设备(特别是智能手机)而产生的。手机的技术核心是一个语音压缩芯片,称为基带处理器,发送时对语音进行压缩,接收时解压缩,压缩后语音的传输码率只是未压缩时的几十分之一,在相同的带宽下可服务更多的用户。而智能手机上除通信功能外还增加了数码相机、音乐播放、视频图像播放等功能,基带处理器已经没有能力处理这些新的功能。另外,视频、音频(高保真音乐)处理的要求和语音不一样,语音只要能让接收者听懂,达到传达信息的目的就可以了;视频则要求有亮丽的彩色图像,动听的立体声伴音,使人能得到最大的感官享受。为了实现这些功能,需要另外一个协处理器专门处理这些信号,它就是 MAP。

针对便携式移动设备,MAP 的性能需要满足以下 3 点。

(1) 低功耗。因为 MAP 用在便携式移动设备上,通常用电池供电,所以节能显得格外重要,使用者希望给电池充满电后使用尽可能长的时间。通常,MAP 的核心电压是 $0.9 \sim 1.2$V,接口电压是 2.5V 或 3.3V,待机功耗小于 3mW,全速工作时功耗为 $100 \sim 300$mW。

(2) 体积微小。因为 MAP 主要应用在手持式设备中,所以每 1mm 空间都很宝贵。MAP 通常采用小型球栅阵列封装,引脚数有 $300 \sim 1000$ 个,锡球直径是 $0.3 \sim 0.6$mm,间距是 $0.45 \sim 0.75$mm。

(3) 具备尽可能高的性能。目前的便携式移动设备具备了蓝牙耳机、无线网络通信(Wi-Fi)、GPS 导航、3D 游戏等功能,新的功能仍在积极开发中。这些功能都对 MAP 的性能提出了更高的要求。

1.5　嵌入式系统常用术语

在学习嵌入式应用技术的过程中,经常会遇到一些名词术语。从学习规律的角度看,初步了解这些术语有利于随后的学习。因此,本节对嵌入式系统的一些常用术语给出简要说明,以便读者有个初始印象。

1.5.1　与硬件相关的术语

1. 封装

集成电路的封装(package)指用塑料、金属或陶瓷等材料把集成电路封在其中。封装可以保护芯片,并使芯片与外部世界连接。常用的封装形式可分为通孔封装和贴片封装两大类。

通孔封装主要有单列直插(Single-In-line Package,SIP)、双列直插(Dual-In-line Package,DIP)、Z 字型直插式封装(Zigzag-In-line Package,ZIP)等。

常见的贴片封装主要有小外形封装(Small Outline Package,SOP)、紧缩小外形封装(Shrink Small Outline Package,SSOP)、四方扁平封装(Quad-Flat Package,QFP)、塑料薄方封装(plastic-Low-profile Quad-Flat Package,LQFP)、塑料扁平组件式封装(Plastic Flat

Package，PFP）、插针网格阵列封装（ceramic Pin Grid Array package，PGA）、球栅阵列封装（Ball Grid Array package，BGA）等。

2. 印制电路板

印制电路板（Printed Circuit Board，PCB）是组装电子元件用的基板，是在通用基材上按预定设计形成点间连接及印制元件的印制板，是电路原理图的实物化。它的主要功能是提供集成电路等各种电子元器件固定、装配的机械支撑；实现集成电路等各种电子元器件之间的布线和电气连接（信号传输）或电绝缘；为自动装配提供阻焊图形，为元器件插装、检查、维修提供识别字符和图形等。

3. 动态可读写随机存储器与静态可读写随机存储器

动态可读写随机存储器（Dynamic Random Access Memory，DRAM），由一个 MOS 管组成一个二进制存储位。MOS 管的放电会导致表示"1"的电压慢慢降低。一般每隔一段时间就要控制刷新信息，给其充电。DRAM 价格低，但控制烦琐，接口复杂。

静态可读写随机存储器（Static Random Access Memory，SRAM），一般由 4 个或者 6 个 MOS 管构成一个二进制位。当电源有电时，SRAM 不用刷新，可以保持原有的数据。

4. 只读存储器

只读存储器（Read-Only Memory，ROM），数据可以读出，但不可以修改。它通常存储一些固定不变的信息，如常数、数据、换码表、程序等。ROM 具有断电后数据不丢失的特点。ROM 有固定 ROM、可编程 ROM（即 PROM）和可擦除 ROM（即 EPROM）3 种。

PROM 的编程原理是通过大电流将相应位的熔丝熔断，从而将该位改写成 0。熔丝熔断后不能还原，所以只能改写一次。

EPROM（Erasable PROM）是可以擦除和改写的 ROM，它用 MOS 管代替了熔丝，因此可以反复擦除、多次改写。擦除是用紫外线擦除器来完成的，很不方便。有一种用低电压信号即可擦除的 EPROM 称为电可擦除 EPROM，简写为 E^2PROM 或 EEPROM（Electrically Erasable Programmable Read-Only Memory）。

5. 闪速存储器

闪速存储器简称闪存，是一种新型快速的 E^2PROM。由于工艺和结构上的改进，闪存比普通的 E^2PROM 的擦除速度更快，集成度更高。相对于传统的 E^2PROM，闪存最大的优点是系统内编程，也就是说不需要另外的器件来修改内容。闪存的结构随着时代的发展而有些变动，尽管现代的快速闪存是系统内可编程的，但仍然没有 RAM 使用起来方便。擦写操作必须通过特定的程序算法来实现。

6. 模拟量与开关量

模拟量是时间连续、数值也连续的物理量，如温度、压力、流量、速度、声音等。在工程技术上，为了便于分析，常用传感器、变换器将模拟量转换为电流、电压或电阻等电学量。

开关量是一种二值信号，用两个电平（高电平和低电平）分别来表示两个逻辑值（逻辑 1 和逻辑 0）。

1.5.2　与通信相关的术语

1. 并行通信

并行通信是数据的各位同时在多根并行数据线上进行传输的通信方式，数据的各位同时由源到达目的地,适合近距离、高速通信。常用的有 4 位、8 位、16 位、32 位等同时传输。

2. 串行通信

串行通信是数据在单线(电平高低表征信号)或双线(差分信号)上,按时间先后一位一位地传送的通信方式,其优点是节省传输线,但相对于并行通信来说,速度较慢。在嵌入式系统中,"串行通信"一词一般特指用串行通信接口(UART)与 RS232 芯片连接的通信方式。下面介绍的 SPI、I2C、USB 等通信方式也属于串行通信,但由于历史发展和应用领域的不同,它们分别使用不同的专用名词来命名。

3. 串行外设接口

串行外设接口(Serial Peripheral Interface,SPI)也是一种串行通信方式,主要供 MCU 扩展外围芯片使用。这些芯片可以是具有 SPI 接口的 A/D 转换、时钟芯片等。

4. 集成电路互联总线

集成电路互联(I2C)总线是一种由 PHILIPS 公司开发的两线式串行总线,有的书籍也记为 IIC 或 I^2C,主要用于用户电路板内 MCU 与其外围电路的连接。

5. 通用串行总线

通用串行总线(Universal Serial Bus,USB)是 MCU 与外界进行数据通信的一种新方式,其速度快、抗干扰能力强,在嵌入式系统中得到了广泛的应用。USB 不仅是通用计算机上最重要的通信接口,也是手机、家电等嵌入式产品的重要通信接口。

6. 控制器局域网

控制器局域网是一种全数字、全开放的现场总线控制网络,目前在汽车电子中应用最广。

7. 边界扫描测试协议

边界扫描测试协议是由国际联合测试行动组(Joint Test Action Group,JTAG)开发的,对芯片进行测试的一种方式,可用于对 MCU 的程序进行载入与调试。JTAG 能获取芯片寄存器等内容,或者测试遵守 IEEE 规范的器件之间引脚的连接情况。

8. 串行线调试技术

串行线调试(Serial Wire Debug,SWD)技术使用 2 针调试端口,是 JTAG 的低针数和高性能替代产品,通常用于小封装微控制器的程序写入与调试。SWD 适用于所有 ARM 处理器,兼容 JTAG。

与通信相关的术语还有嵌入式以太网、无线传感器网络、ZigBee、射频通信等,本章不再进一步介绍。

1.5.3 与功能模块相关的术语

1. 通用输入/输出

通用输入/输出(General Purpose I/O,GPIO),即基本的输入/输出,有时也称并行 I/O。作为通用输入引脚时,MCU 内部程序可以读取该引脚,识别该引脚是"1"(高电平)还是"0"(低电平),即开关量输入。作为通用输出引脚时,MCU 内部程序向该引脚输出"1"(高电平)或"0"(低电平),即开关量输出。

2. 模数转换与数模转换

模数转换(Analog to Digital Convert,ADC)的功能是将电压信号(模拟量)转换为对应的数字量。实际应用中,这个电压信号可能由温度、湿度、压力等实际物理量经过传感器和相应的变换电路转化而来。经过 ADC,MCU 就可以处理这些物理量。而与之相反,数模转换(Digital to Analog Convert,DAC)的功能则是将数字量转换为电压信号(模拟量)。

3. 脉冲宽度调制器

脉冲宽度调制器(Pulse Width Modulator,PWM)是一个数模转换器,可以产生一个高电平和低电平重复交替的输出信号,这个信号就是 PWM 信号。

4. 看门狗

看门狗(watch dog),是为了防止程序跑飞而设计的一种自动定时器。当程序跑飞时,由于程序无法正常执行清除看门狗定时器的操作,看门狗定时器会自动溢出,使系统程序复位。

5. 液晶显示

液晶显示(Liquid Crystal Display,LCD)是电子信息产品的一种显示器件,可分为字段型、点阵字符型、点阵图形型三类。

6. 发光二极管

发光二极管(Light Emitting Diode,LED)是一种将电流顺向通到半导体 PN 结处而发光的器件。发光二极管常用于家电指示灯、汽车灯和交通警示灯。

7. 键盘

键盘是嵌入式系统中最常见的输入设备。识别键盘是否有效被按下的方法有查询法、定时扫描法和中断法等。

与功能模块相关的术语很多,这里不再进一步介绍,读者可在学习时逐步积累。

1.6　C 语言概要

本书涉及的嵌入式人工智能程序使用 C 语言编程,未学过 C 语言的读者可以通过本节了解 C 语言,然后通过运行实例,照葫芦画瓢地进行嵌入式人工智能编程实践。对 C 语言比较熟悉的读者,可以跳过本节。

C 语言约在 20 世纪 70 年代问世。1978 年,美国电话电报公司(AT&T)贝尔实验室正式发表了 C 语言。由 B. W. Kernighan 和 D. M. Ritchie 合著的 *The C Programming Language* 一书,被简称为 *K&R*,也有人称之为 K&R 标准。但是,在 *K&R* 中并没有定义完整的标准 C 语言。后来美国国家标准学会在此基础上制定了一套 C 语言标准,于 1983 年发表,通常称为 ANSI C 或标准 C。

1.6.1　运算符

C 语言使用的运算符分为算术、逻辑、关系和位运算符及一些特殊的操作符。表 1-1 列出了 C 语言的常用运算符及使用方法举例。

表 1-1 C 语言的常用运算符

运 算 类 型	运算符	简 明 含 义	举 例
算术运算	＋ － ＊ /	加、减、乘、除	N＝1,N＝N＋5 等同于 N＋＝5,N＝6
	％	取模运算	N＝5,Y＝N％3,Y＝2
逻辑运算	‖	逻辑或	A＝TRUE,B＝FALSE,C＝A‖B,C＝TRUE
	＆＆	逻辑与	A＝TRUE,B＝FALSE,C＝A＆＆B,C＝FALSE
	!	逻辑非	A＝TRUE,B＝!A,B＝FALSE
关系运算	＞	大于	A＝1,B＝2,C＝A＞B,C＝FALSE
	＜	小于	A＝1,B＝2,C＝A＜B,C＝TRUE
	＞＝	大于或等于	A＝2,B＝2,C＝A＞＝B,C＝TRUE
	＜＝	小于或等于	A＝2,B＝2,C＝A＜＝B,C＝TRUE
	＝＝	等于	A＝1,B＝2,C＝(A＝＝B),C＝FALSE
	!=	不等于	A＝1,B＝2,C＝(A! ＝B),C＝TRUE
位运算	～	按位取反	A＝0b00001111,B＝～A,B＝0b11110000
	＜＜	左移	A＝0b00001111,A＜＜2＝0b00111100
	＞＞	右移	A＝0b11110000,A＞＞2＝0b00111100
	＆	按位与	A＝0b1010,B＝0b1000,A＆B＝0b1000
	^	按位异或	A＝0b1010,B＝0b1000,A^B＝0b0010
	‖	按位或	A＝0b1010,B＝0b1000,A‖B＝0b1010
增量和减量运算	＋＋	增量运算符	A＝3,A＋＋,A＝4
	－－	减量运算符	A＝3,A－－,A＝2
复合赋值运算	＋＝	加法赋值	A＝1,A＋＝2,A＝3
	－＝	减法赋值	A＝4,A－＝4,A＝0
	＞＞＝	右移位赋值	A＝0b11110000,A＞＞＝2,A＝0b00111100
	＜＜＝	左移赋值	A＝0b00001111,A＜＜＝2,A＝0b00111100
	＊＝	乘法赋值	A＝2,A＊＝3,A＝6
	‖＝	按位或赋值	A＝0b1010,A‖＝0b1000,A＝0b1010
	＆＝	按位与赋值	A＝0b1010,A＆＝0b1000,A＝0b1000
	^＝	按位异或赋值	A＝0b1010,A^＝0b1000,A＝0b0010
	％＝	取模赋值	A＝5,A％＝2,A＝1
	/＝	除法赋值	A＝4,A/＝2,A＝2
指针和地址运算	＊	取内容	A＝＊P
	＆	取地址	A＝＆P

续表

运 算 类 型	运 算 符	简 明 含 义	举　　　例
输出格式转换	0x	无符号十六进制数	0xa＝0d10
	0o	无符号八进制数	0o10＝0d8
	0b	无符号二进制数	0b10＝0d2
	0d	带符号十进制数	0d10000001＝－127
	0u	无符号十进制数	0u10000001＝129

1.6.2　数据类型

C 语言的数据类型有基本类型和构造类型两大类。

1. 基本类型

C 语言的基本类型主要有字节型、整数型、实数型(分单精度浮点型与双精度浮点型)，如表 1-2 所示。

表 1-2　C 语言基本数据类型

数 据 类 型		简 明 含 义	位数	字节数	值　　　域
字节型	signed char	有符号字节型	8	1	$-128\sim+127$
	unsigned char	无符号字节型	8	1	$0\sim255$
整数型	signed short	有符号短整型	16	2	$-32768\sim+32767$
	unsigned short	无符号短整型	16	2	$0\sim65535$
	signed int	有符号短整型	16	2	$-32768\sim+32767$
	unsigned int	无符号短整型	16	2	$0\sim65535$
	signed long	有符号长整型	32	4	$-2147483648\sim+2147483647$
	unsigned long	无符号长整型	32	4	$0\sim4294967295$
实数型	float	单精度浮点型	32	4	约$\pm3.4\times(10^{-38}\sim10^{38})$
	double	双精度浮点型	64	8	约$\pm1.7\times(10^{-308}\sim10^{308})$

2. 寄存器类型与空类型

嵌入式中还会用到 register 类型的变量，下面给出简要说明。一般情况下，变量(包括全局变量、静态变量、局部变量)的值存放在内存中。CPU 访问变量要通过三总线(即地址总线、数据总线和控制总线)进行，如果有一些变量使用频繁，则存取变量的值要花不少时间。为提高执行效率，C 语言允许使用关键字"register"声明，将局部变量的值放在 CPU 的寄存器中，需要用时直接从寄存器取出参加运算，不必再到内存中存取。关于 register 类型变量的使用需注意：①只有局部变量和形式参数可以使用寄存器变量，其他(如全局变量、静态变量)不能使用 register 类型变量。②一个计算机系统中的寄存器数目是有限的，不能定义任意多个寄存器变量。C 编译器的优化编译选项会将一些变量优化到寄存器中，而不应该被优化的外设地址类变量前需加 volatile。

C 语言中还有个空类型(void),它的字节长度为 0,主要有两个用途:一是明确地表示一个函数不返回任何值;二是产生一个同一类型指针(可根据需要动态地为其分配内存)。

3. 构造类型概述

C 语言提供了基本类型(如 int、float、double、char 等)供用户使用,但是由于程序需要处理的问题往往比较复杂,而且呈多样化,已有的数据类型显然不能满足使用要求,因此 C 语言允许用户根据需要自己声明一些类型。用户可以自己声明的类型有数组、结构体类型(structure)、枚举类型(enumeration)等,这些类型称为构造类型,将不同类型的数据组合成一个有机的整体,数据之间在整体内是相互联系的。下面介绍嵌入式编程中常用的数组、结构体类型和枚举类型。

4. 数组

在 C 语言中,数组是一个构造类型的数据,是由基本类型数据按照一定的规则组成的。构造类型还包括结构体类型、共用体类型。数组是有序数据的集合,数组中的每一个元素都属于同一个数据类型。用一个统一的数组名和下标唯一地确定数组中的元素。

1) 一维数组的定义和引用

定义方式为:

类型说明符 数组名[常量表达式];

其中,数组名的命名规则和变量相同。定义数组的时候,需要指定数组中元素的个数,即常量表达式需要明确设定,不可以包含变量。例如:

```
int a[10];          //定义了一个整型数组,数组名为 a,有 10 个元素,下标 0~9
```

数组必须先定义,然后才能使用。而且只能通过下标一个一个地访问。使用形式如 a[2]。

2) 二维数组的定义和引用

定义方式为:

类型说明符 数组名[常量表达式][常量表达式];

例如:

```
float a[3][4];      //定义 3 行 4 列的单精度浮点数组 a,下标 0~2,0~3
```

其实,二维数组可以看作两个一维数组。可以把 a 看作一个一维数组,它有 3 个元素:a[0]、a[1]、a[2]。而每个元素又是一个包含 4 个元素的一维数组。二维数组的表示形式为:a[1][2]。

3) 字符数组

用于存放字符数据(char 类型)的数组是字符数组。字符数组中的一个元素存放一个字符。例如:

```
char c[6];
c[0] = 't';c[1] = 'a'; c[2] = 'b'; c[3] = 'l'; c[4] = 'e'; c[5] = '\0';
         //字符数组 c 中存放的就是字符串"table"
```

在 C 语言中,是将字符串作为字符数组来处理的。但是,在实际应用中,关于字符串的实际长度,C 语言规定了一个"字符串结束标志",以字符\0 作为标志(实际值 0x00)。即,如果有一个字符串,前面 $n-1$ 个字符都不是空字符(即\0),而第 n 个字符是\0,则此字符的有效字符为 $n-1$ 个。

4）动态数组

动态数组是相对于静态数组而言的。静态数组的长度是预先定义好的,在整个程序中,一旦给定大小就无法改变。而动态数组则不然,它可以随程序需要而重新指定大小。动态数组的内存空间是从堆(heap)上分配(即动态分配)的,通过执行代码为其分配存储空间。当这些动态的存储空间不再使用时,需要通过程序进行释放。

在 C 语言中,可以通过 malloc 或 calloc 函数进行内存空间的动态分配,从而实现数组的动态变化,以满足实际需求。

5）数组如何模拟指针的效果

其实,数组名代表这个数组元素集合的首地址。可以通过数组名加位置的方式进行数组元素的引用。例如:

```
int a[5];        //定义了一个整型数组,数组名为 a,有 5 个元素,下标 0~4
```

访问数组 a 的第 3 个元素,有两种方式。方式一是 a[2];方式二是 ∗(a+2)。关键是数组的名称本身就可以当作地址看待。

5. 结构体类型

1）结构体基本概念

C 语言允许用户将一些不同类型(当然也可以相同)的元素组合在一起定义成一个新的类型,这种新类型就是结构体。结构体中的元素称为结构体的成员或者域,且这些成员可以是不同的类型,一般用名字访问。结构体可以被声明为变量、指针或数组等,用以实现较复杂的数据结构。

声明一个结构体类型的一般形式为:

struct 结构体类型名{成员表列};

例如,可以通过下面的声明来建立结构体类型:

```
//声明一个结构体类型 Date
struct Date
{
    int year;              //年
    int month;             //月
    int day;               //日
};
```

结构体类型名用作结构体类型的标志。上面的声明中,Date 就是结构体类型名,大括号内是该结构体中的全部成员,由它们组成一个特定的结构体。上例中的 year、month、day 等都是结构体中的成员,结构体类型大小是其成员大小之和。在声明一个结构体类型时必须对各成员都进行类型声明。结构体的成员类型可以是另一个结构体类型,也就是说可以嵌套定义,例如:

```
//声明一个结构体类型 Student
struct Student
{
    int num;               //包括一个整型变量 num
    char name[20];         //包括一个字符数组 name,可以容纳 20 个字符
    char sex;              //包括一个字符变量 sex
```

```
    int age;                    //包括一个整型变量 age
    float score;                //包括一个单精度型变量
    struct Date birthday;       //包括一个 Date 结构体类型变量 birthday
    char addr[30];              //包括一个字符数组 addr,可以容纳 30 个字符
};
```

这样就声明了一个新的结构体类型 Student,它向编译系统声明：这是一种结构体类型,包括 num、name、sex、age、score、birthday 和 addr 等不同类型的数据项。应当说明,Student 是一个类型名,它和系统提供的标准类型(如 int、char、float、double)一样,都可以用来定义变量,只不过结构体类型需要事先由用户自己声明而已。实际使用中,根据需要还可以通过 typedef 关键字将已定义的结构体类型命名为其他各种别名。

2) 结构体变量的引用

结构体变量成员引用格式：

结构体变量名.成员名；

例如：

```
struct Student stu1;            //定义一个 Student 类型的结构体变量 stu1
stu1.num=10001;                 //给 stu1 的成员 num 赋值 10001
stu1.age=20;                    //给 stu1 的成员 age 赋值 20
```

“.”是成员运算符,它在所有运算符中优先级最高,因此可以把 stu1.num 和 stu1.age 当作一个整体来看待,相当于一个变量。如果成员本身又属于另一个结构体类型,则要用若干个“.”运算符,一级一级找到最低一级的成员。只能对最低一级的成员进行赋值或存取以及运算,如：

```
struct Student stu1;
stu1.birthday. year =2000;
stu1.birthday.month =12;
stu1.birthday.day =30;
```

结构体变量成员和结构体变量本身都具有地址,且都可以被引用,如：

```
struct Student stu1;            //定义一个 Student 类型的结构体变量 stu1
printf("%dx", &stu1.num);       //输出 stu1.num 成员的地址
printf("%ox",&stu1);            //输出结构体变量 stu1 的首地址
```

注：结构体变量的地址主要用作函数参数。

3) 结构体指针

结构体指针是存储一个结构体变量起始地址的指针变量。若一个结构体指针变量指向了某个结构体变量,可以通过结构体指针对该结构体变量进行操作。如,上例中的结构体变量 stu1,也可以通过指针变量来进行操作：

```
struct Student stu1;            //定义结构体变量 stu1
struct Student  * p;            //定义结构体指针变量 p
p=&stu1;                        //将 stu1 的起始地址赋给 p
p->num=10001;
( * p).age=20;
```

代码中定义了一个 struct Student 类型的指针变量 p,并将变量 stu1 的首地址赋值给

指针变量 p,然后通过指针操作符"->"引用其成员进行赋值。(＊p)表示 p 指向的结构体变量,因此,(＊p).age 也就等价于 stu1.age。在本书中,可以看到结构体指针是构建链式存储结构的基础。

6. 枚举类型

枚举类型是 C 语言的另一种构造数据类型,它用于声明一组命名的常数。当一个变量有几种可能的取值时,可以将它定义为枚举类型。所谓"枚举"指将变量的可能值一一列举出来,这些值也称为"枚举元素"或"枚举常量"。变量的值限定于列举出来的值的范围内,可有效地防止用户提供无效值。该变量可使代码更加清晰,因为它可以描述特定的值。

枚举的声明基本格式如下:

```
enum 枚举类型名{枚举值表};
enum color{red,green,blue,yellow,white};        //定义枚举类型 color
enum color select;                              //定义枚举类型变量 select
```

在 C 编译中,枚举元素是作为常量来处理的。它们不是变量,因此不能对它们进行直接赋值,但可以通过强制类型转换来赋值。枚举元素的值按定义的顺序从 0 开始,如 red 为 0,green 为 1,blue 为 2,yellow 为 3,white 为 4。对枚举元素可以做判断比较,比较规则是按其在定义时的顺序号进行比较。

7. 用 typedef 定义类型

除了可以直接使用 C 提供的标准类型名(如 int、char、float、double、long 等)和自己定义的结构体、指针、枚举等类型外,还可以用 typedef 定义新的类型名来代替已有的类型名。例如:

```
typedef unsigned char  uint_8;
```

指定用 uint_8 代表 unsigned char 类型。这样,下面的两个语句是等价的:

```
unsigned charn1;   等价于    uint_8n1;
```

用法说明:

(1) 用 typedef 可以定义各种类型名,但不能定义变量。

(2) typedef 只是对已经存在的类型增加一个类型别名,而没有创造新的类型。

(3) typedef 与♯define 有相似之处,如:

```
typedef unsigned int uint_16;
#define uint_16 unsigned int;
```

这两句的作用都是用 uint_16 代表 unsigned int(注意顺序)。但事实上二者有所不同:♯define 是在预编译时处理,它只能做简单的字符串替代;而 typedef 是在编译时处理。

(4) 当不同源文件中用到各种类型的数据(尤其是数组、指针、结构体、共用体等较复杂数据类型)时,常用 typedef 定义一些数据类型,并把它们单独存放在一个文件中,然后在需要用到它们时,用♯include 命令把该文件包含进来。

(5) 使用 typedef 有利于程序的通用与移植。特别是用 typedef 定义结构体类型,在嵌入式程序中常用到。例如:

```
typedefstruct student
{
    char name[8];
```

```
    char class[10];
    int age;
}STU;
```

以上语句声明了新类型名 STU,代表一个结构体类型。可以用该类型名来定义结构体变量。例如:

```
STU   student1;              //定义 STU 类型的结构体变量 student1
STU   * S1;                  //定义 STU 类型的结构体指针变量 * S1
```

8. 指针

指针是 C 语言中广泛使用的一种数据类型,运用指针是 C 语言最主要的风格之一。在嵌入式编程中,指针尤为重要。利用指针变量可以表示各种数据结构,很方便地使用数组和字符串,并能像汇编语言一样处理内存地址,从而编写出精练而高效的程序。但是使用指针时要特别细心,确保计算得当,避免指向不适当区域。

指针是一种特殊的数据类型,在其他语言中一般没有。指针是指向变量的地址,实质上就是存储单元的地址。根据所指的变量类型的不同,指针可以分为整型指针(int *)、浮点型指针(float *)、字符型指针(char *)、结构指针(struct *)和联合指针(union *)。

1) 指针变量的定义

一般形式为:

类型说明符 * 变量名;

其中, * 表示这是一个指针变量,变量名即为定义的指针变量名,类型说明符表示本指针变量所指向的变量的数据类型。例如:

```
int * p1;                    //表示 p1 是指向整型数的指针变量,p1 的值是整型变量的地址
```

2) 指针变量的赋值

指针变量同普通变量一样,使用之前不仅要进行声明,而且必须赋予具体的值。未经赋值的指针变量不能使用,否则将造成系统混乱,甚至死机。指针变量的赋值只能赋予地址。例如:

```
int a;                       //a 为整型数据变量
int * p1;                    //声明 p1 是整型指针变量
p1 =&a;                      //将 a 的地址作为 p1 初值
```

3) 指针的运算

(1) 取地址运算符 &: 取地址运算符 & 是单目运算符,其结合性为自右至左,其功能是取变量的地址。

(2) 取内容运算符 *: 取内容运算符 * 是单目运算符,其结合性为自右至左,用来表示指针变量所指变量的值。跟在 * 运算符之后的变量必须是指针变量。例如:

```
int a,b;                     //a,b 为整型数据变量
int * p1;                    //声明 p1 是整型指针变量
p1 = &a;                     //将 a 的地址作为 p1 初值
a=80;
b= * p1;                     //运行结果是 b=80,即为 a 的值
```

注意: 取内容运算符" * "和指针变量声明中的" * "虽然符号相同,但含义不同。在指针变量声明中," * "是类型说明符,表示其后的变量是指针类型。而表达式中出现的" * "则

是一个运算符,用以表示指针变量所指变量的值。

(3) 指针的加减算术运算:对于指向数组的指针变量,可以加/减一个整数 n(由于指针变量实质是地址,给地址加/减一个非整数就错了)。设 pa 是指向数组 a 的指针变量,则 pa+n,pa-n,pa++,++pa,pa--,--pa 运算都是合法的。指针变量加/减一个整数 n 的意义是把指针指向的当前位置(指向某数组元素)向前或向后移动 n 个位置。

注意:数组指针变量前/后移动一个位置和地址加/减 1 在概念上是不同的。因为数组可以有不同的类型,各种类型的数组元素所占的字节长度是不同的。如,指针变量加 1,即向后移动 1 个位置,表示指针变量指向下一个数据元素的首地址,而不是在原地址基础上加 1。例如:

```
int a[5], * pa;          //声明 a 为整型数组(下标为 0~4),pa 为整型指针
pa=a;                    //pa 指向数组 a,也是指向 a[0]
pa=pa+2;                 //pa 指向 a[2],即 pa 的值为 &pa[2]
```

注意:指针变量的加/减运算只能对数组指针变量进行,对指向其他类型变量的指针变量作加/减运算是毫无意义的。

4) void 指针类型

顾名思义,void * 为"无类型指针",用来定义指针变量,不指定该变量指向哪种类型的数据,但可以把它强制转化成任何类型的指针。

众所周知,如果指针 p1 和 p2 的类型相同,那么可以直接在 p1 和 p2 间互相赋值;如果 p1 和 p2 指向不同的数据类型,则必须使用强制类型转换运算符把赋值运算符右边的指针类型转换为左边指针的类型。例如:

```
float * p1;              //声明 p1 为浮点型指针
int * p2;                //声明 p2 为整型指针
p1 = (float *)p2;        //强制转换整型指针 p2 为浮点型指针值,给 p1 赋值
```

而 void * 则不同,任何类型的指针都可以直接赋值给它,无须进行强制类型转换:

```
void * p1;              //声明 p1 为无类型指针
int * p2;               //声明 p2 为整型指针
p1 = p2;                //用整型指针 p2 的值给 p1 直接赋值
```

但这并不意味着"void *"也可以无需强制类型转换地赋值给其他类型的指针。也就是说,p2=p1 这条语句编译时会出错,而必须将 p1 强制类型转换成"int *"类型,因为"无类型"可以包容"有类型",而"有类型"则不能包容"无类型"。

1.6.3　流程控制

在程序设计中主要有三种基本控制结构:顺序结构、选择结构和循环结构。

1. 顺序结构

顺序结构就是从前向后依次执行语句。从整体上看,所有程序的基本结构都是顺序结构,中间的某个过程可以是选择结构或循环结构。

2. 选择结构

在大多数程序中都会包含选择结构。其作用是根据所指定的条件是否满足,决定执行哪些语句。在 C 语言中主要有 if 和 switch 两种选择结构。

1）if 结构

```
if(表达式) 语句项;
```

或

```
if(表达式)
    语句项;
else
    语句项;
```

如果表达式取值真（除 0 以外的任何值），则执行 if 的语句项；否则，如果 else 存在，就执行 else 的语句项。每次只会执行 if 或 else 中的某一个分支。语句项可以是单独的一条语句，也可以是多条语句组成的语句块（要用一对大括号"{}"括起来）。

if 语句可以嵌套，有多个 if 语句时 else 与最近的一个配对。对于多分支语句，可以使用 if … else if … else if … else …的多重判断结构，也可以使用下面讲到的 switch 开关语句。

2）switch 结构

switch 是 C 语言内部的多分支选择语句。它根据某些整型和字符常量对一个表达式进行连续测试，当一常量值与其匹配时，它就执行与该变量有关的一个或多个语句。switch 语句的一般形式如下：

```
switch(表达式)
{
    case 常数 1:
        语句项 1;
        break;
    case 常数 2:
        语句项 2;
        break;
        ...
    default:
        语句项;
}
```

根据 case 语句中所给出的常量值，按顺序对表达式的值进行测试。当常量与表达式值相等时，就执行这个常量所在的 case 后的语句块，直到碰到 break 语句，或者 switch 的末尾为止。若没有一个常量与表达式值相符，则执行 default 后的语句块。default 是可选的，如果没有 default，并且所有的常量与表达式值都不相符，那就不做任何处理。

switch 语句与 if 语句的不同之处在于 switch 只能对等式进行测试，而 if 可以计算关系表达式或逻辑表达式。

break 语句在 switch 语句中是可选的，但是若不用 break 语句，则从当前满足条件的 case 语句开始连续执行后续指令，不判断后续 case 语句的条件，直到碰到 break 或 switch 的末尾为止。为了避免输出不应有的结果，在每一个 case 语句之后都应加上 break 语句，使得每一次执行之后均可跳出 switch 语句。

3. 循环结构

C 语言中的循环结构常用 for 循环、while 循环与 do…while 循环。

1）for 循环

格式为：

```
for(初始化表达式;条件表达式;修正表达式)
    {循环体}
```

执行过程为：先求解初始化表达式;再转到条件表达式进行判断,若为假(0),则结束循环,转到循环下面的语句;如果其值为真(非 0),则执行"循环体"中语句;然后求解修正表达式;再转到判断条件表达式处根据情况决定是否继续执行"循环体"。

2) while 循环

格式为:

```
while(条件表达式)
    {循环体}
```

当表达式的值为真(非 0)时执行循环体。其特点是先判断后执行。

3) do...while 循环

格式为:

```
do
    {循环体}
while(条件表达式);
```

其特点是先执行后判断。即当流程到达 do 后,立即执行循环体一次,然后才对条件表达式进行计算、判断。若条件表达式的值为真(非 0),则重复执行一次循环体。

4. break 和 continue 语句在循环中的应用

在循环中常常使用 break 语句和 continue 语句,这两个语句都会改变循环的执行情况。break 语句用来从循环体中强行跳出循环,终止整个循环的执行;continue 语句使其后语句不再被执行,进行新的一次循环(可以形象地理解为返回循环开始处执行)。

1.6.4　函数

所谓函数,即子程序,也就是"语句的集合",就是把经常使用的语句群定义成函数,供其他程序调用。函数的编写与使用要遵循软件工程的基本规范。

使用函数时要注意:函数定义时要同时声明其类型;调用函数前要先声明该函数;传给函数的参数值,其类型要与函数原定义一致;接收函数返回值的变量,其类型也要与函数类型一致。

函数的返回值:

```
return 表达式;
```

return 语句用来立即结束函数,并返回一确定值给调用程序。如果函数的类型和return 语句中表达式的值不一致,则以函数类型为准。对数值型数据,可以自动进行类型转换,即,函数类型决定返回值的类型。

1.6.5　编译预处理

C 语言提供编译预处理的功能,"编译预处理"是 C 编译系统的一个重要组成部分。C语言允许在程序中使用几种特殊的命令(它们不是一般的 C 语句)。在 C 编译系统对程序进行通常的编译(包括语法分析、代码生成、优化)之前,先对程序中的这些特殊的命令进行"预处理",然后将预处理的结果和源程序一起再进行常规的编译处理,以得到目标代码。C

提供的预处理功能主要有宏定义、撤销宏定义、条件编译和文件包含。

1. 宏定义

```
#define 宏名 表达式
```

表达式可以是数字、字符,也可以是若干条语句。在编译时,所有引用该宏的地方,都将被自动替换成宏所代表的表达式。例如:

```
#define PI 3.1415926      //以后程序中用到数字 3.1415926 就写 PI
#define S(r) PI * r * r    //以后程序中用到 PI * r * r 就写 S(r)
```

2. 撤销宏定义

```
#undef 宏名
```

3. 条件编译

```
#if 表达式
#else 表达式
#endif
```

如果表达式成立,则编译#if 下的程序,否则编译#else 下的程序,#endif 为条件编译的结束标志。

```
#ifdef 宏名       //如果宏名称被定义过,则编译以下程序
#ifndef 宏名      //如果宏名称未被定义过,则编译以下程序
```

条件编译通常用来调试、保留程序(但不编译),或者在需要对两种状况做不同处理时使用。

4. "文件包含"处理

"文件包含"指一个文件将另一个文件的内容通过文件名的形式包含进来,其一般形式为:

```
#include "文件名"
```

本章小结

1. 关于嵌入式系统的概念、分类与特点

嵌入式系统可以直观表述为嵌入式计算机系统。嵌入式系统是不以计算机面目出现的"计算机",这个计算机系统隐含在各类具体的产品之中,且在这些产品中,计算机程序起到了重要作用。关于嵌入式系统的分类,可以按应用范围简单地把嵌入式系统分为电子系统智能化(微控制器类)和计算机应用延伸(应用处理器类)这两大类。关于嵌入式系统的特点,可以从与通用计算机比较的角度表述:嵌入式系统是不单独以通用计算机的面目出现的计算机系统。它的开发需要专用工具和特殊方法,使用 MCU 设计嵌入式系统,数据与程序空间采用不同存储介质,开发嵌入式系统涉及软件、硬件及应用领域的知识。

2. 关于嵌入式系统的学习方法问题

关于芯片选择,建议初学者使用微控制器而不是应用处理器作为入门芯片。开始阶段,不学习操作系统,着重打好底层驱动的使用方法、设计方法等软硬件基础。硬件与软件平衡的问题可以描述为:嵌入式系统与硬件紧密相关,是软件与硬件的综合体,没有对硬件的理

解就不可能写好嵌入式软件,同样,没有对软件的理解也不可能设计好嵌入式硬件。关于学习基本方法,建议遵循"先易后难,由浅入深"的原则,打好软硬件基础;充分理解知识要素、掌握底层驱动构件的使用方法;基本掌握底层驱动构件的设计方法;掌握单步跟踪调试、打桩调试、printf 输出调试等调试手段。

3. 关于 MCU 的基本含义

MCU 是在一块芯片内集成了 CPU、存储器、定时器/计数器及多种输入输出(I/O)接口的比较完整的数字处理系统。以 MCU 为核心的系统是应用最广的嵌入式系统,是现代测控系统的核心。MCU 出现之前,人们必须用纯硬件电路实现测控系统。MCU 出现以后,测控系统中的大部分计算与控制功能由 MCU 的软件实现,输入、输出与执行动作等通过硬件实现,带来了设计上的本质变化。MAP 是在低功耗 CPU 的基础上扩展了音视频功能和专用接口的超大规模集成电路,其功能与开发方法接近 PC。

4. 关于嵌入式系统的常用术语

本章列出了嵌入式系统的硬件、通信、功能模块等方面的部分术语,后续章节再深入理解。这里重点认识几个缩写词:GPIO、UART、ADC、DAC、PWM、SPI、I2C、LED。记住它们的英文全称、中文含义,有利于随后的学习。这是嵌入式系统的最基本内容。

习题

1. 简要总结嵌入式系统的定义、由来、分类及特点。
2. 归纳嵌入式系统的入门问题,并简要说明如何解决这些问题。
3. 简要归纳嵌入式系统的知识体系。
4. 结合书中给出的嵌入式系统基础阶段的学习建议,从个人角度谈谈应该如何学习嵌入式系统。
5. 简要给出 MCU 的定义及典型内部框图。
6. 举例给出一个具体的、以 MCU 为核心的嵌入式测控产品的基本组成。
7. 简要比较中央处理器(CPU)、微控制器(MCU)与应用处理器(MAP)。
8. 列表罗列嵌入式系统常用术语(中文名、英文缩写、英文全称)。

第 **2** 章

ARM Cortex-M0+ 微 处 理 器

本章导读

本书开发板中的 MCU 使用 ARM Cortex-M0+ 处理器内核。本章主要介绍 ARM Cortex-M0+的特点、内核结构、内部寄存器；给出指令简表、寻址方式及指令的分类介绍；最后讲解 ARM Cortex-M0+汇编语言的基本语法。需要学习 ARM Cortex-M0+汇编的读者可以阅读本章全部内容，普通读者可简要了解 2.1 节。虽然本章内容有一定难度，但这些内容对理解微型计算机的工作原理有重要帮助。

2.1 ARM Cortex-M0+微处理器概述

本书使用 TI 公司的 MSPM0L 系列 MCU 阐述嵌入式应用。该系列的内核[①]使用 32 位 ARM Cortex-M0+处理器（简称 M0+），它是 ARM 大家族中的重要一员。

2.1.1 ARM Cortex-M0+微处理器内部结构概要

2012 年，ARM 公司发布 M0+微处理器，它基于 ARM v6-M 架构，是 ARM v7-M 的子集合，广泛地应用于微控制器、物联网、消费电子、混合信号设计等方面。图 2-1 给出了 M0+微处理器结构框图，下面简要介绍各部分功能。

1. M0+内核

M0+支持 16 位的 Thumb 指令集，同时支持 16/32 位混合 Thumb2 指令集。M0+微处理器性能可达到 2.46 CoreMark/MHz[②]。采用冯·诺依曼架构[③]，使用统一存储空间编址，32 位寻址，最多支持 4GB 存储空间；使用两级流水线设计；采用片上接口基于高级微控制

[①] 这里使用内核（core）一词，而不用 CPU，原因在于 ARM 中使用"内核"术语涵盖了 CPU 功能，它比 CPU 功能可扩充性更强。一般情况下，可以认为两个术语概念等同。

[②] 这是一种微处理器性能效率的度量方式。

[③] Cortex-M3/M4 采用哈佛结构，而 Cortex-M0+采用的是冯·诺依曼结构。哈佛结构是将指令存储器和数据存储器分开的一种存储器结构，中央处理器首先到程序指令存储器中读取程序指令内容，解码后得到数据地址，再到相应的数据存储器中读取数据，进行下一步的操作。而冯·诺依曼结构将指令存储器和数据存储器合在一起，程序指令存储地址和数据存储地址指向同一个存储器的不同物理位置。

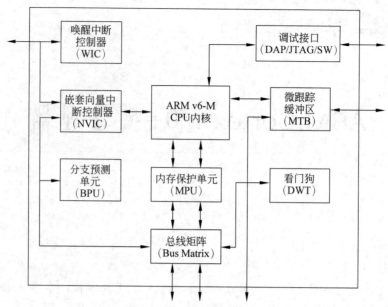

图 2-1　M0+微处理器结构框图

器总线架构(Advanced Microcontroller Bus Architecture,AMBA)技术,能进行高吞吐量的流水线总线操作。

2. 中断控制

M0+内部集成嵌套向量中断控制器(Nested Vectored Interrupt Controller,NVIC)。在 MSPM0L 系列芯片中,配置的中断源数目为 32 个,优先等级可配置范围为 0~4,其中 0 等级对应最高中断优先级。对于 M0+微处理器而言,通过在 NVIC 中实现中断尾链和迟到功能,意味着两个相邻的中断不用再处理状态保存和恢复。微处理器自动保存中断入口并自动恢复,没有指令开销,在超低功耗睡眠模式下可唤醒中断控制器。NVIC 还采用了向量中断机制,在中断发生时,它会自动取出对应服务例程的入口地址并直接调用,无须用软件判定中断源,可缩短中断延时。

为优化低功耗设计,NVIC 还集成了一个可选唤醒中断控制器(Wake-up Interrupt Controller,WIC)。在睡眠模式或深度睡眠模式下,芯片可快速进入超低功耗状态,且只能被 WIC 唤醒源唤醒。在 M0+内核中,还包含一个 24 位倒计时定时器 SysTick,即使系统在睡眠模式下,它也能工作,作为嵌套向量中断控制器的一部分实现。若将其用作实时操作系统的时钟,将给实时操作系统在同类内核芯片间移植带来便利。

3. 存储器保护单元

存储器保护单元(Memory Protection Unit,MPU)可以对一个选定的内存单元进行保护。MPU 将存储器划分为 8 个子区域,这些子区域的优先级是可自定义的。微处理器可以将指定的区域禁用和使能。

4. 调试访问端口

调试访问端口可以对存储器和寄存器进行调试访问,有 SWD 或 JTAG 两种。Flash 修补和断点(Flash Patch and Breakpoint,FPB)用于实现硬件断点和代码修补。数据监视点及追踪(Data Watchpoint and Trace,DWT)用于实现观察点,触发资源,系统分析。嵌入式追踪宏单元(Instrumentation Trace Macrocell,ITM)用于提供对 printf()类型调试的支持。追踪端口接口单元(Trace Port Interface Unit,TPIU)用来连接追踪端口分析仪,包括单线输出模式。

5. 总线接口

M0+微处理器提供先进的高性能总线(AHB-Lite)接口。包括的 4 个接口分别为:Icode 存储器接口、Dcode 存储器接口、系统接口和基于高性能外设总线(ASB)的外部专用外设总线(PPB)。位段的操作可以细化到原子位段的读写操作。对存储器的访问是对齐的,在写数据时采用写缓冲区的方式。

6. 浮点运算单元

微处理器可以处理单精度 32 位指令数据,结合乘法和累积指令提高计算的精度。此外,硬件能够进行加减法、乘除法以及平方根等运算操作,也支持所有的 IEEE 数据四舍五入模式。该微处理器拥有 32 个专用 32 位单精度寄存器,可作为 16 个双字寄存器寻址,并且通过采用解耦三级流水线来加快处理器运行速度。

2.1.2   ARM Cortex-M0+微处理器的内部寄存器

CPU 内的寄存器都有专门的名称和特定的功能,不同型号的 CPU,其内部寄存器数量及功能是有差异的,但有些寄存器名字却是大家都用的。例如,程序计数器(Program Counter)的名字都简称为 PC[①],它指定了当前要执行的指令(机器码)在存储器中的位置。也就是说,由 PC 这个寄存器负责告诉 CPU 要执行的指令在存储器什么地方。

Cortex-M0+微处理器的内部寄存器如图 2-2 所示,主要包括用于数据处理与控制的寄

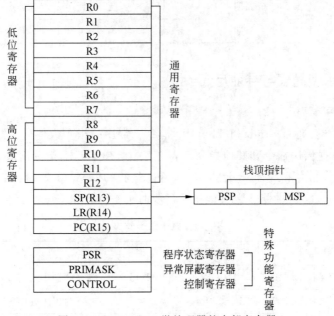

图 2-2　Cortex-M0+微处理器的内部寄存器

---

①　与个人计算机(Personal Computer,PC)的简写一致,仅仅是巧合,通常在不同语境中,不会混淆。以下把台式机、笔记本电脑等可以作为工具的计算机均称为"PC"。

存器、特殊功能寄存器和浮点寄存器。数据处理与控制寄存器在 Cortex-M 系列处理器中的定义与使用基本相同,它包括 R0～R15,其中,R0～R7 为低位寄存器;R8～R12 为高位寄存器;R13 为栈指针寄存器,包含 MSP 或 PSP 两个栈指针,但在同一时刻只能有一个可以被看到,即 banked 寄存器;R14 为链接寄存器;R15 为程序计数器 PC。特殊功能寄存器包括程序状态寄存器、异常屏蔽寄存器和控制寄存器,有预定义的功能,而且必须通过专用指令来访问。

2.2　寻址方式与机器码的获取方法

设计一个 CPU,首先需要设计一套可以执行特定功能的操作命令,这种操作命令称为指令。CPU 所能执行的各种指令的集合,称为该 CPU 的指令系统。表 2-1 给出了 ARM Cortex-M 系列微处理器指令集概况。在 ARM 系统中,使用的指令集也称为架构(Architecture)。同一架构可以衍生出许多不同处理器型号。例如,ARM v6-M 是一种架构型号,其中 v6 是版本号,基于该架构的处理器有 M0、M0+ 等型号。

表 2-1　ARM Cortex-M 系列微处理器指令集概况

处理器型号	Thumb	Thumb2	硬件乘法	硬件除法	饱和运算	DSP扩展	浮点	ARM 架构	核心架构
M0(+)	大部分	子集	1 或 32 个周期	无	无	无	无	ARM v6-M	冯·诺依曼
M1	大部分	子集	3 或 33 个周期	无	无	无	无	ARM v6-M	冯·诺依曼
M3	全部	全部	1 个周期	有	有	无	无	ARM v7-M	哈佛
M4	全部	全部	1 个周期	有	有	有	可选	ARM v7-M	哈佛

2.2.1　指令保留字简表与寻址方式

1. 指令保留字简表

M0+ 微处理器支持 Thumb 和 Thumb2 指令。常用的指令大体分为数据操作指令、转移指令、存储器数据传送指令和其他指令。表 2-2 中给出了基本指令简表,其中有 53 条 16 位指令、92 条 32 位指令和约 35 条浮点指令,还包含了一些 M3 微处理器中不支持的协议处理器指令和服务于 cache 的指令。其他指令需要时请查阅《ARM v6-M 参考手册》。

表 2-2　基本指令简表

类　型	保　留　字	含　义
数据传送类	LDR、LDRH、LDRB、LDRSB、LDRSH、LDM	将存储器中的内容加载到寄存器中
	STR、STRH、STRB、STM	将寄存器中的内容存储到存储器中
	MOV、MOVS、MVNS	寄存器间数据传送指令
	PUSH、POP	进栈、出栈

类　　型		保　留　字	含　　义
数据操作类	算术运算类	ADD、ADDS、ADCS、ADR、SUB、SUBS	加、减、乘指令
		CMP	比较指令
	逻辑运算类	ANDS、ORRS、EORS、BICS	按位与、或、异或、位段清零等
	数据序转类	REV、REVSH、REV16	翻转字节序
	扩展类	SXTB、SXTH、UXTB、UXTH	无符号扩展字节、有符号扩展字节
	位操作类	TST	测试位指令
	移位类	ASRS、LSLS、LSRS、RORS	算术右移、逻辑左移、逻辑右移、循环右移
跳转控制类		B、B<cond>、BL、BX、BLX	跳转指令
其他指令		BKPT、SVC、NOP、CPSID、CPSIE、MSR、MRS、SEV、WFE、WFI	

2. 寻址方式

指令是对数据的操作,通常把指令中所要操作的数据称为操作数,M0+微处理器所需的操作数可能来自寄存器、指令代码、存储单元。确定指令中所需操作数的各种方法称为寻址方式(Addressing Mode)。例如,LDRH Rt,[Rn {,♯imm}],表示有"LDRH Rt,[Rn]""LDRH Rt,[Rn,♯imm]"两种指令格式。其中,"[ ]"表示其中的内容为地址;"{}"表示其中为可选项;"//"表示注释。

1) 立即数寻址

在立即数寻址方式中,操作数直接通过指令给出。数据包含在指令编码中,跟随指令一起被编译成机器码存储于程序空间中。用"♯"作为立即数的前导标识符。M0+微处理器的立即数范围是 0x00~0xFF。例如:

```
MOVS  R0,#0xFF        //立即数 0xFF 装入 R0 寄存器
SUB   R1,R0,#1        //R1←R0-1
```

2) 寄存器寻址

在寄存器寻址中,操作数来自寄存器。例如:

```
MOV  R0,R1            //将 R1 寄存器内容装入 R0 寄存器
```

3) 直接寻址

在直接寻址方式中,操作数来自于存储单元,指令直接给出存储单元地址。指令码给出数据的位数,有字(4 字节)、半字(2 字节)、单字节 3 种情况。例如:

```
LDR   Rt,label        //从标号 label 处连续取 4 字节到寄存器中
LDRH  Rt,label        //从地址 label 处读取半字到 Rt
LDRB  Rt,label        //从地址 label 处读取字节到 Rt
```

4) 偏移寻址及寄存器间接寻址

在偏移寻址中,操作数来自存储单元,指令通过寄存器及偏移量给出存储单元的地址。偏移量不超过 4KB(指令编码中偏移量为 12 位)。偏移量为 0 的偏移寻址也称为寄存器间接寻址。例如:

```
LDR R3,[PC,#100]        //从地址(PC + 100)处读取 4 字节到 R3 中
LDR R3,[R4]             //以 R4 中内容为地址,读取 4 字节到 R3 中
```

2.2.2　指令的机器码

在讲述指令类型之前,先了解如何获取汇编指令所对应的机器指令。虽然一般不会直接用机器指令进行编程,但是了解机器码的存储方式对理解程序运行细节十分有益。这个过程涉及三个文件:源文件、列表文件(.lst)、十六进制机器码文件(.hex)。

1. 运行源文件查看机器码

运行样例程序的源文件,样例的目的是观察 MOVS R0,♯0xDE 语句生成的机器码是什么,存放在何处,存储顺序是什么样的。

第 1 步,打开工程。利用开发环境打开电子资源"..\03-Software\CH02\ASM"工程,IDE 会自动打开 main.s 文件。

第 2 步,定位到要分析的程序处。利用在文件中查找文字内容的方式,定位到"[理解机器码存储]"处。单击菜单"编辑"→"查找和替换"→"文件查找和替换"(输入"理解机器码存储")→"查找下一处",定位到 main.s 文档中相应的位置。测试代码如下:

```
//测试代码部分[理解机器码存储]
Label:
    //要分析的指令          //立即数范围为 0x00~0xFF
    MOVS R0,♯0xDE
    //串口输出"Label 地址:内容"
    ldr r0,=data_format1   //r0←输出格式
    ldr r1,=Label          //r1←Label 的地址
    ldrb r2,[r1]           //r2←Label 地址中的数据
    bl printf              //调用 printf 函数串口输出"Label 地址:内容"
```

由于汇编器不区分大小写,这里要分析的指令采用大写。随后,串口输出地址及内容的程序采用小写。

第 3 步,编译、下载并运行样例程序。可看到如图 2-3 所示的显示结果。

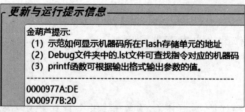

图 2-3　样例程序的运行结果

从图 2-3 显示的内容可以看出,标号代表的地址为"0000977A",即指令 MOVS R0,♯0xDE 机器码要存放的开始地址,各地址存储内容如表 2-3 所示。

表 2-3　指令 MOVS R0,♯0xDE 的存储细节表

地　　址	0000977A	0000977B
内　　容	DE	20

2. 在列表文件.lst 中查看机器码

打开 Debug 文件夹中的.lst 文件,单击菜单"编辑"→"查找和替换"→"文件查找和替换"(输入"Label")→"查找下一处",定位到.lst 文档中相应位置,发现"977a: 20de movs r0, #222 ; 0xde",可见该汇编指令存放于以"0000977a"地址开始的单元,其 16 位的机器码实际值为"20de"。这里的"20"是操作码(即 MOVS),"de"是操作数部分。

可以看到,20de 这个两字节的机器指令的高字节(20)放在高地址(977B)中,低字节(de)放在低地址(977A)中,这叫作小端模式(Little-endian),即一个字从低字节到高字节按低地址到高地址的顺序进行存储,MSPM0L1306 采用的就是小端存储模式。有的芯片则采用大端模式(Big-endian),即一个字从低字节到高字节按高地址到低地址的顺序进行存储。具体存储模式一般在芯片设计阶段确定。

3. 在十六进制可执行文件.hex 中查看机器码

.hex(Intel HEX)文件是由一行一行符合 Intel HEX 文件格式的文本构成的 ASCII 文本文件。在 Intel HEX 文件中,每行包含 1 个 HEX 记录,这些记录由对应机器语言码(含常量数据)的十六进制编码数字组成。

MOVS R0,♯0xDE 指令对应的机器指令编码为 20DE,实际存储顺序如表 2-3 所示。在.hex 文件中搜索"DE20",可在.hex 文件的第 452 行找到相关记录。读者可以思考,如何更好地在.hex 文件中找到语句对应的机器码。查找发现.hex 文件中含有"DE20"信息的有 3 行记录,分别在第 345 行、第 363 行、第 452 行,但该文件中的第452 行"┃452┃ :109770001944116020 4A9142F7D3DE201F48204946"中的"9770"是这行程序的存储的首地址,与本处分析对应。关于机器码文件格式,详见 4.3.2 节。

2.3 基本指令分类解析

基本指令可分为数据传送类、数据操作类、跳转控制类、其他指令 4 类,以下简要阐述 ARM Cortex-M 系列基本指令的功能。读者可在学习时浏览一遍这些指令列表,以便用到时查阅。

2.3.1 数据传送类指令

数据传送类的基本指令有 16 条,其功能分别为：取存储器地址空间中的数并传送到寄存器中;将寄存器中的数传送到另一寄存器或存储器地址空间。

1. 取数指令

将存储器中内容加载(Load)到寄存器中的指令如表 2-4 所示,其中 LDR、LDRH、LDRB 指令分别表示加载来自存储器单元的一个字、半字和单字节(不足部分以 0 填充)。LDRSH 和 LDRSB 指令将存储单元的半字、字节有符号数扩展成 32 位加载到指定寄存器 Rt 中。

表 2-4　取数指令

编号	指　令	说　明
(1)	LDR Rt，[<Rn│SP>{，#imm}]	从地址{SP/Rn+#imm}处取字到 Rt 中，imm=0,4,8,…,1020
	LDR Rt，[Rn，Rm]	从地址 Rn+Rm 处读取字到 Rt 中
	LDR Rt，label	从标号 label 指定的存储器单元取数到寄存器中，标号 label 必须在当前指令的−4~4KB 范围内，且应 4 字节对齐
(2)	LDRH Rt，[Rn{，#imm}]	从地址{Rn+#imm}处取半字到 Rt 中，imm=0,2,4,…,62
	LDRH Rt，[Rn，Rm]	从地址 Rn+Rm 处读取半字到 Rt 中
(3)	LDRB Rt，[Rn{，#imm}]	从地址{Rn+#imm}处取字节到 Rt 中，imm=0~31
	LDRB Rt，[Rn，Rm]	从地址 Rn+Rm 处读取字节到 Rt 中
(4)	LDRSH Rt，[Rn，Rm]	从地址 Rn+Rm 处读取半字到 Rt 中，并带符号扩展至 32 位
(5)	LDRSB Rt，[Rn，Rm]	从地址 Rn+Rm 处读取字节到 Rt 中，并带符号扩展至 32 位
(6)	LDM Rn{!}，reglist	从地址 Rn 处读取多个字，加载到 reglist 列表寄存器中，每读一个字后 Rn 自增一次

下面对指令 LDM Rn{!},reglist 进行补充说明，其中 Rn 表示存储器单元起始地址的寄存器；reglist 若包含多个寄存器，则必须以","分隔，外面用"{}"标识；"!"是一个可选的回写后缀。reglist 列表中包含 Rn 寄存器时不要回写后缀，否则需带回写后缀"!"。带后缀时，在数据传送完毕之后，将最后的地址写回到 $Rn=Rn+4\times(n-1)$，n 为 reglist 中寄存器的个数。Rn 不能为 R15，reglist 则可以为 R0~R15 的任意组合；Rn 寄存器中的值必须字对齐。这些指令不影响 N、Z、C、V(4 个标志分别是结果为负、结果为 0、进位、溢出)状态标志。

该组指令理解记忆方法如下：以 LDRSH 为例，LD=Load(加载)，R=Register(寄存器)，S=Symbol(符号)，H=Half-word(半字)，这就是从存储器中取半字加载到寄存器中的助记符 LDRSH 的来源。大部分指令可类比分析记忆，读者通过分析一个汇编源程序样例，并做一些功能练习，即可以完成指令系统的基本学习。从知识结构的角度来说，做到这一点，这部分的知识就基本达标。

2. 存数指令

将寄存器中的内容存储(Store)至存储器中的指令如表 2-5 所示。STR、STRH 和 STRB 指令将 Rt 寄存器中的字、低半字或低字节存储到存储器单元。存储器单元地址由 Rn 与 Rm 之和决定。Rt、Rn 和 Rm 必须为 R0~R7 中的一个。

其中，STM Rn!，reglist 指令将 reglist 列表寄存器中的内容以字存储到 Rn 寄存器中的存储单元地址。以 4 字节访问存储器地址单元，访问地址从 Rn 寄存器指定的地址值到 $Rn+4\times(n-1)$，n 为 reglist 中寄存器的个数。按寄存器编号的递增顺序访问，最低编号使用最低地址空间，最高编号使用最高地址空间。对于 STM 指令，如果 reglist 列表中包含了 Rn 寄存器，则 Rn 寄存器必须位于列表首位；如果列表中不包含 Rn，则将位于 $Rn+4\times n$ 的地址回写到 Rn 寄存器中。这些指令不影响 N、Z、C、V 状态标志。

表 2-5　存数指令

编号	指　令	说　明
(7)	STR Rt，[<Rn｜SP>{，#imm}]	把 Rt 中的字存储到地址 SP/Rn＋#imm 处，imm＝0，4，8，…，1020
	STR Rt，[Rn，Rm]	把 Rt 中的字存储到地址 Rn＋Rm 处
(8)	STRH Rt，[Rn{，#imm}]	把 Rt 中的低半字存储到地址 SP/Rn＋#imm 处，imm＝0，2，4，…，62
	STRH Rt，[Rn，Rm]	把 Rt 中的低半字存储到地址 Rn＋Rm 处
(9)	STRB Rt，[Rn{，#imm}]	把 Rt 中的低字节存储到地址 SP/Rn＋#imm 处，imm＝0～31
	STRB Rt，[Rn，Rm]	把 Rt 中的低字节存储到地址 Rn＋Rm 处
(10)	STM Rn!，reglist	存储多个字到 Rn 处，每存一个字后 Rn 自增一次

3. 寄存器间数据传送指令

MOV 指令如表 2-6 所示，其中 Rd 表示目标寄存器；imm 为立即数，范围是 0x00～0xFF。当 MOV 指令中 Rd 为 PC 寄存器时，丢弃第 0 位；当出现跳转时，传送值的第 0 位清零后的值作为跳转地址。虽然 MOV 指令可以用作分支跳转指令，但强烈推荐使用 BX 或 BLX 指令。这些指令影响 N、Z 状态标志，但不影响 C、V 状态标志。

表 2-6　寄存器间数据传送指令

编号	指　令	说　明
(11)	MOV Rd，Rm	Rd←Rm，Rd 只可以是 R0～R7
(12)	MOVS Rd，#imm	将立即数放入寄存器中，影响 N、Z 标志
(13)	MVNS Rd，Rm	将寄存器 Rm 中的数据取反，传送给寄存器 Rd，影响 N、Z 标志

这组指令中，MOVS 用于将立即数放入寄存器中。MOV 用于寄存器间传输，所适应的编译器较多，建议按照表 2-6 所示方法使用；不建议将 MOV 用于立即数，因为只有部分编译器适用。

4. 堆栈操作指令

堆栈(stack)操作指令如表 2-7 所示。PUSH 指令将寄存器值存于堆栈中，最低编号的寄存器使用最低存储地址空间，最高编号的寄存器使用最高存储地址空间；POP 指令将值从堆栈中弹回寄存器，最低编号的寄存器使用最低存储地址空间，最高编号的寄存器使用最高存储地址空间。执行 PUSH 指令后，更新 SP 寄存器值 SP＝SP-4；执行 POP 指令后，更新 SP 寄存器值 SP＝SP＋4。如果 POP 指令的 reglist 列表中包含了 PC 寄存器，则在 POP 指令执行完成时跳转到该指针 PC 所指地址处。该值最低位通常用于更新 xPSR 的 T 位，此位必须置 1 以确保程序正常运行。

表 2-7　堆栈操作指令

编号	指　令	说　明
(14)	PUSH reglist	进栈指令，SP 递减 4
(15)	POP reglist	出栈指令，SP 递增 4

5. 生成与指针 PC 相关的地址指令

ADR 指令如表 2-8 所示,将指针 PC 值加上一个偏移量得到的地址写进目标寄存器中。如果利用 ADR 指令生成的目标地址用于跳转指令 BX、BLX,则必须确保该地址最后一位为 1。Rd 为目标寄存器,label 为与指针 PC 相关的表达式。在该指令下,Rd 必须为 R0～R7,数值必须字对齐且在当前 PC 值的 1020 字节以内。此指令不影响 N、Z、C、V 状态标志。这条指令主要供编译阶段使用,一般可看作一条伪指令。

表 2-8　ADR 指令

编号	指　　令	说　　明
(16)	ADR Rd, label	生成与指针 PC 相关的地址,将 label 相对于当前指令的偏移地址值与 PC 相加或者相减(label 有前后,即负、正)后写入 Rd 中

2.3.2　数据操作类指令

数据操作主要指算术运算、逻辑运算、移位等。

1. 算术运算类指令

算术运算类指令有加、减、乘、比较等,如表 2-9 所示。

表 2-9　算术类指令

编号	指　　令	说　　明
(17)	ADCS {Rd, } Rn, Rm	带进位加法。Rd←Rn+Rm+C,影响 N、Z、C 和 V 标志位
(18)	ADD {Rd } Rn, <Rm | #imm>	加法。Rd←Rn+Rm,影响 N、Z、C 和 V 标志位
(19)	RSBS {Rd, } Rn, #0	Rd←0-Rn,影响 N、Z、C 和 V 标志位(KDS 环境不支持)
(20)	SBCS {Rd, }Rn, Rm	带借位减法。Rd←Rn-Rm-C,影响 N、Z、C 和 V 标志位
(21)	SUB {Rd } Rn, <Rm | #imm>	常规减法。Rd←Rn-Rm/ #imm,影响 N、Z、C 和 V 标志位
(22)	MULS Rd, Rn Rm	常规乘法,Rd←Rn * Rm,同时更新 N、Z 状态标志,不影响 C、V 状态标志。该指令所得结果与操作数为无符号数还是有符号数无关。Rd、Rn、Rm 寄存器必须为 R0～R7,且 Rd 与 Rm 须一致
(23)	CMN Rn, Rm	加比较指令。Rn+Rm,更新 N、Z、C 和 V 标志,但不保存所得结果。Rn、Rm 寄存器必须为 R0～R7
(24)	CMP Rn, #imm CMP Rn, Rm	(减)比较指令。Rn-Rm/ #imm,更新 N、Z、C 和 V 标志,但不保存所得结果。Rn、Rm 寄存器为 R0～R7,立即数 imm 范围为 0～255

加、减指令对操作数的限制条件如表 2-10 所示,进行汇编程序设计时,要注意这些限制条件。

2. 逻辑运算类指令

逻辑运算类指令如表 2-11 所示。ANDS、EORS 和 ORRS 指令对寄存器 Rn、Rm 值执行逐位与、异或和或操作;BICS 指令将寄存器 Rn 的值与 Rm 的值的反码按位作逻辑"与"操作,结果保存到 Rd 中。这些指令更新 N、Z 状态标志,不影响 C、Z 状态标志。

表 2-10　ADC、ADD、RSBS、SBCS 和 SUB 操作数限制条件

指令	Rd	Rn	Rm	imm	限 制 条 件
ADC	R0～R7	R0～R7	R0～R7	—	Rd 和 Rn 必须相同
ADD	R0～R15	R0～R15	R0～PC	—	Rd 和 Rn 必须相同;Rn 和 Rm 不能同时指定为 PC 寄存器
	R0～R7	SP 或 PC	—	0～1020	立即数必须为 4 的整数倍
	SP	SP	—	0～508	立即数必须为 4 的整数倍
ADDS	R0～R7	R0～R7	—	0～7	—
	R0～R7	R0～R7	—	0～255	Rd 和 Rn 必须相同
	R0～R7	R0～R7	R0～R7	—	—
RSBS	R0～R7	R0～R7	—	—	—
SBCS	R0～R7	R0～R7	R0～R7	—	Rd 和 Rn 必须相同
SUB	SP	SP	—	0～508	立即数必须为 4 的整数倍
SUBS	R0～R7	R0～R7	—	0～7	—
	R0～R7	R0～R7	—	0～255	Rd 和 Rn 必须相同
	R0～R7	R0～R7	R0～R7	—	—

表 2-11　逻辑运算类指令

编号	指　　令	说　明	举　　例
(25)	ANDS　{Rd,} Rn, Rm	按位与	ANDS R2, R2, R1
(26)	ORRS　{Rd,} Rn, Rm	按位或	ORRS R2, R2, R5
(27)	EORS　{Rd,} Rn, Rm	按位异或	EORS R7, R7, R6
(28)	BICS　{Rd,} Rn, Rm	位段清零	BICS R0, R0, R1

Rd、Rn 和 Rm 必须为 R0～R7,其中 Rd 为目标寄存器,Rn 为存放第 1 个操作数的寄存器且必须和目标寄存器 Rd 一致(即 Rd 就是 Rn),Rm 为存放第 2 个操作数的寄存器。

3. 移位类指令

移位类指令如表 2-12 所示。ASRS、LSLS、LSRS 和 RORS 指令,将寄存器 Rm 值依据由寄存器 Rs 或立即数 imm 决定的移动位数,执行算术右移、逻辑左移、逻辑右移和循环右移操作。这些指令中,Rd、Rm、Rs 必须为 R0～R7。对于非立即数指令,Rd 和 Rm 必须一致。Rd 为目标寄存器,若省去 Rd,表示其值与 Rm 寄存器一致;Rm 为存放被移位数据的寄存器;Rs 为存放移位长度的寄存器;imm 为移位长度,ASSR 指令移位长度范围是 1～32,LSLS 指令移位长度范围是 0～31,LSRS 指令移位长度范围是 1～32。

(1) 单向移位指令。算术右移指令 ASRS 比较特别,它把要操作的字节当作有符号数,而符号位(31)保持不变,其他位右移一位,即首先将 b0 位移入 C 中,其他位(b1～b31)右

移一位,相当于操作数除以 2。为了保证符号不变,ASRS 指令使符号位 b31 返回其本身。逻辑右移指令 LSRS 把 32 位操作数右移一位,首先将 b0 位移入 C 中,然后其他位右移一位,0 移入 b31 位。根据结果可知,ASRS、LSLS、LSRS 指令对标志位 N、Z 有影响;最后移出位更新 C 标志位。

表 2-12 移位类指令

编号	指 令	操 作	举 例
(29)	ASRS {Rd,} Rm, Rs ASRS {Rd,} Rm, #imm	□□□□ … □□□□ →C	算术右移 ASRS R7, R5, #9
(30)	LSLS {Rd,} Rm, Rs LSLS {Rd,} Rm, #imm	C←□□□□ … □□□□←0 b31　　　　b0	逻辑左移 LSLS R1, R2, #3
(31)	LSRS {Rd,} Rm, Rs LSRS {Rd,} Rm, #imm	0→□□□□ … □□□□→C b31　　　　b0	逻辑右移 LSRS R1, R2, #3
(32)	RORS {Rd,} Rm, Rs	□□□□ … □□□□ →C b31　　　　b0	循环右移 RORS R4, R4, R6

(2) 循环移位指令。循环右移指令 RORS 将 b0 位移入 b31 位的同时也将其移入 C 中,其他位右移一位;从 b31~b0 内部看来,循环右移了一位。根据结果可知,RORS 指令对标志位 N、Z 有影响;最后移出位更新 C 标志位。

4. 位测试类指令

位测试类指令如表 2-13 所示。

表 2-13 位测试类指令

编号	指 令	说 明
(33)	TST Rn, Rm	将 Rn 寄存器的值逐位与 Rm 寄存器的值进行与操作,但不保存所得结果。为测试寄存器 Rn 某位是 0 还是 1,将 Rn 寄存器某位置 1,其余位清零。寄存器 Rn、Rm 必须为 R0~R7。根据结果可知,更新 N、Z 状态标志不影响 C、V 状态标志

5. 数据序转指令

数据序转指令如表 2-14 所示。该指令用于改变数据的字节顺序,其具体操作如图 2-4 所示。Rn 为源寄存器,Rd 为目标寄存器,且必须为 R0~R7。这些指令不影响 N、Z、C、V 状态标志。

表 2-14　数据序转指令

编号	指　　令	说　　明
(34)	REV Rd，Rn	将 32 位大端数据转小端存放或将 32 位小端数据转大端存放
(35)	REV16 Rd，Rn	将一个 32 位数据划分成两个 16 位大端数据,再将这两个 16 位大端数据转小端存放;或将一个 32 位数据划分成两个 16 位小端数据,再将这两个 16 位小端数据转大端存放
(36)	REVSH Rd，Rn	将 16 位带符号大端数据转成 32 位带符号小端数据或将 16 位带符号小端数据转成 32 位带符号大端数据

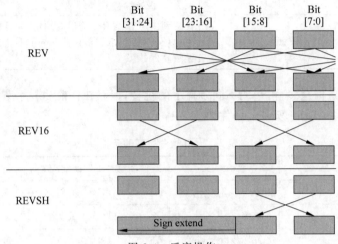

图 2-4　反序操作

6. 扩展类指令

扩展类指令如表 2-15 所示。寄存器 Rm 存放待扩展操作数;寄存器 Rd 为目标寄存器;Rm、Rd 必须为 R0~R7。这些指令不影响 N、Z、C、V 状态标志。

表 2-15　扩展类指令

编号	指　　令	说　　明
(37)	SXTB Rd,Rm	将操作数 Rm 的 Bit[7:0]带符号扩展到 32 位,结果保存到 Rd 中
(38)	SXTH Rd,Rm	将操作数 Rm 的 Bit[15:0]带符号扩展到 32 位,结果保存到 Rd 中
(39)	UXTB Rd,Rm	将操作数 Rm 的 Bit[7:0]无符号扩展到 32 位,结果保存到 Rd 中
(40)	UXTH Rd,Rm	将操作数 Rm 的 Bit[15:0]无符号扩展到 32 位,结果保存到 Rd 中

2.3.3　跳转控制类指令

跳转控制类指令如表 2-16 所示,这些指令不影响 N、Z、C、V 状态标志。

跳转控制类指令举例如下,特别注意,BL 用于调用子程序。

```
BEQ label        //条件转移,标志位 Z=1 时转移到标号 label
BL funC          //调用子程序 funC,把转移前的下条指令地址保存到 LR
BX LR            //返回到函数调用处
```

表 2-16　跳转控制类指令

编号	指　令	跳 转 范 围	说　明
(41)	B{cond} label	−256B～+254B	转移到标号 label 对应的地址处。可以带（或不带）条件，所带条件如表 2-17 所示。例如，BEQ 表示标志位 Z=1 时转移
(42)	BL label	−16MB～+16MB	转移到 label 处对应的地址，并且把转移前的下条指令地址保存到 LR，置寄存器 LR 的 Bit[0] 为 1，保证了随后执行 POP {PC} 或 BX 指令时可成功返回分支
(43)	BX Rm	任意	转移到由寄存器 Rm 给出的地址，寄存器 Rm 的 Bit[0] 必须为 1，否则会导致硬件故障
(44)	BLX Rm	任意	转移到由寄存器 Rm 给出的地址，并且把转移前的下条指令地址保存到 LR。寄存器 Rm 的 Bit[0] 必须为 1，否则会导致硬件故障

B 指令所带条件众多，可形成不同条件下的跳转，但只在往前 256 字节或往后 254 字节地址范围内跳转。B 指令所带的条件如表 2-17 所示。

表 2-17　B 指令所带的条件

条件后缀	标 志 位	含　义	条件后缀	标 志 位	含　义
EQ	Z=1	相等	HI	C=1 并且 Z=0	无符号数大于
NE	Z=0	不相等	LS	C=1 或 Z=1	无符号数小于或等于
CS 或者 HS	C=1	无符号数大于或等于	GE	N=V	带符号数大于或等于
CC 或者 LO	C=0	无符号数小于	LT	N!=V	带符号数小于
MI	N=1	负数	GT	Z=0 并且 N=V	带符号数大于
PL	N=0	正数或零	LE	Z=1 并且 N!=V	带符号数小于或等于
VS	V=1	溢出	AL	任何情况	无条件执行
VC	V=0	未溢出			

2.3.4　其他指令

其他指令包括断点指令、中断指令等，如表 2-18 所示。其中，spec_reg 表示特殊寄存器，包括 APSR、IPSR、EPSR、IEPSR 等。

表 2-18　其他指令

8 类型	编号	指　令	说　明
断点指令	(45)	BKPT ♯imm	如果调试被使能，则进入调试状态（停机）。如果调试监视器异常被使能，则调用一个调试异常，否则调用一个错误异常。处理器忽视立即数 imm，立即数范围是 0～255，表示断点调试的信息。该指令不影响 N、Z、C、V 状态标志

类型	编号	指　　令	说　　明
中断指令	(46)	CPSIE i	除了 NMI,使能总中断。该指令不影响 N、Z、C、V 状态标志
	(47)	CPSID i	除了 NMI,禁止总中断。该指令不影响 N、Z、C、V 状态标志
屏蔽指令	(48)	DMB	数据内存屏蔽(与流水线、MPU 和 cache 等有关)
	(49)	DSB	数据同步屏蔽(与流水线、MPU 和 cache 等有关)
	(50)	ISB	指令同步屏蔽(与流水线、MPU 等有关)
特殊寄存器操作指令	(51)	MRS Rd, spec_regl	加载特殊功能寄存器的值到通用寄存器。若当前执行模式不为特权模式,除 APSR 寄存器外,读其余所有寄存器的值为 0
	(52)	MSR spe_reg, Rn	存储通用寄存器的值到特殊功能寄存器。Rd 不允许为 SP 或 PC 寄存器;若当前执行模式不为特权模式,除 APSR 外,任何试图修改寄存器的操作均被忽视。该指令影响 N、Z、C、V 状态标志
空操作	(53)	NOP	空操作,但无法保证能够延迟时间,处理器可能在执行阶段之前就将此指令从线程中移除。该指令不影响 N、Z、C、V 状态标志
发送事件指令	(54)	SEV	发送事件指令。在多处理器系统中,向所有处理器发送一个事件,也可置位本地寄存器。该指令不影响 N、Z、C、V 状态标志
操作系统服务调用指令	(55)	SVC #imm	操作系统服务调用,带立即数调用代码。SVC 指令触发 SVC 异常。处理器忽视立即数 imm,但如果需要,该值可通过异常处理程序重新取回,以确定哪些服务正在请求。执行 SVC 指令期间,当前任务优先级高于或等于 SVC 指令调用处理程序优先级时,将产生一个错误。该指令不影响 N、Z、C、V 状态标志
休眠指令	(56)	WFE	休眠并且在发生事件时被唤醒。该指令不影响 N、Z、C、V 状态标志
	(57)	WFI	休眠并且在发生中断时被唤醒。该指令不影响 N、Z、C、V 状态标志

表 2-18 的中断指令中,使能总中断指令"CPSIE i"和禁止总中断指令"CPSID i"为编程必用指令,实际编程时,由宏函数给出。

WFE 与 WFI 这两条休眠指令均只用于低功耗模式,并不产生其他操作(这一点类似于 NOP 指令)。休眠指令 WFE 执行情况由事件寄存器决定。如果事件寄存器为零,则只有在发生如下事件时才执行:①发生异常,且该异常未被异常屏蔽寄存器或当前优先级屏蔽;②在进入异常期间,系统控制寄存器的 SEVONPEND 置位;③如果使能调试模式,则触发调试请求;④外围设备发出一个事件或在多重处理器系统中由另一个处理器使用 SVC 指令。如果事件寄存器为 1,则 WFE 指令在清零该寄存器后立刻执行。休眠指令 WFI 的执行条件为发生异常,或 PRIMASK.PM 被清零。产生的中断将会被先占,或发生触发调试请求(不论调试是否被使能)。

2.4　汇编语言的基本语法

能够在 MCU 内直接执行的指令序列是机器语言。用汇编语言写成的程序不能直接放入 MCU 的程序存储器中执行,必须先将其转为机器语言。把用汇编语言写成的源程序"翻译"成机器语言的工具叫汇编器(Assembler)。

本书在 AHL-GEC-IDE 开发环境下,汇编语言格式满足 GNU[①] 汇编语法。

2.4.1　汇编语言的格式

汇编语言源程序可以用通用的文本编辑软件编辑,以 ASCII 码形式保存。具体的汇编器对汇编语言源程序的格式有一定的要求,汇编器除了识别 MCU 的指令系统外,还提供了一些在汇编时使用的命令、操作符号。在编写汇编程序时,也必须正确使用它们。由于汇编器提供的指令仅是为了更好地做好"翻译"工作,并不产生具体的机器指令,因此这些指令被称为伪指令(Pseudo Instruction)。

汇编语言源程序以行为单位进行设计,每行最多包含以下 4 部分。

标号:　操作码　操作数　注释

1. 标号

对于标号(Label)有下列要求及说明。

(1) 如果一个语句有标号,则标号必须书写在汇编语句的开头部分。

(2) 可以组成标号的字符有:字母 A~Z、字母 a~z、数字 0~9、下画线"_"、美元符号"$",但开头的第 1 个符号不能为数字和 $。

(3) 汇编器对标号中字母的大小写敏感,但指令不区分大小写。

(4) 标号长度基本不受限制,但实际使用时通常不超过 20 个字符。如果希望更多的汇编器能够识别,则建议标号(或变量名)的长度小于 8 个字符。

(5) 标号后必须带冒号":"。

(6) 一个标号在一个文件(程序)中只能被定义一次,否则会出现重复定义,不能通过编译。

(7) 一行语句只能有一个标号,汇编器将把当前程序计数器的值赋给该标号。

2. 操作码

操作码(Opcode)包括指令码和伪指令,其中伪指令指 AHL-GEC-IDE 开发环境 M0+ 汇编器可以识别的伪指令。对于有标号的行,必须用至少一个空格或制表符(TAB)将标号与操作码隔开。对于没有标号的行,不能从第 1 列开始写指令码,应以空格或制表符开头。汇编器不区分操作码中字母的大小写。

---

① GNU 是一个自由软件工程项目,它是由理查德·斯托曼(Richard Stallman)于 1983 年发起的,后来又成立了自由软件基金会(Free Software Foundation,FSF)来为 GNU 计划提供技术、法律以及财政支持。GNU 是"不是 UNIX"的缩写(GNU's Not Unix)。GNU 编译器套件(GNU Compiler Collection,GCC)是由 GNU 开发的编程语言编译器,包含汇编器。

3. 操作数

操作数(Operand)可以是地址、标号或指令码定义的常数,也可以是由伪运算符构成的表达式。如果一条指令或伪指令有操作数,则操作数与操作码之间必须用空格隔开书写。操作数多于一个的,操作数之间用逗号","分隔。操作数也可以是 M0+内部寄存器,或者另一条指令的特定参数。操作数中一般都有一个存放结果的寄存器,这个寄存器在操作数的最前面。

1) 常数标识

汇编器识别的常数有十进制(默认不需要前缀标识)、十六进制(用 0x 前缀标识)、二进制(用 0b 前缀标识)。

2) "♯"表示立即数

一个常数前添加"♯"表示一个立即数;不加"♯"时,表示一个地址。

初学时常常会将立即数前的"♯"遗漏,如果该操作数只能是立即数,则汇编器会提示错误。例如:

```
MOVS   R3, 1          //给寄存器 R3 赋值为 1(这个语句不对)
```

编译时会提示"immediate expression requires a ♯ prefix --`movs r3,1`"。应该改为:

```
MOVS   R3, ♯ 1        //寄存器 R3 赋值为 1(这个语句对)
```

3) 圆点"."

如果圆点"."单独出现在语句操作码之后的操作数位置上,则代表当前程序计数器的值被放置在圆点的位置。例如,b.指令代表转向本身,相当于永久循环。但调试时若希望程序停留在某个地方可以添加这种语句,但调试之后应删除。

4) 伪运算符

有时在编程过程中,一些常数需要将运算结果放入语句。编程者不进行计算,而是让汇编器帮助运算,这些运算与指令不同,它在编译过程中完成。常用的伪运算符如表 2-19 所示。

表 2-19　常用的伪运算符

运　算　符	功　能	举　例	
＋、－、＊、/	加、减、乘、除	MOVS R3,♯30＋40	等价于 MOVS R3,♯70
％	取模	MOVS R3,♯20％7	等价于 MOVS R3,♯6
||、&&	逻辑或、与	MOVS R3,♯1||0	等价于 MOVS R3,♯1
<<、>>	左移、右移	MOVS R3,♯4<<2	等价于 MOVS R3,♯16
^、&、|	按位异或、与、或	MOVS R3,♯4^6	等价于 MOVS R3,♯2
==、!=	等于、不等于	MOVS R3,♯1==0	等价于 MOVS R3,♯0
<=、>=	小于或等于、大于或等于	MOVS R3,♯1<=0	等价于 MOVS R3,♯0

4. 注释

注释(Comment)是说明文字。不同编译器可能识别不同的注释标识,多行注释以"/ ＊"开始,以"＊ /"结束。这种注释可以包含多行,也可以独占一行,单行用"//"引导。

2.4.2 常用伪指令简介

不同集成开发环境下的伪指令稍有不同。伪指令书写格式与所使用的开发环境有关，参照具体的工程样例，可以"照葫芦画瓢"。

伪指令主要有用于常量以及宏的定义、条件判断、文件包含等。所有的汇编命令都是以"."开头的。伪指令可分为以下几类。

1. 系统预定义的段

常用 2 个预定义段：.text、.data。其中，.text 是只读的代码区；.data 是可读可写的数据区。

```
.section .text              //表明以下为 .text 段
.section .data              //表明以下为 .data 段
```

2. 常量的定义

汇编代码常用的功能之一为常量的定义。使用常量定义，能够提高程序代码的可读性，并且使代码维护更加简单，常量的定义可以使用.equ 汇编指令，如：

```
.equ LIGHT_RED,24           //红色 RUN 灯使用的端口/引脚
```

3. 程序中插入常量

大多数汇编工具的典型特性之一为可以在程序中插入数据。GNU 汇编器的语法可以写作如下：

```
.align 4                    //4 字节对齐
NUMNER:                     //常量名
    .word 0x123456789       //常量值
HELLO_TEXT:
    .asciz "hello\n"        //以 '\0' 结束的字符
...
    LDR R3,=NUMNER          //得到 NUMNER 的存储地址
    LDR R4,[R3]             //将 0x123456789 读到 R4
    ...
    LDR R0,=HELLO_TEXT      //得到 HELLO_TEXT 的起始地址
    BL printf               //调用 printf 函数显示字符串
```

为了在程序中插入不同类型的常量，GNU 汇编器中包含许多不同的伪指令，表 2-20 中列出了常用的例子。

表 2-20 用于在程序中插入不同类型常量的常用伪指令

数据的类型	伪 指 令	示 例
字	.word	.word 0x12345678
半字	.hword	.word 0x1234
字节	.byte	.byte 0x12
字符串	.ascii/.asciz	.ascii "金葫芦提示：\n\0"

4. 条件伪指令

.if 条件伪指令后面紧跟一个恒定的表达式（即该表达式的值为真），以 .endif 结尾。中

间如果有其他条件,可以用.else 填写汇编语句。

.ifdef 标号表示如果标号被定义,则执行下面的代码。

5. 文件包含伪指令

```
.include "filename"
```

.include 是一个附加文件的链接指示命令,利用它可以把另一个源文件插入当前的源文件,一起汇编为一个完整的源程序。filename 是一个文件名,可以包含文件的绝对路径或相对路径,但建议把一个工程的相关文件放到同一个文件夹中,因此更多的时候使用相对路径。

6. 其他常用伪指令

除了上述的伪指令,GNU 汇编器还有其他常用伪指令。

(1) .global 伪指令。.global 伪指令可以用来定义一个全局符号。例如:

```
.global symbol          //定义一个全局符号 symbol
```

(2) .extern 伪指令。.extern 伪指令的语法为.extern symbol,声明 symbol 为外部函数,调用时可以遍访所有文件找到该函数并且使用它。例如:

```
.extern main          //声明 main 为外部函数
bl main               //进入 main 函数
```

(3) .align 伪指令。.align 伪指令可以通过添加填充字节使当前位置满足一定的对齐方式。例如:

```
.align 4              //4 字节对齐
```

(4) .end 伪指令。.end 伪指令声明汇编文件的结束。

此外,还有有限循环伪指令、宏定义和宏调用伪指令等,参见《GNU 汇编语法》。

本章小结

本章简要概述 M0+的内部结构功能特点及汇编指令,有助于读者更深层次地理解和学习 M0+软硬件的设计。

1. 关于 ARM Cortex-M0+微处理器的内部结构

要了解 M0+的特点、内核结构、内部寄存器、寻址方式及指令系统,可为进一步学习和应用 M0+打下基础。

2. 关于 M0+的指令系统

学习和记忆基本指令对理解处理器特性十分有益。2.2 节和 2.3 节给出的基本指令简表可方便读者记忆基本指令保留字。另外,读者也需要了解汇编指令对应的机器指令和机器码的存储方式。

3. 关于汇编程序及其结构

理解 1~2 个结构完整、组织清晰的汇编程序对嵌入式学习将有很大帮助,初学者应下功夫理解 1~2 个汇编程序。2.4 节给出了 M0+汇编语言基本语法。实际上,一些特殊功能的操作必须使用汇编程序完成,如初始化、中断、休眠等功能,都需用到汇编代码。

习题

1. M0+微处理器有哪些寄存器？简要给出各寄存器的作用。

2. 说明对 CPU 内部寄存器的操作与对 RAM 中的全局变量操作有何异同点。

3. M0+指令系统寻址方式有几种？简要叙述各自特点，并举例说明。

4. 举例在.lst 和.hex 文件中找到一个指令机器码。

5. 调用子程序是用 B 还是用 BL 指令？请写出返回子程序的指令。

6. 举例说明运算指令与伪运算符的本质区别。

第**3**章

存储器映像、中断源与硬件最小系统

本章导读

本章主要介绍以 ARM Cortex-M0+为核心的 MSPM0 系列 MCU，给出该 MCU 的存储映像、中断源与硬件最小系统，并由此构建一种通用嵌入式计算机（AHL-MSPM0L1306），作为本书硬件实践平台。MCU 的外围电路简单清晰，它以 MCU 为核心，辅以最基本电子线路，构成了 MCU 硬件最小系统，使得 MCU 的内部程序可以运行起来。我们在此基础上进行嵌入式系统的软硬件学习。

3.1　MSPM0 系列 MCU 概述

本节简要概述 MSPM0 系列的 MCU 命名规则、存储映像以及中断源。其中，MCU 命名规则帮助使用者获得芯片信息；MSPM0 存储映像为 M0+内核之外的模块，用类似存储器编址的方式，统一分配地址；中断源主要包括 MSPM0 中断源的定义及分类。

3.1.1　MSPM0 系列 MCU 命名规则

MSPM0 系列 MCU 是德州仪器（TI）公司于 2023 年开始陆续推出的基于 M0+内核的超低功耗微控制器，与所有 ARM 工具和软件兼容。其内部硬件模块主要包括通用输入输出接口（GPIO）、串行通信接口（UART）、串行外设接口（SPI）等。

MCU 型号名称中主要包括处理器系列、MCU 平台、产品系列、器件子系列、Flash 大小、温度范围以及封装类型等信息。MSPM0 系列芯片的命名格式为"**MSP M0 X AAA Y S BBB R**"，加粗的字段是基本部分，印刷在芯片表面；后面不加粗的字段为产品系列名称的后缀，购买时分别表示温度范围、封装类型和配送形式。MSPM0 系列芯片命名字段说明如表 3-1 所示。

例如，本书所使用的芯片型号为 **MSPM0L1306**SRHBR。从基本字段可知，该芯片为 TI 的混合信号处理器 MSP，基于 ARM Cortex M0+内核的微控制器家族，频率 32MHz，130 子系列（12 位 ADC），Flash 大小为 64KB；从后缀字段可知，芯片温度范围是－40～125℃，封装形式为 32 引脚超薄无引线四方扁平封装（Very-thin Quad Flat No-lead，VQFN），配送形式为大卷带包装。

表 3-1　MSPM0 系列芯片命名字段说明

表现位置	字 段	说　明	取　值
芯片表面	MSP	处理器系列	MSP＝混合信号处理器
	M0	MCU 平台	M0 表示 TI 的基于 ARM Cortex M0+内核的微控制器家族
	X	产品系列	L＝32MHz 频率
	AAA	器件子系列	130＝ADC，2x OPA，COMP 134＝ADC，2x OPA(10pA 输入偏置电流)，COMP
	Y	Flash 存储器	4＝16KB；5＝32KB；6＝64KB
购买选型	S	温度范围	T＝－40～105℃；S＝－40～125℃
	BBB	封装类型	DGS 代表 VSSOP，DYY 代表 SOT，RGE 代表 VQFN-24，RHB 代表 VQFN-32
	R	配送形式	T＝小卷带；R＝大卷带；无标记＝管装或托盘

3.1.2　MSPM0 存储器映像

ARM Cortex-M0+处理器直接寻址空间为 4GB，地址范围是 0x0000_0000～0xFFFF_FFFF。存储器映像是指把 4GB 空间当作存储器，分成若干区间，都可安排一些实际的物理资源。MCU 生产厂家会规定好各地址服务的资源，用户只能用不能改。

MSPM0L130 为 M0+内核之外的模块，用类似存储器编址的方式，统一分配地址。在 4GB 的存储映射空间内，片内 Flash、静态存储器 SRAM、系统配置寄存器以及其他外设，如通用型输入/输出（GPIO），被分配给独立的地址，以便内核进行访问。表 3-2 给出了 MSPM0L 系列存储器映像的地址范围及对应内容。

表 3-2　MSPM0L 存储器映射表

32 位地址范围	对 应 内 容	说　明
0x0000_0000～0x1FFF_FFFF	代码	Flash 存储与 ROM
0x2000_0000～0x3FFF_FFFF	静态随机存储器 M	SRAM
0x4000_0000～0x5FFF_FFFF	外设	映射到各个外设
0x6000_0000～0x7FFF_FFFF	子系统	本地 CPU 子系统内存映射寄存器
0xE000_0000～0xE00F_FFFF	系统 PPB	ARM 私有外设总线使用

关于存储空间的使用，主要关注片内 Flash 区和片内 RAM 区存储映像。因为中断向量、程序代码、常数放在片内 Flash 中，所以在源程序编译后的链接阶段使用的链接文件中，需要含有目标芯片 Flash 的地址范围以及用途等信息，才能顺利生成机器码。在产生的链接文件中还需要包含 RAM 的地址范围及用途等信息，用于生成机器码，准确定位全局变量、静态变量的地址及堆栈指针。

1. MSPM0L1306 片内 Flash 区存储映像

片内 Flash 存储器用来中断向量、程序代码、常数等。MSPM0L1306 片内 Flash 大小为 64KB，其地址范围是 0x0000_0000～0x0000_FFFF，分为 64 扇区，每扇区 1KB。

2. MSPM0L1306 片内 RAM 区存储映像

片内 RAM 一般用来存储全局变量、静态变量、临时变量(堆栈空间)等。MSPM0L1306
片内 RAM 为静态随机存储器(SRAM),大小为 4KB,地址范围是 0x2000_0000～0x2000_
0FFF。该芯片堆栈空间的使用是从高地址向低地址方向进行的,因此将堆栈的栈顶(Stack
Top)设置成 RAM 地址的最大值。这样,全局变量及静态变量从 RAM 的低地址向高地址
方向使用,堆栈从 RAM 的高地址向低地址方向使用,可以减少重叠错误。

3.1.3 MSPM0 中断源

中断是计算机发展中一项重要的技术,它的出现在很大程度上解放了处理器,提高了处
理器的执行效率。中断指 MCU 正常运行程序时,由于 MCU 内核异常或者 MCU 各模块发
出请求事件,引起 MCU 停止正在运行的程序,而转去处理异常或执行处理外部事件的程序
(又称中断服务例程)。

引起 MCU 中断的事件称为中断源,一个 MCU 具有哪些中断源是在芯片设计阶段确
定的。MSPM0L 的中断源分为两类,一类是内核中断,另一类是非内核中断,如表 3-3 所
示。内核中断主要是异常中断,当出现错误的时候,这些中断会复位芯片或做出其他处理。
非内核中断是 MCU 各个模块引起的中断,MCU 执行完中断服务例程后,又回到刚才正在
执行的程序,从停止的位置继续执行后续的指令。非内核中断又称可屏蔽中断,这类中断可
以通过编程控制开启或关闭该类中断。表 3-3 中,中断向量号是从 0 开始编号的,包含内核
中断和非内核中断,与中断向量表一一对应。中断请求(**I**nterrupt **R**e**Q**uest,IRQ)号是非内
核中断从 0 开始的编号,因此对内核中断来说为负值,编程时直接使用统一的按照中断向量
号排序的中断向量表。

表 3-3 MSPM0L1306 中断向量表

中断类型	IRQ 号	中断向量号	优先级号	中 断 源	默认引用名
内核中断		0		_estack	
		1	—3	重启	Reset
	—14	2	—2	NMI	NMI Interrupt
	—13	3	—1	硬性故障	HardFault Interrupt
		4～10		保留	
	—5	11	可选	SVC	SV Call Interrupt
		12～13		保留	
	—2	14	可选	PendSV	Pend SV Interrupt
	—1	15	可选	SysTick	SysTick Interrupt
非内核中断	0	16	可选	INT_GROUP0	Combined Peripheral GROUP0
	1	17	可选	INT_GROUP1	Combined Peripheral GROUP1
	2	18	可选	TIMG1	Timer TIMG1 Interrupt

续表

中断类型	IRQ 号	中断向量号	优先级号	中　断　源	默认引用名
	3	19	可选	保留	
	4	20	可选	ADC0	ADC0 Interrupt
	5～8	21～24	可选	保留	
	9	25	可选	SPI0	SPI0 Interrupt
	10～12	26～28	可选	保留	
	13	29	可选	UART1	UART1 Interrupt
	14	30	可选	保留	
	15	31	可选	UART0	UART0 Interrupt
非内核中断	16	32	可选	TIMG0	Timer TIMG0 Interrupt
	17	33	可选	保留	
	18	34	可选	TIMG2	Timer TIMG2 Interrupt
	19	35	可选		
	20	36	可选	TIMG4	Timer TIMG4 Interrupt
	21～23	37～39	可选	保留	
	24	40	可选	I2C0	I2C0 Interrupt
	25	41	可选	I2C1	I2C1 Interrupt
	26～30	42～46	可选	保留	
	31	47	可选	DMA	DMA Interrupt

3.2　MSPM0L 的引脚图与硬件最小系统

要使一个 MCU 芯片可以运行程序，必须为它做好服务工作，找出哪些引脚需要由用户提供服务，如电源与地、晶振、程序写入引脚、复位引脚等。

3.2.1　MSPM0L 的引脚图

本书以 32 引脚 VQFN 封装的 MSPM0L1306 芯片为例阐述 MCU 的应用编程，其引脚图如图 3-1 所示。芯片引脚分为两大部分，一是需要用户为它服务的引脚，也称为硬件最小系统引脚；二是它为用户服务的引脚，也称为 I/O 端口资源类引脚。芯片的引脚功能请参阅电子资源"\01-Document\MSPM0L1306 芯片资料"文件夹中的数据手册第 6 章。

1. 硬件最小系统引脚

硬件最小系统引脚是需要为芯片提供服务的引脚，包括电源类引脚、复位引脚、晶振引脚等，表 3-4 中给出了 MSPM0L1306 的硬件最小系统引脚。MSPM0L1306 芯片电源类引脚在 VQFN32 封装中有 3 个。

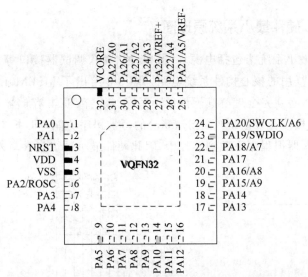

图 3-1　32 引脚 VQFN 封装 MSPM0L1306

表 3-4　MSPM0L1306 硬件最小系统引脚表

分　类	引　脚　名	引脚号	功　能　描　述
电源输入	VDD	4	电源,典型值：3.3V
	VSS	5	地,典型值：0V
	VCORE	32	稳压内核电源输出(一般悬空)
复位	NRST	3	低电平有效复位信号,须上拉至 VCC,否则无法启动
SWD 接口	SWDIO/PTA19	23	SWD 数据信号线
	SWDCLK/PTA20	24	SWD 时钟信号线
引脚个数统计			硬件最小系统引脚为 6 个

2. 对外提供服务引脚

对外提供服务的引脚也可称为 I/O 端口资源类引脚,具体信息见表 3-5。这些引脚一般具有多种复用功能。MSPM0L(32 引脚 VQFN 封装)有 28 个 I/O 引脚,记为 PA 口,为了与其他芯片统一,可把它标识为 PTA 口。这些引脚一般均具有多个复用功能,在复位后会立即被配置为高阻状态,且为通用输入引脚,有内部上拉功能。

表 3-5　MSPM0L 对外提供 I/O 端口资源类引脚表

端　口　号	引　脚　数	引　脚　名	硬件最小系统复用引脚
A	28	PTA[0-27]	PTA19、PTA20
合计	28		
说明			本书中所涉及的 GPIO 端口(如 PTA 引脚)与图 3-1 中的 PA 引脚同义,均可作为 Port A 的缩写

【思考】　把 MCU 的引脚分为硬件最小系统引脚与对外提供服务引脚,对嵌入式系统的硬件设计有何益处?

3.2.2　MSPM0L 硬件最小系统原理图

　　MCU 的硬件最小系统指包括电源、晶振、复位、写入调试器接口等，可使内部程序得以运行的、规范的、可复用的核心构件系统电路。图 3-2 给出了 MSPM0L 硬件最小系统原理图。使用一个芯片，必须完全理解其硬件最小系统。随着 Flash 存储器制造技术的发展，大部分芯片提供了在板或在线系统(On System)的写入程序功能，即，把空白芯片焊接到电路板上后，再通过写入器把程序下载到芯片中，因此硬件最小系统包含写入器的接口电路。

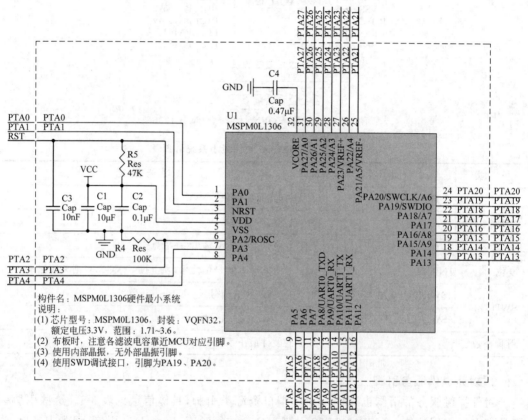

图 3-2　MSPM0L1306 硬件最小系统原理图

1. 电源及其滤波电路

　　为使进入 MCU 内部的电源稳定，电源引出脚必须外接适当的滤波电容，以抑制电源波动。电源滤波电路可改善系统的电磁兼容性，降低电源波动对系统的影响，增强电路工作的稳定性。实际布板时滤波电容尽量靠近芯片引脚，才能起到滤波效果。

　　【思考】　实际布板时，电源与地之间的滤波电容为什么要靠近芯片引脚？简要说明电容容量大小与滤波频率的关系。

2. 复位引脚

　　复位引脚为 RESET，若复位引脚有效(低电平)，则会引起 MCU 复位，可从不同角度对复位进行分类。根据复位时芯片是否处于上电状态来区分，复位可分为冷复位和热复位。芯片从无电状态到上电状态的复位属于冷复位，芯片处于带电状态时的复位叫热复位(如按下复位按键的复位）。冷复位后，MCU 内部 RAM 的内容是随机的，而热复位后，MCU 内部 RAM 的内容会保持复位前的内容，即热复位并不会引起 RAM 中内容的丢失。

3. 晶振电路

计算机工作需要一个时间基准，这个时间基准由晶振电路提供。MSPM0L 芯片可使用内部晶振为 MCU 提供工作时钟，不需要再另接外部晶振。MSPM0L1306 芯片内部时钟源可以通过编程产生最高 32MHz 的时钟频率，供系统总线及各个内部模块使用。

4. SWD 接口引出脚

在芯片内部没有程序的情况下，需要用写入器将程序写入芯片，串行线调试接口 SWD 是一种写入方式的接口。MSPM0L1306 芯片的 SWD 基于 CoreSight 架构[①]，该架构在限制输出引脚和其他可用资源的情况下，提供了最大的灵活性。通过 SWD 接口可以实现程序下载和调试功能。SWD 接口只需两根线——数据输入/输出线（DIO）和时钟线（CLK），实际应用时还包含电源与地。MSPM0L1306 芯片中，DIO 为引脚 PTA19，CLK 为引脚 PTA20。

在本书中，SWD 写入器用于写入 BIOS，随后在 BIOS 支持下，利用一根 Type-C 线连接 PC 的 USB 接口，即可把 PC 作为工具机进行嵌入式系统的学习与应用开发，这就是通用嵌入式计算机的优点。因此，本书内所夹带的 AHL-MSPM0L1306 硬件系统不包含 SWD 写入器，而是通过 Type-C 线与 PC 连接，实现用户程序的写入。

3.3 由 MCU 构建通用嵌入式计算机

嵌入式计算机是一台微型计算机。目前嵌入式系统的开发模式大多数是从"零"做起的，即，硬件从 MCU（或 MPU）芯片做起，软件从自启动开始，因而增加了嵌入式系统的学习与开发难度，存在软硬件开发颗粒度低、可移植性弱等问题。MCU 性能的不断提高与软件工程概念的普及给解决这些问题提供了契机。若能像通用计算机那样，把做计算机与用计算机的工作相对分开，则可以提高软件可移植性，降低嵌入式系统开发门槛，对嵌入式人工智能、物联网、智能制造等嵌入式应用领域形成有力推动。

3.3.1 嵌入式终端开发方式存在的问题与解决办法

1. 嵌入式终端 UE 开发方式存在的问题

微控制器 MCU 是嵌入式终端 UE 的核心，承担着传感器采样、滤波处理、融合计算、通信、控制执行机构等功能。MCU 生产厂家往往配备一本厚厚的参考手册，少则几百页，多则可达近千页。许多厂家也提供软件开发包（Software Development Kit，SDK）。但是，MCU 的应用开发人员通常花费太多的精力在底层驱动上，终端 UE 的开发方式存在软硬件设计颗粒度低、可移植性弱等问题。

（1）硬件设计颗粒度低。以窄带物联网（Narrow Band Internet of Things，NB-IoT）终端（Ultimate-Equipment，UE）为例说明硬件设计颗粒度问题。通常，在 NB-IoT 终端 UE 的

[①] CoreSight 是 ARM 定义的一个开放体系结构，使 SOC 设计人员能够将其他 IP 内核的调试和跟踪功能添加到 CoreSight 基础结构中。

硬件设计中,选好一款 MCU,一款通信模组,一款 eSIM 卡,然后根据终端 UE 的功能,就开始了 MCU 最小系统设计、通信适配电路设计、eSIM 卡接口设计及其他应用功能设计。这里有许多共性问题可以提取。

(2) 寄存器级编程,软件编程颗粒度低,门槛较高。MCU 参考手册属于寄存器级编程指南,是终端工程师的基本参考资料。例如,要完成一次串行通信,需要涉及波特率寄存器、控制寄存器、状态寄存器、数据寄存器等。一般情况下,工程师会封装寄存器芯片的驱动。即使利用厂家给出的 SDK 编写自己的应用程序,也需要一番周折。此外,工程师面向个性化产品制作,导致产品不具备社会属性,常常被弱化了可移植性。又比如,对 NB-IoT 通信模组,厂家提供的是 AT 指令,要想打通整个通信流程,需要花费一番工夫。

(3) 可移植性弱,更换芯片困难,影响产品升级。一些终端厂家的某一产品使用一种 MCU 芯片多年,有的芯片甚至已经停产,且价格较贵,但由于早期开发可移植性较弱,更换芯片需要较多的研发投入,因此即使新的芯片性价比高,也较难更换。对于 NB-IoT 通信模组,如何做到更换其型号,而原来的软件不变,是值得深入分析思考的。

2. 解决终端开发方式颗粒度低与可移植性弱的基本方法

为解决嵌入式终端 UE 开发方式存在的问题,可提高硬件设计和软件编程的颗粒度,提高可移植性,从而大幅度降低嵌入式系统应用开发的难度。

(1) 提高硬件设计的颗粒度。若能将 MCU 及其硬件最小系统、通信模组及其适配电路、eSIM 卡及其接口电路做成一个整体,则可提高 UE 的硬件开发颗粒度。硬件设计也应该从元件级过渡到以硬件构件为主,辅以少量接口级、保护级元件,以提高硬件设计的颗粒度。

(2) 提高软件编程颗粒度。针对大多数以 MCU 为核心的终端系统,可以通过从面向知识要素角度设计底层驱动构件,把编程颗粒度从寄存器级提高到以知识要素为核心的构件级。以 GPIO 为例阐述这个问题。共性知识要素包括引脚复用成 GPIO 功能、初始化引脚方向;若定义成输出,设置引脚电平;若定义成输入,获得引脚电平,等等。寄存器级编程涉及引脚复用寄存器、数据方向寄存器、数据输出寄存器、引脚状态寄存器等。寄存器级编程因芯片不同,其地址、寄存器名字、功能有所不同。可以面向共性知识要素编程,把寄存器级编程不同之处封装在内部,把编程颗粒度提高到知识要素级。

(3) 提高软硬件可移植性。特定厂家提供 SDK 时,也要注意可移植性。但是由于厂家之间的竞争关系,SDK 的社会属性被弱化。因此,让芯片厂家工程师从共性知识要素角度封装底层硬件驱动,会有些勉为其难。把共性抽象出来,面向知识要素封装,把个性化的寄存器屏蔽在构件内部,才能使得应用层编程具有可移植性。在硬件方面,可遵循硬件构件的设计原则,提高硬件可移植性。

3.3.2 提出 GEC 概念的时机及 GEC 的定义与特点

1. 提出 GEC 概念的时机

要提高编程颗粒度、提高可移植性,可借鉴通用计算机(General Computer)的概念与做法。在一定条件下,可以做通用嵌入式计算机(General Embedded Computer,GEC),把基本输入输出系统(Basic Input and Output System,BIOS)与用户程序分离开来,实现彻底的工作分工。BIOS 程序与 User 程序独立编译,独立下载。BIOS 服务于 User,类似于 PC 工作模式。

GEC 概念的实质是把面向寄存器编程提高到面向知识要素编程的水平,提高了编程颗粒度。但是,这样做也会降低实时性。弥补实时性降低这一缺陷的方法是提高芯片的运行时钟频率。目前 MCU 的总线频率是早期 MCU 总线频率的几十倍,甚至几百倍,因此,更高的总线频率给提高编程颗粒度提供了物理支撑。

另一方面是软件构件技术的发展与认识的普及,也为提出 GEC 概念提供了机遇。嵌入式软件开发人员越来越认识到软件工程对嵌入式软件开发的重要支撑作用,也意识到掌握和应用软件工程的基本原理对嵌入式软件的设计、升级、芯片迭代与维护等方面,具有不可或缺的作用。因此,从"零"开始的编程将逐步分化为构件制作与构件使用两个不同层次,也为嵌入式人工智能提供先导基础。

2. GEC 定义及基本特点

一台具有特定功能的通用嵌入式计算机,其特点体现在硬件与软件两个方面。在硬件方面,把 MCU 硬件最小系统及面向具体应用的共性电路封装成一个整体,为用户提供 SOC 级芯片的可重用的硬件实体,并按照硬件构件要求进行原理图绘制、文档撰写及硬件测试用例设计。在软件方面,把嵌入式软件分为 BIOS 程序与 User 程序两部分。BIOS 程序先于 User 程序固化于 MCU 内的非易失存储器(如 Flash)中,启动时,BIOS 程序先运行,随后转向 User 程序。BIOS 提供工作时钟及面向知识要素的底层驱动构件,并为 User 程序提供函数原型级调用接口。

与 MCU 对比,GEC 具有硬件直接可测性、用户软件编程快捷性与可移植性三个基本特点。

(1) GEC 硬件的直接可测性。与一般 MCU 不同,GEC 通电后可直接运行内部 BIOS 程序。BIOS 驱动保留的小灯引脚,实现高低电平切换(在 GEC 上,可直接观察到小灯闪烁)。可利用 AHL-GEC-IDE 开发环境,使用串口连接 GEC,直接将 User 程序写入 GEC。User 程序中包含类似于 PC 程序调试的 printf 语句,通过串口向 PC 输出信息,实现了 GEC 硬件的直接可测性。

(2) GEC 用户软件的编程快捷性。GEC 内部驻留的 BIOS 的作用与 PC 上电过程中 BIOS 的作用类似:完成系统总线时钟初始化;提供一个系统定时器,提供时间设置与获取函数接口;BIOS 内驻留了嵌入式常用驱动,如 GPIO、UART、ADC、Flash、I2C、SPI、PWM 等,并提供了函数原型级调用接口。利用 User 程序的不同框架,用户软件不需要从"零"编起,而是在相应框架的基础上充分应用 BIOS 资源实现快捷编程。

(3) GEC 用户软件的可移植性。GEC 的 BIOS 软件由 GEC 提供者研发完成,随 GEC 芯片提供给用户,即软件被硬件化了,具有通用性。BIOS 驻留了大部分面向知识要素的驱动,提供了函数原型级调用接口。在此基础上编程,只要遵循软件工程的基本原则。GEC 用户软件则具有较高的可移植性。

3.3.3　由 MSPM0L1306 构成的 GEC

本书以 MSPM0L1306 为核心构建一种通用嵌入式计算机,命名为 AHL-MSPM0L1306。

1. AHL-MSPM0L1306 硬件系统基本组成

AHL-MSPM0L1306 内含 MSPM0L1306 芯片及其硬件最小系统、5V-3.3V 转换电路、三色灯、两路 TTL-USB 串口，并引出了 MSPM0L1306 芯片的所有 I/O 口，基本组成见表 3-6。

表 3-6　AHL-MSPM0L1306 的基本组成

序号	部　件	功 能 说 明
1	5V 转 3.3V 电路	实验时通过 Type-C 线连接 PC，将 5V 电压引入本板，在板上转为 3.3V 给 MCU 供电
2	MCU	MSPM0L1306 芯片
3	三色灯	红、绿、蓝
4	TTL-USB	两路 TTL 串口电平转 USB，与工具计算机通信，下载程序，用户串口
5	引出脚编号	1～40，把 MCU 的基本引脚全部再次引出，供应用开发者使用

（1）LED 三色灯。红（R）、绿（G）、蓝（B）三色灯电路原理图如图 3-3 所示。三色灯的型号为 XL-1615RGBC-RF，内含红、绿、蓝三个发光二极管。图中，每个二极管的负极外接 1kΩ 限流电阻后接入 MCU 引脚。只要 MCU 内的程序控制相应引脚输出低电平，对应的发光二极管就亮起来了，从而达到软件控制硬件的目的。

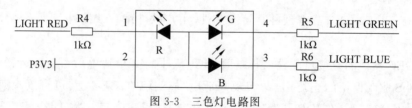

图 3-3　三色灯电路图

【思考】　上网查找三色灯 XL-1615RGBC-RF 的芯片手册，根据手册查看其内部发光二极管的额定电流是多少。为了延长三色灯的使用寿命，限流电阻应该适当增大，还是适当减小？限流电阻增大或减小带来的影响是什么？

（2）TTL-USB 串口。使用 Type-C 线将 GEC 与 PC 的 USB 连接起来，实质是串行通信连接，为了方便 PC 使用 USB 接口模拟串口。TTL-USB 串口提供了两路串口，一路用于下载用户与调试程序，一路供用户使用，第 6 章阐述其编程方法。

2. AHL-MSPM0L1306 的对外引脚

AHL-MSPM0L1306 具有 40 个引出脚，如图 3-4 所示，其中的 UART_Debug、UART_User 两个串口在板内已经通过 TTL-USB 芯片转为 DP、DN 两个引脚，并接入了 Type-C 接口，以便与 PC 直接相连，实现基于串口的程序下载。

MSPM0L1306 的许多引脚具有复用功能，如表 3-7 所示。在进行具体应用的硬件系统设计时可查阅此表。更详细的信息请查阅电子资源\01-Document\MSPM0L1306 芯片资料下的 MSPM0L1306 数据手册及参考手册。

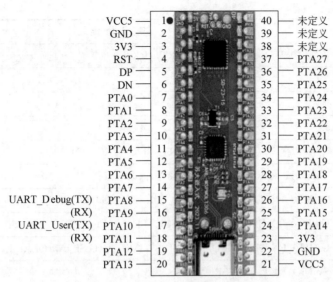

图 3-4　AHL-MSPM0L1306 的对外引脚图

表 3-7　AHL-MSPM0L1306 对外引脚的复用功能

编号	引脚名	复用功能
1	VCC5	5V
2	GND	地
3	3V3	3.3V
4	RST	复位引脚,板内已经上拉到 VCC,外部将其接地后放开即复位
5	DP	(TTL-USB 串口的 DP)
6	DN	(TTL-USB 串口的 DN)
7	PTA0	UART1_TX/I2C0_SDA/TIMG1_C0/SPI0_CS1(默认 BSL[注] I2C_SDA)
8	PTA1	UART1_RX/I2C0_SCL/TIMG1_C1(默认 BSL I2C_SCL)
9	PTA2	TIMG1_C1/SPI0_CS0(已经下拉到地,不再使用)
10	PTA3	TIMG2_C0/SPI0_CS1/UART1_CTS/COMP0_OUT
11	PTA4	TIMG2_C1/SPI0_POCI/UART1_RTS
12	PTA5	TIMG0_C0/SPI0_PICO/FCC_IN
13	PTA6	TIMG0_C1/SPI0_SCK
14	PTA7	COMP0_OUT/CLK_OUT/TIMG1_C0
15	PTA8	UART0_TX/SPI0_CS0/UART1_RTS/TIMG2_C0
16	PTA9	UART0_RX/SPI0_PICO/UART1_CTS/TIMG2_C1/CLK_OUT
17	PTA10	UART1_TX/SPI0_PICI/I2C0_SDA/TIMG4_C0/CLK_OUT
18	PTA11	UART1_RX/SPI0_SCK/I2C0_SCL/TIMG4_C1/COMP0_OUT
19	PTA12	UART0_CTS/TIMG0_C0/FCC_IN

编号	引脚名	复 用 功 能
20	PTA13	UART0_RTS/TIMG0_C1/UART1_RX
21	VCC5	5V
22	GND	地
23	3V3	3.3V
24	PTA14	UART1_CTS/CLK_OUT/UART1_TX/TIMG1_C0
25	PTA15	本板默认 GPIO 接蓝色发光二极管，低电平点亮
26	PTA16	COMP0_OUT/I2C1_SDA/SPI0_POCI/TIMG0_C0/FCC_IN(A8 /OPA1_OUT)
27	PTA17	UART0_TX/I2C1_SCL/SPI0_SCK/TIMG4_C0/SPI0_CS1(OPA1_IN1-)
28	PTA18	UART0_RX/SPI0_PICO/I2C1_SDA/TIMG4_C1(BSL,A7/OPA1_IN0+/GPAMP_IN-)
29	PTA19	SWDIO/I2C1_SDA/SPI0_POCI
30	PTA20	SWCLK/I2C1_SCL/TIMG4_C0(A6/COMP0_IN1+)
31	PTA21	TIMG2_C0/UART0_CTS/UART0_TX(A5/VREF-)
32	PTA22	本板默认 GPIO 接绿色发光二极管，低电平点亮
33	PTA23	UART0_TX/SPI0_CS3/TIMG0_C0/UART_CTS/UART1_TX(VREF+/COMP0_IN1-)
34	PTA24	本板默认 GPIO 接红色发光二极管，低电平点亮
35	PTA25	TIMG4_C1/UART0_TX/SPI0_PICO(A2/OPA0_IN0+)
36	PTA26	TIMG1_C0/UART0_RX/SPI0_POCI(GPAMP_IN+/COMP0_IN0+)
37	PTA27	TIMG1_C1/SPI0_CS3(A0/COMP0_IN0-)
38	未定义	
39	未定义	
40	未定义	

　　[注]　引导加载程序(Bootstrap Loader,BSL)用于支持进行器件配置以及通过 UART 或 I2C 串行接口对器件存储器进行编程。通过 BSL 对器件存储器和配置的访问受 256 位用户定义的密码保护,如果需要,可以完全禁用器件配置中的 BSL。TI 默认会启用 BSL,以支持将 BSL 用于生产编程。

本章小结

1. 关于初识一个 MCU

　　从 MCU 型号标识中可获得芯片家族、产品类型、具体特性、引脚数目、Flash 大小、温度范围、封装类型等信息。介绍了内部 RAM 及 Flash 的大小、地址范围,以便设置链接文件,为程序编译及写入做好准备;讲解了中断源及中断向量号,为中断编程做准备。

2. 关于硬件最小系统

　　使用一个芯片,必须完全理解其硬件最小系统。本章以 32 引脚 VQFN 封装的 MSPM0L1306 芯片为例,介绍了芯片引脚的分类及功能。读者学习本章后,应掌握硬件最小系统的构成部分,如电源、晶振、复位、写入调试器接口等。掌握电容滤波原理及布板时靠近对应引脚的基本要求。

3. 关于利用 MCU 构建通用嵌入式计算机

引入通用嵌入式计算机概念的目的不仅仅是降低硬件设计复杂度,更重要的是降低软件开发难度。硬件上,MCU 只要供电就可工作,关键是其内部有 BIOS。BIOS 中不仅可以驻留构件,还可以驻留实时操作系统,提供方便灵活的动态命令[①]等。在最小硬件系统基础上,辅以 Wi-Fi 通信、Cat1 通信,可以形成不同应用的 GEC 系列,为嵌入式人工智能与物联网的应用提供技术基础。

习题

1. 举例说明,对照命名格式,从所用 MCU 芯片的芯片型号标识中可以获得哪些信息。
2. 给出所学 MCU 芯片的 RAM 及 Flash 大小、地址范围。
3. 中断的定义是什么?什么是内核中断?什么是非内核中断?给出所学 MCU 芯片的中断个数。
4. 什么是芯片的硬件最小系统?它由哪几个部分组成?简要阐述各部分技术要点。
5. 谈谈你对通用嵌入式计算机的理解。
6. 若不用 MCU 芯片的引脚直接控制三色灯,给出 MCU 引脚通过三极管控制三色灯的电路。

---

① 动态命令用于扩展嵌入式终端的非预设功能,用于深度嵌入式开发,这里了解即可,不做深入阐述。

第 4 章

GPIO 及程序框架

本章导读

本章是全书的重点和难点之一,主要介绍 GPIO 通用基础知识;给出以 GPIO 构件为基础的编程方法;讲述 GPIO 构件的制作过程;结合汇编工程实例,深入理解软件干预硬件的实现。

4.1　GPIO 通用基础知识

GPIO 是嵌入式应用开发最常用的功能,用途广泛,编程灵活,是嵌入式系统入门阶段的重点和难点之一。

4.1.1　GPIO 概念

输入/输出(Input/Output,I/O)接口,是 MCU 与外部设备进行数据交换的通道,是由若干专用寄存器和相应控制逻辑组成的电路。在嵌入式系统中,接口种类很多,有人机交互接口,如键盘、显示器等,也有无人介入的接口,如串行通信接口、USB 接口、以太网接口等。

通用输入/输出(General Purpose Input/Output,GPIO),是 I/O 的最基本形式,其含义是,若作为输出引脚,MCU 内部程序可通过控制该引脚状态,使得引脚输出"1"或"0",即实现开关量输出;若作为输入引脚,MCU 内部程序可以获取该引脚状态,以确定该引脚是"1"还是"0",即实现开关量输入。大多数 GPIO 引脚可以通过编程来设定其工作方式为输入或输出,称为双向通用 I/O。

至于逻辑"1"或"0"与实际物理电平的对应,在采用正逻辑情况下,电源(V_{cc})代表高电平,对应数字"1";地(GND)代表低电平,对应数字"0"。

4.1.2　输出引脚的基本接法

GPIO 作为通用输出引脚时,MCU 内部程序向该引脚输出高电平或低电平来驱动器件工作,即开关量输出,如图 4-1 所示。

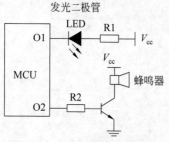

图 4-1　GPIO 引脚作为输出功能的外接电路

　　输出引脚 O1 和 O2 采用了不同的方式驱动外部器件,一种接法是 O1 直接驱动发光二极管 LED,当 O1 引脚输出高电平时,LED 不亮;当 O1 引脚输出低电平时,LED 点亮。这种接法的驱动电流大小一般为 2～10mA。另一种接法是 O2 通过一个 NPN 型三极管驱动蜂鸣器,当 O2 引脚输出高电平时,三极管导通,蜂鸣器响;当 O2 引脚输出低电平时,三极管截止,蜂鸣器不响。这种接法可以用 O2 引脚上的几毫安的控制电流驱动高达 100mA 的驱动电流。若负载需要更大的驱动电流,则必须采用光电隔离外加其他驱动电路,但对 MCU 编程来说,没有任何影响。

4.1.3　上拉下拉电阻与输入引脚的基本接法

　　芯片输入引脚的外部有 3 种不同的连接方式:带上拉电阻的连接、带下拉电阻的连接和“悬空”连接。若 MCU 的某个引脚通过一个电阻接到电源(V_{CC})上,则这个电阻被称为“上拉电阻”;若 MCU 的某个引脚通过一个电阻接到地(GND)上,则这个电阻被称为“下拉电阻”。这种做法使悬空的芯片引脚被上拉电阻或下拉电阻初始化为高电平或低电平。根据实际情况,上拉电阻与下拉电阻可在 1～10kΩ 之间取值,阻值大小与静态电流及系统功耗有关。

　　图 4-2 给出了一个 MCU 的输入引脚的 3 种外部连接方式。假设 MCU 内部没有上拉或下拉电阻,图中的引脚 I3 上的开关 K3 采用悬空方式连接就不合适,因为 K3 断开时,引脚 I3 的电平不确定。图中,R1≫R2,R3≪R4,各电阻的典型取值为:R1＝10kΩ,R2＝200Ω,R3＝200Ω,R4＝10kΩ。

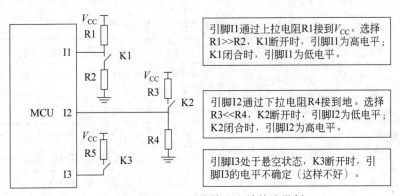

图 4-2　通用 I/O 引脚输入电路接法举例

　　【思考】　上拉电阻的实际取值如何确定?

4.2　软件干预硬件的方法

　　本节以 GPIO 构件为基础的样例工程为例来说明软件如何干预硬件,该样例工程见电子资源“..\03-Software\CH04\GPIO-Output-Component”。

4.2.1　GPIO 构件 API

　　嵌入式系统的重要特点是软件硬件相结合,通过软件获得硬件的状态,通过软件控制硬件的动作。通常情况下,软件与某一硬件模块打交道的途径是软件的底层驱动构件,也就是封装好的一些函数,编程时通过调用这些函数干预硬件。这样就把制作构件与使用构件的工作分成了不同过程。就像建设桥梁,先做标准预制板一样,这个标准预制板就是构件。

1. 软件如何干预硬件?

现在先来看看软件是如何干预硬件的。例如,想点亮开发板上三色灯中的蓝色 LED 小灯,由图 3-3 三色灯电路可知,只要使 LIGHT_BLUE 的引脚为低电平,蓝色 LED 就可以亮起来。为了能够做到软件干预硬件,须将该引脚与 MCU 的一个具有 GPIO 功能的引脚连接起来。通过编程使 MCU 的引脚为低电平(逻辑 0),就能点亮蓝色 LED,这就是软件干预硬件的基本过程。

若采用从"零"开始编程的方法,要了解该引脚在哪个端口,端口有哪些寄存器,每个寄存器相应二进制位的含义,还要了解编程步骤等。这个过程对一般读者或初学者十分困难,4.4 节将会描述这个过程。现在,可以利用已经做好的构件,先把 LED 小灯点亮,然后再根据不同学习要求,理解构件是如何做出来的。

2. GPIO 构件的常用函数

每个驱动构件含有若干函数,例如,GPIO 构件具有初始化、设定引脚状态、获取引脚状态等函数,可通过应用程序接口(Application Programming Interface,API)使用这些函数,即调用函数名并使其参数实例化。驱动构件的 API 是应用程序与构件之间的衔接约定,应用程序开发人员通过它干预硬件。表 4-1 给出了 GPIO 常用接口函数简明列表,这些函数声明放在头文件 gpio.h 中。

表 4-1　GPIO 常用接口函数简明列表

序号	函　数　名	简　明　功　能	描　　　述
1	gpio_init	初始化	引脚复用为 GPIO 功能;定义其为输入或输出;若为输出,还给出其初始状态
2	gpio_set	设定引脚状态	在 GPIO 输出情况下,设定引脚状态(高/低电平)
3	gpio_get	获取引脚状态	在 GPIO 输入情况下,获取引脚状态(1/0)
4	gpio_reverse	翻转引脚状态	在 GPIO 输出情况下,翻转引脚状态
5	gpio_pull	设置引脚上/下拉	在 GPIO 输入情况下,设置引脚上/下拉
6	gpio_enable_int	使能中断	在 GPIO 输入情况下,使能引脚中断
7	gpio_disable_int	关闭中断	在 GPIO 输入情况下,关闭引脚中断

3. GPIO 构件的头文件 gpio.h

头文件 gpio.h 中包含的主要内容有头文件说明、防止重复包含的条件编译代码结构"#ifndef … #define … #endif"、有关宏定义、构件中各函数的 API 及使用说明等。这里给出 GPIO 初始化及设置引脚状态函数的 API,其他函数 API 参见电子文档中的样例工程源码。

```
//================================================================
//文件名称:gpio.h
//功能概要:GPIO 底层驱动构件头文件
```

```
//框架提供：苏大嵌入式(sumcu.suda.edu.cn)
//版本更新：20230414-20231122
//芯片类型：MSPM0L1306
//================================================================
#ifndef    GPIO_H                //防止重复定义(GPIO_H开头)
#define    GPIO_H

//包含芯片头文件
#include "mspm0l1306.h"

//端口号地址偏移量宏定义
#define PTA_NUM    (0<<8)

//GPIO引脚方向宏定义
#define GPIO_INPUT  (0)          //GPIO 输入
#define GPIO_OUTPUT (1)          //GPIO 输出
//GPIO引脚拉高低状态宏定义
#define PULL_UP    (0x01u)       //拉高(尾缀 u 表示无符号数)
#define PULL_DOWN  (0x00u)       //拉低
//GPIO引脚中断类型宏定义
#define RISING_EDGE (1)          //上升沿触发
#define FALLING_EDGE (2)         //下降沿触发
#define RISING_FALLING_EDGE (3)  //上升下降沿触发


//================================================================
//函数名称：gpio_init
//函数返回：无
//参数说明：port_pin—(端口号)|(引脚号)(如：(PTA_NUM)|(9)表示 A 口 9 号脚)
//         dir——引脚方向(0=输入,1=输出,可用引脚方向宏定义)
//         state——端口引脚初始状态(0=低电平,1=高电平)
//功能概要：初始化指定端口引脚作为 GPIO 引脚的功能,并定义其为输入或输出,
//         若是输出,还应指定初始状态是低电平或高电平
//================================================================
void gpio_init(uint32_t port_pin, uint8_t dir, uint8_t state);


//================================================================
//函数名称：gpio_set
//函数返回：无
//参数说明：port_pin——(端口号)|(引脚号)(如：(PTA_NUM)|(9)表示 A 口 9 号脚)
//         state——希望设置的端口引脚状态(0=低电平,1=高电平)
//功能概要：当指定端口引脚被定义为 GPIO 功能且为输出时,本函数设定引脚状态
//================================================================
void gpio_set(uint32_t port_pin, uint8_t state);


//================================================================
//函数名称：gpio_get
//函数返回：指定端口引脚的状态(1 或 0)
//参数说明：port_pin——(端口号)|(引脚号)(如：(PTA_NUM)|(9)表示 A 口 9 号脚)
//功能概要：当指定端口引脚被定义为 GPIO 功能且为输入时,本函数获取指定引脚状态
//================================================================
uint8_t gpio_get(uint32_t port_pin);
```

...

```
#endif//防止重复定义(GPIO_H结尾)
```

4.2.2 GPIO 构件的输出测试方法

使用 GPIO 构件实现蓝灯闪烁,具体实例可参考"..\03-Software\CH04\GPIO-Output-Component",步骤如下:

第一步,给小灯起个名字。要用宏定义方式给蓝灯起个英文名(如 LIGHT_BLUE),明确蓝灯接在芯片的哪个 GPIO 引脚。由于这个工作属于用户程序,因此按照"分门别类,各有归处"的原则,这个宏定义应该写在工程的 05_UserBoard\User.h 文件中。

```
//指示灯端口及引脚定义
#define LIGHT_BLUE     (PTA_NUM|15)      //蓝灯所在引脚
```

第二步,给灯状态命名。由于灯的亮暗状态所对应的逻辑电平由物理硬件接法决定,因此,为了应用程序的可移植性,需要在 05_UserBoard\User.h 文件中,对蓝灯的"亮""暗"状态进行宏定义。

```
//灯状态宏定义(灯的亮暗对应的逻辑电平,由物理硬件接法决定)
#define LIGHT_ON       1                 //灯亮
#define LIGHT_OFF      0                 //灯暗
```

特别说明:对灯的"亮""暗"状态使用宏定义,不仅是为了使编程更加直观,也是为了使软件能够更好地适应硬件。若硬件电路变动了,采用灯的"暗"状态对应低电平,那么只要改变本头文件中的宏定义就可以,而程序源码则不需要更改。

【思考】 若灯的亮暗不使用宏定义会出现什么情况?有何不妥之处?

第三步,初始化蓝灯。在 07-AppPrg\main.c 文件中,对蓝灯进行编程控制。先将蓝灯初始化为暗,在"用户外设模块初始化"处增加下列语句:

```
gpio_init(LIGHT_BLUE,GPIO_OUTPUT,LIGHT_OFF);       //初始化蓝灯,输出,暗
```

其中,GPIO_OUTPUT 是在 GPIO 构件中,对 GPIO 输出的宏定义,目的是使编程直观、方便。不然我们很难区分"1"是输出,还是输入。

特别说明:在嵌入式软件设计中,需站在 GEC 角度判定输入或输出。若要获取外部状态到 GEC 中,对 GEC 来说,就是输入。若要控制蓝灯亮暗,对 GEC 引脚来说,就是输出。

第四步,改变蓝灯亮暗状态。在 main 函数的主循环中,利用 GPIO 构件中的 gpio_set 函数,改变蓝灯状态。工程编译生成可执行文件后,写入目标板,可观察蓝灯实际闪烁情况,部分程序摘录如下。

```
//(2.3.2)如灯状态标志 mFlag 为'L',则灯的闪烁次数+1并显示,改变灯状态及标志
if(mFlag=='L')                                   //判断灯的状态标志
{
    mLightCount++;
    printf("灯的闪烁次数 mLightCount = %d\n",mLightCount);
    mFlag='A'; //灯的状态标志
    gpio_set(LIGHT_BLUE,LIGHT_ON);                //灯"亮"
    printf(" LIGHT_BLUE:ON--\n");                 //串口输出灯的状态
}
//(2.3.3)如灯状态标志 mFlag 为'A',则改变灯状态及标志
```

```
else
{
    mFlag='L';                                //灯的状态标志
    gpio_set(LIGHT_BLUE,LIGHT_OFF);           //灯"暗"
    printf(" LIGHT_BLUE:OFF--\n");            //串口输出灯的状态
}
```

第五步,观察蓝灯运行情况。经过编译生成机器码,通过 AHL-GEC-IDE 软件将.hex 文件下载到目标板中,可观察到板载蓝灯每秒闪烁一次,也可在 AHL-GEC-IDE 界面看到蓝灯状态改变的信息,如图 4-3 所示。由此可体会到使用 printf 语句进行调试的好处。

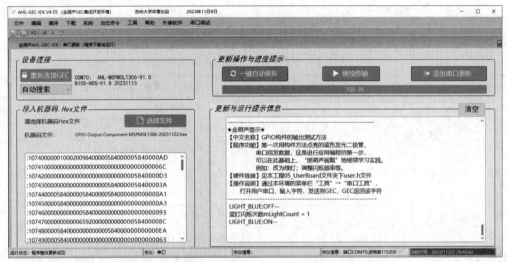

图 4-3　GPIO 构件的输出测试方法

样例是通过编程控制小灯的闪烁,即软件控制了硬件的动作。随着学习的逐步深入,可以看到更多、更复杂的软件干预硬件的实例。

【练习一下】 利用 AHL-GEC-IDE 集成开发环境,对 AHL-MSPM0L1306 硬件上的三色灯编程,使三色灯以紫色形式闪烁。

4.3　认识工程框架

为了规范地编程,提高程序的可靠性、可移植性与可维护性,可把每个程序作为一个工程来对待。既然是个工程,就要有规范的工程框架。

4.3.1　工程框架及所含文件简介

嵌入式系统工程包含若干文件,如程序文件、头文件、与编译调试相关的文件、工程说明文件、开发环境生成文件等。合理组织这些文件,规范工程组织,可以提高阅读清晰度和项目的开发效率。工程框架也可被称为软件最小系统框架,因为它包含工程的最基本要素。软件最小系统框架是一个能够点亮一个发光二极管的,甚至带有串口调试构件的,包含工程规范完整要素的,可移植与可复用的工程模板。

该工程模板简洁易懂,应用底层驱动构件化的思想改进了程序结构,重新分类组织了工程,引导读者进行规范的文件组织与编程。

1. 工程名与新建工程

工程名使用工程文件夹标识工程,不同工程文件夹区分了不同工程。建议新工程文件夹使用手动复制标准模板工程文件夹或复制功能更少的旧标准工程的方法来建立,这样,复用的构件已经存在,框架保留,体系清晰。实际应用项目开发中,不推荐使用 IDE 或其他开发环境的新建功能来建立一个新工程。

2. 工程文件夹内的基本内容

工程文件夹内共含 7 个下级文件夹,除去 IDE 编译生成的文件夹 Debug,分别是 01_Doc、02_CPU、03_MCU、04_GEC、05_UserBoard、06_SoftComponent、07_AppPrg,其简明功能及特点见表 4-2。

表 4-2　工程文件夹内的基本内容

名　　称	文　件　夹		简明功能及特点
文档文件夹	01_Doc		工程改动时,及时记录
CPU 文件夹	02_CPU		与内核相关的文件
MCU 文件夹	03_MCU	linker_File	链接文件夹,存放链接文件(.ld)
		MCU_drivers	MCU 基础构件文件夹,存放芯片级硬件驱动
		startup	启动文件夹,存放芯片头文件及芯片初始化文件
GEC 相关文件夹	04_GEC		GEC 芯片相关文件夹,建议用户不更改
用户板文件夹	05_UserBoard		用户板文件夹,存放应用构件及 User 头文件
软件构件文件夹	06_SoftComponent		软件构件文件夹,存放硬件无关构件
应用程序文件夹	07_AppPrg	include.h	总头文件,包含各类宏定义
		isr.c	中断服务例程文件,存放各中断服务例程子函数
		main.c	主程序文件,存放芯片启动的入口函数 main

3. CPU(内核)相关文件简介

CPU(内核)相关文件(core_cm0plus.h、mpu_armv7.h、cmsis_gcc.h 等)位于工程框架的“..\02_CPU”文件夹内,它们是 ARM 公司提供的符合 ARM Cortex 微控制器软件接口标准(Cortex Microcontroller Software Interface Standard,CMSIS)的内核相关文件,原则上与具体芯片制造商无关。其中,core_cm0plus.h 为 ARM Cortex-M0+内核的外设访问层头文件。使用 CMSIS 标准可简化程序的开发流程,提高程序的可移植性。对任何使用该 CPU 设计的芯片,该文件夹内容相同。

4. MCU(芯片)相关文件简介

MCU(芯片)相关文件(mspm0l1306.h、startup_mspm0l1306_gcc.c、system_mspm0l1306.c)位于工程框架的“..\03_MCU\startup”文件夹内。前两个文件由芯片厂商提供。

芯片头文件 mspm0l1306.h 中,给出了芯片专用的寄存器地址映射。设计面向直接硬件操作的底层驱动时,利用该文件使用映射寄存器名,获得对应地址。该文件一般由芯片设计人员提供,嵌入式应用开发者不必修改该文件,只需遵循其中的命名。

启动文件 startup_mspm0l1306_gcc.c 包含中断向量表与芯片启动流程。

系统初始化文件 system_mspm0l1306.c 主要存放启动文件 startup_mspm0l1306_gcc.c 中调用的系统初始化函数 SystemInit() 及其相关宏常量的定义。此函数实现关闭看门狗及配置系统工作时钟的功能。

5. 应用程序源代码文件——总头文件 includes.h、main.c 及中断服务例程文件 isr.c

在工程框架的 "..\07_AppPrg" 文件夹内放置着总头文件 includes.h、main.c 及中断服务例程文件 isr.c。

总头文件 includes.h 是 main.c 使用的头文件,内含常量、全局变量声明、外部函数及外部变量的引用。

主程序文件 main.c 是应用程序的启动后总入口,main 函数在该文件中实现。在 main 函数中包含了一个永久循环,对具体事务过程的操作几乎都被添加在该主循环中。无操作系统下的应用程序的执行,一共包含两条独立的线路。main.c 文件中的是一条运行路线,另一条是中断线,在 isr.c 文件中编程。

中断服务例程文件 isr.c 是中断处理函数编程的地方,有关中断编程问题将在 6.4 节中阐述。

4.3.2　机器码文件及芯片执行流程简析

这一小节有一点难度,供希望了解完整启动过程的读者阅读。

按顺序单击操作开发环境的 "编译"→"编译工程" 按钮,对工程进行编译链接,便产生了位于 "..\Debug" 文件夹下的几个文件,它们是十六进制机器码文件(.hex)、映像文件(.map)与列表文件(.lst)等。.map 文件提供了程序、堆栈设置、全局变量、常量等存放地址的信息,它给出的地址在一定程度上是动态分配的(由编译器决定),工程有任何修改,这些地址都可能发生变动。.lst 文件提供了函数编译后机器码与源代码的对应关系,用于程序分析。

.hex(Intel HEX)文件是由一行行符合 Intel HEX 文件格式的文本所构成的 ASCII 文本文件,它的每一行包含一个 HEX 记录,这些记录由对应机器语言码(含常量数据)的十六进制编码数字组成。本开发环境将该文件下载到目标芯片中运行,下面对该文件做解析。

1. 记录格式

.hex 文件中的语句有六种不同类型,但总体格式是一样的,根据表 4-3 格式来记录。

表 4-3　.hex 文件记录行语义

	字段 1	字段 2	字段 3	字段 4	字段 5	字段 6
名称	标记	长度	偏移量	类型	数据/信息	校验和
长度	1 字节	1 字节	2 字节	1 字节	N 字节	1 字节
内容	开始标记 ":"		数据类型记录有效;非数据类型,该字段为 "0000"	00-数据记录;01-文件结束记录;02-扩展段地址;03-开始段地址;04-扩展线性地址;05-链接开始地址	取决于记录类型	开始标记之后字段的所有字节之和的补码。校验和=0xFF-(记录长度+记录偏移+记录类型+数据段)+0x01

2. 实例分析

以"..\03-Software\CH04\GPIO-Output-Component"工程中\Debug 文件夹下的.hex 为例,截取该文件中的部分行进行简明分解,如表 4-4 所示。

表 4-4   GPIO-Output-Component .hex 文件部分行分解

行	记录标记	记录长度	偏移量	记录类型	数据/信息区	校验和
1	:	10	7400	00	0010002009840000058400000584000	AD
2	:	10	7410	00	00000000000000000000000000000000	6C
...						
814	:	00	0000	01		FF

1) 分析第 1 行

第 1 行为":107400 00 001000200984000005840000058400000AD",根据表 4-4,按照语义进行分割来看":10 7400 00 001000200984000005840000058400000 AD",分析如下。

(1) 确定中断向量表的开始地址。以":"开始,长度为"0x10"(16 个字节),"7400"为偏移量,表示开始地址。根据链接文件(03_MCU\Linker_file\mspm0l1306.ld),这个区域是中断向量表。

(2) 第 1 行实际内容。紧接着的"00"代表记录类型为数据类型,表示接下来的就是数据段。"001000200984000005840000058400000"就是实际程序的机器码,每 4 个字节为一个整体。

(3) 堆栈指针 SP 默认内容。第一个 4 字节为"00100020",由于是小端方式存储,按照阅读习惯应写为"20001000",由 MSPM0L1306 中断向量表(表 3-3)第 1 行,该数在 MCU 启动时被放入了堆栈寄存器 SP 中。可以在启动文件 03_MCU\startup\startup_mspm0l1306_gcc.c 中看到,这 4 个字节占用了中断向量表的 0 号位置。

(4) 复位向量。接下来的 4 个字节 09840000→00008409,由 MSPM0L1306 中断向量表(表 3-3)第 2 行可知,这是复位向量,即 MCU 上电复位后将 0x00008409 放入程序计数器 PC 中,于是存储器 0x00008408[①] 中的指令被取出解码运行,程序由此开始运行了。

(5) 在列表文件(.lst)中找到第 1 条指令机器码。在 Debug 文件夹下的.lst 文件中查找 Reset_Handler,如图 4-4 所示,看到的第 1 条指令机器码是 491A。

```
00008408 <Reset_Handler>:
    8408:    491a        ldr r1, [pc, #104]  ; (8474 <Reset_Handler+0x6c>)
    840a:    4b1b        ldr r3, [pc, #108]  ; (8478 <Reset_Handler+0x70>)
```

图 4-4   .lst 文件中 Reset_Handler 的首地址及第一条指令机器码

(6) 在十六进制机器码文件(.hex)中找到第 1 条指令机器码。在 Debug 文件夹下的 .hex 文件中,根据 8408 这个地址,找到第 141 行。该行初始偏移量为 8400,其后的 00 表示这一行是数据记录,即程序代码。随后可从 8400 开始数到 8408 地址处,连续的 2 字节为

---

①   至于 0x00008409 为什么变成了 0x00008408,这是因为 Cortex-M0+处理器的指令地址为 2 字节(Thumb 模式)或 4 字节(ARM 模式)对齐,意味着 PC 最低位始终为 0,但规定程序跳转时,PC 的最低位必须被置 1。

"1A49"，因为以小端方式存储，所以按照阅读习惯应写为"491A"。这就是芯片上电复位后要执行的第 1 条指令代码。

（7）在 AHL-GEC-IDE 开发环境下读出机器码。单击顶部菜单"工具"→"存储器操作"→"连接"→在"起始地址："中输入 8408→单击"读 RAM/FLASH"→结果为"**1a 49**"，这是实际存储情况。

2）分析最后一行

最后一行，即第 813 行，为文档的结束记录，记录类型为"0x01"；"0xFF"为本记录的校验和字段内容。

3. 芯片执行流程简析

综合分析工程的.ld 文件、.hex 文件、.lst 文件，可以理解程序的执行过程，也可以对生成的机器码进行分析对比。芯片复位到 main 函数之前的程序运行过程总结如下。

（1）确定中断向量表的开始地址。由于在链接文件 mspm0l1306.ld 中，确定标号.intvecs 为 0x00007400，芯片启动文件..\03_MCU\ startup\startup_mspm0l1306_gcc.c 中的中断向量表"**void (*const interruptVectors[])(void) __attribute__((section(".intvecs")))**"，根据该标号确定中断向量表在 Flash 存储器中的开始地址。

（2）给 SP 赋值。根据启动文件及链接文件，地址 0x00007400 开始的第一个表项内容（20001000）即为 __StackTop 值。芯片上电复位后，芯片内部机制把它赋给堆栈指针寄存器 SP，完成堆栈指针初始化。

（3）开始运行，程序转入 main。芯片内部机制将第二个表项的内容赋给内核寄存器 PC（程序计数器）。由于该表项存放启动函数 Reset_Handler 的首地址，因而运行"..\03_ MCU\startup\startup_mspm0l1306_gcc.c"文件中的 Reset_Handler 函数，进行初始化数据处理并清零未初始化 BSS 数据段；运行"..\03_MCU\startup\system_mspm0l1306.c"文件中的 SystemInit（）函数，进行芯片部分初始化设置（系统时钟初始化）；再回到 Reset_ Handler 中继续剩余初始化功能，随后进入用户主函数 main。

（4）运行 main。一般情况下，认为程序从 main 开始运行。

实际应用中，可根据是否启动看门狗、是否复制中断向量表至 RAM、是否清零未初始化 BSS 数据段等要求来修改此文件。初学者在未理解相关内容的情况下，不建议修改 startup_mspm0l1306_gcc.c 及 system_mspm0l1306.c 文件的内容。

需要说明的是，虽然本书给出的例程基于 BIOS，但不影响对基本流程的理解。User 程序只要改变 Flash 首地址、RAM 首地址，即可从空白片写入运行，但不建议这样做，否则 BIOS 就被覆盖。

【思考】　综合分析.hex 文件、.map 文件、.lst 文件，在第一个样例工程中找出 SystemInit 函数、main 函数的存放地址，给出各函数的前 8 个机器码，并找到其在.hex 文件中的位置。

4.4　GPIO 构件的制作过程

构件的制作是一个比较复杂的过程，主要是与 MCU 内部模块寄存器（映像寄存器）打交道，大部分细节涉及寄存器的某一位。程序就是通过寄存器的位干预相应硬件的。

4.4.1　端口与 GPIO 模块——对外引脚与内部寄存器

MSPM0L1306 的大部分引脚具有多重复用功能,可以通过对相关寄存器编程来设定使用其中某一种功能,本节给出作为 GPIO 功能时所用到的寄存器。

1. MSPM0L1306 芯片的 GPIO 引脚概述

32 引脚封装的 MSPM0L1306 芯片的 GPIO 引脚只有一个端口,标记为 A,含 28 个引脚。端口作为 GPIO 引脚时,逻辑 1 对应高电平,逻辑 0 对应低电平。GPIO 模块使用系统时钟,从实时性细节来说,当作为通用输出时,高/低电平出现在时钟上升沿。

2. GPIO 相关寄存器概述

GPIO 模块含有 62 个 32 位寄存器,包括 38 个配置寄存器与 24 个数据操作寄存器。GPIO 须与输入输出复用模块 IOMUX 配合实现引脚的具体功能的配置。

MSPM0L1306 只有 A 端口,其 GPIO 基地址为 0x400A_0000。IOMUX 模块基地址为 0x4042_8000,表 4-5 给出了引脚 GPIO 功能所需寄存器。

表 4-5　GPIO 功能所需寄存器

类　型	绝对地址	寄存器名	R/W	功能简述
IOMUX	0x4042_8000	引脚控制管理寄存器(PINCM)	R/W	对引脚功能进行控制管理
GPIO	0x400A_1280	输出数据寄存器(DOUT31_0)	R/W	设置对应引脚电平
	0x400A_1290	输出置位寄存器(DOUTSET31_0)	W	设置对应引脚为高电平
	0x400A_12A0	输出清零寄存器(DOUTCLR31_0)	W	设置对应引脚为低电平
	0x400A_12B0	输出翻转寄存器(DOUTTGL31_0)	W	将对应引脚状态取反
	0x400A_12C0	输出使能寄存器(DOE31_0)	R/W	设置对应引脚输出使能状态
	0x400A_12D0	输出使能置位寄存器(DOESET31_0)	W	置位对应引脚使能
	0x400A_12E0	输出使能清除寄存器(DOECLR31_0)	W	清除对应引脚使能
	0x400A_1380	输入数据寄存器(DIN31_0)	R	读取对应引脚输入

以下分别介绍这几个重要的寄存器。

3. GPIO 模块主要寄存器

1) 引脚控制管理寄存器(PINCM)

该寄存器属于 IOMUX 模块,每个引脚对应一个寄存器,地址＝基地址 0x4042_8000＋4＊(引脚号＋1),作用是配置引脚功能。

数据位	D28	D27	D26	D25	D20	D19	D18	D17	D16	D13	D7	D5～D0
读												
写	WCOMP	WUEN	INV	HIZ1	DRV	HYSTEN	INENA	PIPU	PIPD	WAKESTAT	PC	PF

未出现的位为保留位。

D28(WCOMP):唤醒比较值位,0＝在匹配为 0 时唤醒,1＝在匹配为 1 时唤醒。

D27(WUEN):唤醒使能位,0＝唤醒禁用,1＝唤醒启用。

D26：数据翻转使能。D25：开漏输出使能。D20：引脚驱动能力控制。D19：高阻态使能。D18：输入使能。D17：上拉控制。D16：下拉控制。D13：唤醒源状态位。

D7(PC)：引脚使能位，0=引脚禁用，1=引脚使能，一般设为 1。

D5~D0(PF)：设定引脚的复用功能。000000=引脚无功能，000001=GPIO，其他值参见工程文件夹"03-MCU\startup"中的芯片头文件 mspm0l1306.h。注意，该文件下引脚控制管理寄存器的编号从 1 开始，即 PTA0 对应的引脚控制管理寄存器为 IOMUX_PINCM1。可以用查找方式找到引脚的复用功能配置。例如，配置 PTA0 的引脚为串口功能，则使用"♯define IOMUX_PINCM1_PF_UART1_TX ((uint32_t)0X00000002)"宏常数。

2）GPIO 端口输出使能寄存器（DOE31_0）

该寄存器用于使能 GPIO 端口相应引脚的输出功能，可以将相应引脚输出功能配置为禁用或启用。

数据位	D31	D30	D29	...	D2	D1	D0
写	DIO31	DIO30	DIO29	...	DIO2	DIO1	DIO0

D31~D0：使能 GPIO 对应引脚的输出功能。相应位写入 0 表示输出禁用；写入 1 表示输出启用。

其他寄存器在此不再赘述，在构件制作时查阅即可，详情参考电子资源"..\01-Document\MSPM0L1306 芯片资料"文件夹中的 MSPM0L 系列 MCU 参考手册。

3）GPIO 端口输出数据寄存器（DOUT31_0）

该寄存器用于配置 GPIO 端口相应引脚的输出数据，可以配置为高电平或低电平。

数据位	D31	D30	D29	...	D2	D1	D0
读	DIO31	DIO30	DIO29	...	DIO2	DIO1	DIO0
写							

D31~D0：GPIO 端口对应引脚输出值配置位。这些位通过软件写入，用于配置 I/O 输出数据。DIOx=0 表示输出 0（低电平）；DIOx=1 表示输出 1（高电平）。

【思考】　结合示例程序，理解某一寄存器初始化字的各二进制位的含义。

4.4.2　通过 GPIO 基本编程步骤点亮一盏小灯

要进行 GPIO 构件制作，先要把 GPIO 最基本的流程打通，而这最基本的流程就是直接操作 GPIO 端口地址，点亮一盏小灯。

1. 编程使一个引脚控制小灯的基本步骤

由表 3-7（AHL-MSPM0L1306 对外引脚的复用功能）及图 3-3（三色灯电路图）可知，只要使 PTA15 引脚=0，就可点亮蓝灯，基本编程步骤如下。

（1）通过引脚控制管理寄存器（PINCM）设定要使用的对应引脚为 GPIO 功能；

（2）通过将端口输出使能寄存器（DOE31_0）对应引脚位置 1，打开输出功能；

（3）通过输出数据寄存器（DOUT31_0）设置 GPIO 端口对应引脚输出状态。

2. 用 GPIO 直接点亮一盏小灯

样例工程参见电子资源"…\03-Software\CH04\GPIO-Output-DirectAddress",功能是使用 PAT15 引脚点亮蓝灯,步骤如下。

1）声明地址变量并赋值

```
//(1.5.1)声明变量
  uint32_t pin;
  uint32_t gpio_addr, gpio_PTA15_addr, gpio_DOUT31_0_addr, gpio_DOE31_0_addr;
  uint32_t iomux_addr, iomux_PTA15_addr;
//(1.5.2)变量赋值
  pin = 15;                                          //PTA15 引脚号
  gpio_addr = (uint32_t)0x400A0000U;                 //GPIOA 的基地址为 0x400A0000U
  gpio_PTA15_addr = 1 << pin;                        //PTA15 所对应的在 32 位寄存器中的位置
  gpio_DOUT31_0_addr = gpio_addr + 0x00001280;       //GPIOA DOUT31_0 地址
  gpio_DOE31_0_addr = gpio_addr + 0x000012C0;        //GPIOA DOE31_0 地址
  iomux_addr = (uint32_t)0x40428000U;                //IOMUX 的基地址为 0x400A0000U
  iomux_PTA15_addr = (iomux_addr + 0x4 * (pin + 1)); //PTA15 对应的 IOMUX 地址
```

2）对 GPIO 初始化

```
//(1)将引脚配置为"已连接",GPIO 功能
* (uint32_t *)(iomux_PTA15_addr) = 0x00000080U | 1;
//(2)将 DOE31_0 的 PTA15 对应位置设置为 1,使能 PTA15 的输出功能
* (uint32_t *)(gpio_DOE31_0_addr) |= gpio_PTA15_addr;
//(3)将 DOUT31_0 的 PTA15 对应位置设置为 0,即输出数据为 0
* (uint32_t *)(gpio_DOUT31_0_addr) &= ~gpio_PTA15_addr;
```

可以在程序中加个断点(for (;;){ },即一个无限循环),编译下载这个程序,看到蓝灯亮。注意,断点要加在开总中断之后,否则串口中断无法运行,不能下载程序。若断点语句不小心放到了开总中断前面,则可以更改程序,在带电情况下利用杜邦线连接复位引脚,单击 GND(即复位)六次以上,待绿灯闪烁,进入 BIOS 状态,便可重新连接下载程序。

这样编程只是为了理解 GPIO 的基本编程方法,实际并不使用这种思路。我们不会这样从"零"直接应用程序,而是将它作为制作构件的第一步,把流程打通,作为封装构件的前导步骤。而制作 GPIO 构件,就是把对 GPIO 底层硬件的操作用构件封装起来,给出函数名与接口参数,供实际编程时使用。第 5 章将阐述底层驱动构件封装方法与基本规范。

4.4.3　GPIO 构件的设计

1. 设计 GPIO 驱动构件的必要性

软件构件(Software Component)技术的出现,为实现软件构件的工业化生产提供了理论与技术基石。将软件构件技术应用到嵌入式软件开发中,可以大大提高嵌入式开发的开发效率与稳定性。软件构件的封装性、可移植性与可复用性是软件构件的基本特性,采用构件技术设计软件,可以使软件具有更好的开放性、通用性和适应性。特别是底层硬件的驱动编程,只有封装成底层驱动构件,才能减少重复劳动,使广大 MCU 应用开发者专注于应用软件稳定性与功能设计。因此,必须把底层硬件驱动设计好、封装好。

以 MSPM0L1306 的 GPIO 为例,它有 28 个引脚可以作为 GPIO。不可能使用直接地

址去操作相关寄存器,因为那样无法实现软件移植与复用。应该把对 GPIO 引脚的操作封装成构件,通过函数调用与传参的方式实现对引脚的干预与状态获取,这样的软件才便于维护与移植,因此设计 GPIO 驱动构件十分必要。同时,底层驱动构件的封装,也为在操作系统下对底层硬件的操作打下了基础。

2. 底层驱动构件封装基本要求

底层驱动构件封装规范见 5.3 节。本节给出概要,以便读者在认识第一个构件前以及在开始设计构件时,少走弯路,做出来的构件符合基本规范,便于移植、复用和交流。

1) 底层驱动构件的组成、存放位置与内容

每个构件由头文件(.h)与源文件(.c)两个独立文件组成,放在以构件名命名的文件夹中。驱动构件头文件(.h)中仅包含对外接口函数的声明,是构件的使用指南,以构件名命名,例如 GPIO 构件命名为 gpio(使用小写,目的是与内部函数名前缀统一)。基本要求是调用者只看头文件即可使用构件。对外接口函数及内部函数的实现在构件源程序文件(.c)中。同时应注意,头文件中声明对外接口函数的顺序与源程序文件实现对外接口函数的顺序应保持一致。源程序文件中,内部函数的声明放在外接口函数代码的前面,内部函数的实现放在全部外接口函数代码的后面,以便提高可阅读性与可维护性。一个具体的工程中,在本书给出的标准框架下,所有面向 MCU 芯片的底层驱动构件放在工程文件夹下的 ..\03_MCU\MCU_drivers 文件夹中,本书所有规范样例工程下的文件组织均是如此。

2) 设计构件的最基本要求

这里摘要给出设计构件的最基本要求。一是使用与移植方便。要对构件的共性与个性进行分析,抽取出构件的属性和对外接口函数。希望设计者做到:对于使用同一芯片的应用系统,构件不更改,直接使用;同系列芯片的同功能底层驱动移植时,仅改动头文件;不同系列芯片的同功能底层驱动移植时,头文件与源程序文件的改动尽可能少。二是要有统一、规范的编码风格与注释,主要涉及文件、函数、变量、宏及结构体类型的命名规范;涉及空格与空行、缩进、断行等的排版规范;涉及文件头、函数头、行及边等的注释规范,具体要求见 5.3.2 节。三是关于宏的使用限制。宏的使用具有两面性,有提高可维护性的一面,也有降低阅读性的一面,所以不要随意使用宏。四是关于全局变量的问题。构件封装时,应该禁止使用全局变量。

3. GPIO 驱动构件封装要点分析

以 GPIO 驱动构件为例进行封装要点分析,即分析应该设计哪几个函数及入口参数。GPIO 引脚可以被定义成输入、输出两种情况:若是输入,程序需要获得引脚的状态(逻辑 1 或 0);若是输出,程序可以设置引脚状态(逻辑 1 或 0)。MCU 的 PORT 模块分为许多端口,每个端口有若干引脚。GPIO 驱动构件可以实现对所有 GPIO 引脚统一编程。GPIO 驱动构件由 gpio.h、gpio.c 两个文件组成,如要使用 GPIO 驱动构件,只需要将这两个文件加入到所建工程中,由此方便了对 GPIO 的编程操作。

1) 模块初始化(gpio_init)

由于芯片引脚具有复用特性,应把引脚设置成 GPIO 功能,同时定义成输入或输出;若是输出,还要给出初始状态。所以,GPIO 模块初始化函数 gpio_init 的参数包括所定义的引脚、是输入还是输出、若是输出其状态是什么;函数不必有返回值。其中,引脚可用一个 16 位数据描述,高 8 位表示端口号,低 8 位表示端口内的引脚号。这样,GPIO 模块初始化函

数原型可以设计为：

```
void gpio_init(uint16_t port_pin, uint8_t dir, uint8_t state);
```

其中，uint8_t 是无符号 8 位整型的别名，uint16_t 是无符号 16 位整型的别名，本书后面不再特别说明。

2）设置引脚状态（gpio_set）

对于输出，通过函数设置引脚是高电平（逻辑 1）还是低电平（逻辑 0）。入口参数应该是所定义的引脚、若是输出其状态是什么；函数不必有返回值。这样，设置引脚状态的函数原型可以设计为：

```
void gpio_set(uint16_t port_pin, uint8_t state);
```

3）获得引脚状态（gpio_get）

对于输入，通过函数获得引脚的状态是高电平（逻辑 1）还是低电平（逻辑 0）。入口参数应该是所定义的引脚，函数需要返回值，即引脚状态。这样，设置引脚状态的函数原型可以设计为：

```
uint8_t gpio_get(uint16_t port_pin);
```

4）引脚状态翻转（void gpio_reverse）

可以设计引脚状态翻转函数的原型为：

```
void gpio_reverse(uint16_t port_pin);
```

5）引脚上下拉使能函数（void gpio_pull）

若引脚被设置成输入，可以设定内部上下拉，MSPM0L1306 内部上下拉电阻大小为 1～10KΩ。引脚上下拉使能函数的原型为：

```
void gpio_pull(uint16_t port_pin, uint8_t pullselect);
```

这些函数基本满足了对 GPIO 操作的基本需求。此外，还有引脚驱动能力、使能中断与禁止中断[①]等函数，使用或深入学习时参考 GPIO 构件即可。

4. GPIO 驱动构件源程序文件（gpio.c）

根据构件生产的基本要求设计第一个构件——GPIO 驱动构件，它由头文件 gpio.h 与源程序文件 gpio.c 两个文件组成，头文件是使用说明。MCU 的基础构件放在工程的 ..\03_MCU\MCU_drivers 文件夹下。

GPIO 驱动构件的源程序文件中实现的对外接口函数，主要用于对相关寄存器进行配置，从而完成构件的基本功能。构件内部使用的函数也在构件源程序文件中定义。下面给出部分函数的源代码。

```
//============================================================
//文件名称：gpio.c
//功能概要：GPIO 底层驱动构件源文件
//版权所有：苏大嵌入式（sumcu.suda.edu.cn）
//版本更新：20230921
```

---

① 关于使能（Enable）中断与禁止（Disable）中断，文献中有多种中文翻译，如使能、开启；除能、关闭等，本书统一使用"使能中断"与"禁止中断"的术语。

```
//芯片类型: MSPM0L1306
//================================================================
#include "gpio.h"
//GPIO 口基地址放入常数数据组 GPIO_ARR 中
GPIO_Regs * GPIO_ARR[] = {(GPIO_Regs *)GPIOA_BASE};
//内部函数声明
void gpio_get_port_pin(uint16_t port_pin, uint8_t * port, uint32_t * pin);


//================================================================
//函数名称: gpio_init
//函数返回: 无
//参数说明: port_pin——(端口号)|(引脚号)(如: (PTA_NUM)|(9)表示为 A 口 9 号脚)
//          dir——引脚方向(0=输入, 1=输出, 可用引脚方向宏定义)
//          state——端口引脚初始状态(0=低电平, 1=高电平)
//功能概要: 初始化指定端口引脚, 作为 GPIO 引脚, 并定义其为输入或输出, 若是输出,
//          还应指定初始状态是低电平或高电平
//================================================================
void gpio_init(uint16_t port_pin, uint8_t dir, uint8_t state)
{
    GPIO_Regs * gpio_ptr;          //声明 gpio_ptr 为 GPIO 结构体类型指针
    uint8_t port;                  //声明端口 port、引脚 pin 变量
    uint32_t pin;
    uint32_t temp;                 //临时存放寄存器里的值
    //根据带入参数 port_pin, 解析出端口与引脚, 分别赋给 port、pin
    gpio_get_port_pin(port_pin, &port, &pin);
    //根据 port, 给局部变量 gpio_ptr 赋值(GPIO 基地址)
    gpio_ptr = GPIO_ARR[port];
    //输出
    if(dir == 1)
    {
        IOMUX->SECCFG.PINCM[port_pin & 0xff] = (IOMUX_PINCM_PC_CONNECTED | 1);
        if(state == 0)
        {
            gpio_ptr->DOUTCLR31_0 = pin;
        }
        else if(state == 1)
        {
            gpio_ptr->DOUTSET31_0 = pin;
        }
        gpio_ptr->DOESET31_0 = pin;
    }
    else if(dir == 0)
    { //输入
    ...
    }
    return;
}(限于篇幅, 省略其他函数实现, 见电子资源)
```

下面对源码中的结构体类型, 有关地址、编码的书写问题做简要说明。

1) 结构体类型

在工程文件夹的芯片头文件(..\03_MCU\startup\mspm0l1306.h)中, 有端口寄存器结

构体,把端口模块的编程寄存器用结构体类型(GPIO_TypeDef)封装起来:

```
typedef struct {
    ...
    GPIO_GPRCM_Regs GPRCM;          /* !<(@0x00000800) */
    uint32_t RESERVED3[510];
    __IO uint32_t CLKOVR;           /* !<(@0x00001010) Clock Override */
    uint32_t RESERVED4;
    __IO uint32_t PDBGCTL;          /* !<(@0x00001018) Peripheral Debug Control */
    uint32_t RESERVED5;
    GPIO_CPU_INT_Regs CPU_INT;/* !<(@0x00001020) */
    ...(限于篇幅,省略了部分内容)
} GPIO_Regs;
```

除了上述结构体,还包括其他多个结构体,可在 mspm0l1306.h 中查看。

2) 端口模块及 GPIO 模块各口基地址

MSPM0L1306 的 GPIO 模块各口基地址也在芯片头文件(mspm0l1306.h)中以宏常数方式给出,本程序直接将其作为指针常量。

3) 编程与注释风格

读者需要仔细分析本构件的编程与注释风格,从一开始就规范起来,这样会逐步养成良好的编程习惯。特别注意,不要编写难以看懂的程序,不要把简单问题复杂化,不要使用不必要的宏。

4.5　第一个汇编语言工程:控制小灯闪烁

汇编语言编程给人的第一种感觉就是难,相对于 C 语言编程,汇编语言在编程的直观性、编程效率以及可读性等方面都有所欠缺,但掌握基本的汇编语言编程方法是嵌入式学习的基本功,可以增加嵌入式编程者的"内力"。

本书提供的汇编程序是通过工程的方式组织起来的。汇编工程通常包含与芯片相关的程序框架文件、软件构件文件、工程设置文件、主程序文件及抽象构件文件等。下面结合第一个 MSPM0L1306 汇编工程实例,讲解各文件概念,并简要分析汇编工程的组成、汇编程序文件的编写规范、软硬件模块的合理划分等。读者可通过分析与实践第一个汇编实例程序,达到由此入门的目的。

4.5.1　汇编工程文件的组织

汇编工程的样例为..\03-Software\CH04\GPIO-ASM,该汇编工程按构件方式进行组织,如图 4-5 所示,主要包括 MCU 相关头文件夹、底层驱动构件文件夹、Debug 工程输出文件夹、程序文件夹等。

汇编工程仅包含一个汇编主程序文件,该文件名固定为 main.s。汇编程序的主体是程序的主干,要尽可能简洁、清晰、明了。程序中的其余功能尽量由子程序去完成,主程序主要完成对子程序的循环调用。主程序文件 main.s 包含以下内容:

(1) 工程描述。工程名、程序描述、版本、日期等。

(2) 包含总头文件。声明全局变量并包含主程序文件中需要的头文件、宏定义等。

图 4-5 小灯闪烁汇编工程的树型结构

（3）主程序。主程序一般包括初始化与主循环两大部分。初始化包括堆栈初始化、系统初始化、I/O 端口初始化、中断初始化等。主循环是程序的工作循环，根据实际需要安排程序段，但一般不宜过长，建议不要超过 100 行，具体功能可通过调用子程序来实现，或由中断程序实现。

（4）内部直接调用子程序。若有不单独存盘的子程序，建议放在此处。这样，在主程序总循环的最后一条语句中就可以看到这些子程序。每个子程序不要超过 100 行。若有更多的子程序请单独存盘，单独测试。

4.5.2 汇编语言小灯测试工程主程序

1. 小灯测试工程主程序

该工程使用汇编语言来点亮蓝灯，main.s 的代码如下。

```
//============================================================
//文件名称：main.s
//功能概要：汇编编程调用 GPIO 构件控制小灯闪烁(利用 printf 输出提示信息)
//版权所有：苏大嵌入式(sumcu.suda.edu.cn)
//版本更新：201808-202311
//============================================================
.include "include.inc"            //头文件中主要定义了程序中需要使用到的一些常量
//(0)数据段与代码段的定义
//(0.1)定义数据存储 data 段开始，实际数据存储在 RAM 中
.section .data
//(0.1.1)定义需要输出的字符串,标号即为字符串首地址,\0 为字符串结束标志
hello_information:                 //字符串标号
    .ascii "-------------------------------------------- ----\n"
```

```
    .ascii "金葫芦提示:                                          \n"
    .ascii "LIGHT:ON--第一次用纯汇编点亮的蓝色发光二极管,太棒了!      \n"
    .ascii "          这只是万里长征第一步,但是,万事开头难,           \n"
    .ascii "          有了第一步,坚持下去,定有收获!                  \n"
    .ascii "---------------------------------------------\n\0"
data_format:
    .ascii "%d\n\0"                        //printf 使用的数据格式控制符
light_show1:
    .ascii "LIGHT_BLUE:ON--\n\0"           //灯亮状态提示
light_show2:
    .ascii "LIGHT_BLUE:OFF--\n\0"          //灯暗状态提示
light_show3:
    .ascii "闪烁次数 mLightCount=\0"         //闪烁次数提示
//(0.1.2)定义变量
.align 4                                  //.word 格式 4 字节对齐
mMainLoopCount:                           //定义主循环次数变量
    .word 0
mFlag:                                    //定义灯的状态标志,1 为亮,0 为暗
    .byte 'A'
.align 4
mLightCount:
    .word 0


//(0.2)定义代码存储 text 段开始,实际代码存储在 Flash 中
.section   .text
.syntax unified                           //指示下方指令为 ARM 和 Thumb 通用格式
.thumb                                    //Thumb 指令集
.type main function                       //声明 main 为函数类型
.global main                              //将 main 定义成全局函数,便于芯片初始化之后调用
.align 2                                  //指令和数据采用 2 字节对齐,兼容 Thumb 指令集


//---------------------------------------------------------
//main.c 使用的内部函数声明处


//---------------------------------------------------------
//主函数,一般情况下可以认为程序从此开始运行(实际上有启动过程,参见书稿)
main:
//(1)======启动部分(开头)主循环前的初始化工作====================
//(1.1)声明 main 函数使用的局部变量

//(1.2)【不变】关总中断
    cpsid i
//(1.3)给主函数使用的局部变量赋初值

//(1.4)给全局变量赋初值

//(1.5)用户外设模块初始化
//   初始化蓝灯, r0、r1、r2 是 gpio_init 的入口参数
    ldr r0,=LIGHT_BLUE                    //r0 指明端口和引脚(用=,因常量>=256,需用 ldr)
    movs r1,#GPIO_OUTPUT                  //r1 指明引脚方向为输出
    movs r2,#LIGHT_OFF                    //r2 指明引脚的初始状态为亮
```

```
    bl  gpio_init                         //调用 gpio 初始化函数
//初始化串口 UART_User1
    movs r0,#UART_User                    //串口号
    ldr r1,=UART_BAUD                     //波特率
    bl uart_init                          //调用 uart 初始化函数
//(1.6)使能模块中断
    movs r0,#UART_User                    //串口号
    bl  uart_enable_re_int                //调用 uart 中断使能函数

//(1.7)【不变】开总中断
    cpsie  i
//显示 hello_information 定义的字符串
    ldr r0,=hello_information             //待显示字符串首地址
    bl  printf                            //调用 printf 显示字符串

    //bl .   //在此打桩(.表示当前地址)。发光二极管为何亮起来了?

//(1)======启动部分(结尾)================================

//(2)======主循环部分(开头)================================
main_loop:                               //主循环标签(开头)
//(2.1)主循环次数变量 mMainLoopCount+1
    ldr r2,=mMainLoopCount                //r2←变量 mMainLoopCount 的地址
    ldr r1,[r2]                           //r1←变量 mMainLoopCount 的内容
    movs r3,#1                            //r3←1
    add r1,r3                             //变量+1
    str r1,[r2]                           //放回地址中
//(2.2)未达到主循环次数设定值,继续循环
    ldr r2,=MainLoopNUM
    cmp r1,r2
    bl0 main_loop                         //未达到,继续循环
//(2.3)达到主循环次数设定值,执行下列语句,进行灯的亮暗处理
//(2.3.1)清除循环次数变量
    ldr r2,=mMainLoopCount                //r2←mMainLoopCount 的地址
    movs r1,#0
    str r1,[r2]
//(2.3.2)如灯状态标志 mFlag 为'L',灯的闪烁次数+1并显示该次数,改变灯状态及标志
    //判断灯的状态标志
    ldr r2,=mFlag
    ldr r6,[r2]
    cmp r6,#'L'
    bne main_light_off                    //若 mFlag 不等于'L'则跳转到 main_light_off 标号处
    //mFlag 等于'L'情况
    ldr r3,=mLightCount                   //灯的闪烁次数 mLightCount+1
    ldr r1,[r3]
    movs r4,#1
    add r1,r4
    str r1,[r3]
    ldr r0,=light_show3                   //显示"灯的闪烁次数 mLightCount="
    bl printf
    ldr r0,=data_format                   //显示灯的闪烁次数值
```

```
        ldr r2,=mLightCount
        ldr r1,[r2]
        bl printf
        ldr r2,=mFlag                    //灯的状态标志改为'A'
        movs r7,#'A'
        str r7,[r2]
        ldr r0,=LIGHT_BLUE               //灯亮
        ldr r1,=LIGHT_ON
        bl gpio_set
        ldr r0, =light_show1             //显示灯亮提示
        bl printf
        //mFlag 等于'L'情况处理完毕,转
        b main_exit
//(2.3.3)如灯状态标志 mFlag 为'A',改变灯状态及标志
main_light_off:
        ldr r2,=mFlag                    //灯的状态标志改为'L'
        movs r7,#'L'
        str r7,[r2]
        ldr r0,=LIGHT_BLUE               //灯暗
        ldr r1,=LIGHT_OFF
        bl  gpio_set
        ldr r0, =light_show2             //显示灯暗提示
        bl  printf
main_exit:
        b main_loop                      //继续循环
//(2)======主循环部分(结尾)==================================
        .end                             //整个程序结束标志(结尾)
```

2. 汇编工程运行过程

芯片内电复位或热复位后,系统程序的运行过程可分为两部分:main 函数之前的运行和 main 函数之后的运行。

main 函数之前的运行过程可以参考 4.3.2 节加以体会和理解,下面对 main 函数之后的运行过程简要分析。

(1) 进入 main 函数后,先对所用到的模块进行初始化,比如小灯端口引脚的初始化。小灯引脚复用设置为 GPIO 功能,设置引脚方向为输出,设置输出为高电平,这样蓝色小灯就可以被点亮。

(2) 当某个中断发生后,MCU 将转到中断向量表文件 isr.s 所指定的中断入口地址处,开始运行中断服务例程(Interrupt Service Routine,ISR)。因为该小灯程序没有中断向量表文件,所以此处不再描述汇编中断程序。

4.6　实验一　熟悉实验开发环境及 GPIO 编程

结构合理、条理清晰的程序结构,有助于提高程序的可移植性与可复用性,有利于程序的维护。学习嵌入式软件编程,从一开始就养成规范编程的习惯,将为未来发展打下踏实基础。第一个实验以通用输入输出为例,目的在于帮助读者熟悉实验开发环境,理解规范编程结构,掌握基本调试方法等。

1. 实验目的

本实验通过编程控制 LED 小灯,体会 GPIO 输出的作用,进而可扩展控制蜂鸣器、继电器等;通过编程获取引脚状态,体会 GPIO 输入的作用,进而可用于获取开关的状态,主要目的如下:

(1) 了解集成开发环境的安装与基本使用方法。

(2) 掌握 GPIO 构件基本应用方法,理解第一个 C 程序框架结构,了解汇编语言与 C 语言如何相互调用。

(3) 掌握硬件系统的软件测试方法,初步理解 printf 输出调试的基本方法。

2. 实验准备

(1) 硬件部分。PC 或笔记本电脑一台、AHL-MSPM0L1306 开发套件一套。

(2) 软件部分。在苏州大学嵌入式学习社区网站上,按照本书 1.1.2 节,下载合适的电子资源。

(3) 软件环境。按照本书 1.1.2 节,进行有关软件工具的安装。

3. 参考样例

(1) ".. \03-Software\CH04\GPIO-Output-DirectAddress"。该程序使用直接地址编程方式,点亮一个发光二极管。读者从中可了解到,模块的哪个寄存器的哪一位变化使得发光二极管亮了,由此理解硬件是如何干预软件的。但是,这个程序不作为标准应用编程模板,因为要真正进行规范的嵌入式软件编程,就必须封装底层驱动构件,在此基础上进行嵌入式软件开发。

(2) ".. \03-Software\CH04\GPIO-Output-Component"。该程序通过调用 GPIO 驱动构件方式,使一个发光二极管闪烁。使用构件方式编程干预硬件是今后编程的基本方式,而使用直接地址编程方式干预硬件,仅用于底层驱动构件制作过程中的第一阶段(打通硬件),为构件封装做准备。

4. 实验过程或要求

1) 验证性实验

(1) 下载开发环境。

(2) 建立自己的工作文件夹。按照"分门别类,各有归处"的原则,建立自己的工作文件夹,并考虑随后内容安排,建立其下级子文件夹。

(3) 复制模板工程并重命名。所有工程均可通过复制模板工程建立。例如,复制"\03-Software\CH04\GPIO-Output-DirectAddress"工程到自己的工作文件夹,可以将其改为自己确定的工程名。建议在工程名尾端增加"-20231201"字样,表示日期,避免混乱。

(4) 导入工程。打开集成开发环境 AHL-GEC-IDE。接着单击"文件"→"导入工程"→导入上一步复制到自己文件夹并重新命名的工程。导入工程后,界面左侧为工程树形目录,右侧为文件内容编辑区,初始显示 main.c 文件的内容,与图 4-6 基本一致。

(5) 编译工程。在打开工程,并显示文件内容的前提下,可编译工程。单击"编译"→"编译工程",则开始编译。

(6) 下载并运行。步骤一,硬件连接:用 Type-C 线连接 GEC 底板上的 Type-C 口与电脑的 USB 口。步骤二,软件连接:单击"下载"→"串口更新",将进入更新窗体界面。点击"连接 GEC"查找到目标 GEC,则提示"串口号+BIOS 版本号"。步骤三,下载机器码:单击

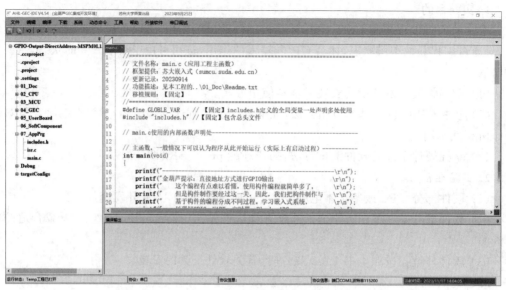

图 4-6　AHL-GEC-IDE 界面

"选择文件"按钮，导入被编译工程目录下 Debug 中的.hex 文件，例如 GPIO-Output-DirectAddress.hex 文件，然后单击"一键自动更新"按钮，等待程序自动更新完成。

（7）观察运行结果与程序的对应情况。第一个程序运行结果（PC 界面显示情况）如图 4-7 所示。

图 4-7　第一个程序运行结果（PC 界面显示情况）

（8）继续验证其他样例。对于..\03-Software\CH04 文件夹下提供的每个样例，均进行操作，理解执行过程（从 main 函数启动位置理解即可）。特别是，可以使用"for(;;){ }"打个"桩"，这里"桩"特指运行到这里"看结果"，"桩"前面可以放"printf"语句。充分利用本开发环境的下载后立即运行及 printf 函数同步显示功能，进行基本语句功能测试。测试正确之后，删除 printf 语句及"桩"，继续后续编程。相对于更复杂的调试方法，这个方法十分简便。初学时,每编写几个语句,就可利用这种方法进行测试。不要编写过多语句再测试,因为有时找错会花太多时间。

2) 设计性实验

自行编程实现开发板上的红、蓝、绿及组合颜色交替闪烁的效果。LED 三色灯电路原理图如图 3-3 所示,对应三个控制端接 MCU 的三个 GPIO 引脚。可以通过程序,测试你使用的开发套件中的发光二极管是否与图中接法一致。

3) 进阶实验★

(1) 用直接地址编程方式,实现设计性实验。

(2) 用汇编语言编程方式,实现设计性实验。

5. 实验报告要求

(1) 基本掌握 WORD 文档的排版方法。

(2) 用适当的文字、图表描述实验过程。

(3) 用 200～300 字写出实验体会。

(4) 在实验报告中完成实践性问答题。

6. 实践性问答题

(1) X & = ～(1<<3)的目的是什么? X| =(1<<3)的目的是什么? 给出详细演算过程,举例说明其用途。

(2) volatile 的作用是什么? 举例说明其使用场合。

(3) 给出一个全局变量的地址。

(4) 集成的红绿蓝三色灯最多可以实现几种不同颜色 LED 灯的显示? 通过实验给出组合列表。

(5) 给出获得一个开关量状态的基本编程步骤。

本章小结

本章作为全书的重点和难点之一,给出了 MCU 的 C 语言工程编程框架,对第一个 C 语言入门工程进行了较为详尽的阐述。透彻理解工程的组织原则、组织方式及运行过程,对后续的学习将有很好的铺垫作用。

1. 关于 GPIO 的基本概念

GPIO 是输入/输出的最基本形式。MCU 的引脚若作为 GPIO 输入引脚,即开关量输入,其含义就是 MCU 内部程序可以获取该引脚的状态——高电平 1 或是低电平 0。若作为输出引脚,即开关量输出,其含义就是 MCU 内部程序可以控制该引脚的状态,将该引脚置为高电平 1 或低电平 0。掌握开关量输入/输出电路的基本连接方法。

2. 关于基于构件的程序框架

基于从简单到复杂的学习思路,4.2 节给出了一个基于构件点亮小灯的工程样例,并以此为基础讲述程序框架组织以及各文件的功能。嵌入式系统工程往往包含许多文件,按照规范合理组织这些工程文件可以提高项目的开发效率和可维护性。主程序文件 main.c 是应用程序的启动后总入口,main 函数即在该文件中实现。应用程序的执行,一共分为两条独立的线路,一条是 main 函数中的永久循环线,另一条是中断线,在 isr.c 文件中编程,将在

第 6 章中阐述。

3. 关于构件的设计过程

在实际工程应用中，为了提高程序的可移植性，不能在所有的程序中都直接操作对应的寄存器。需要将对底层的操作封装成构件，对外提供接口函数，上层只需在调用时传进对应的参数即可完成相应功能。具体封装时用.c 文件保存构件的实现代码，用.h 文件保存需对外提供的完整函数信息及必要的说明。4.4 节中给出了 GPIO 构件的设计方法，在 GPIO 构件中设计了引脚初始化(gpio_init)、设定引脚状态(gpio_set)、获取引脚状态(gpio_get)等基本函数，使用这些接口函数可基本完成对 GPIO 引脚的操作。

4. 关于汇编工程样例

4.5 节给出了一个规范的汇编工程样例，供汇编入门使用，读者可以实际调试理解该样例工程，达到初步理解汇编语言编程之目的。对于嵌入式初学者来说，理解一个汇编语言程序是十分必要的。

习题

1. 使用对直接映像地址赋值的方法，给出实现对一盏小灯编程控制的程序语句。

2. 在第一个样例程序的工程组织图中，哪些文件是由用户编写的？哪些是由开发环境编译链接产生的？

3. 简述第一个样例程序的运行过程。

4. 给出链接文件(.ld)的功能要点。

5. 说明全局变量在哪个文件声明，在哪个文件中给全局变量赋初值，并举例说明一个全局变量的存放地址。

6. 自行完成一个汇编工程，功能、难易程度自定。

第5章

嵌入式硬件构件与底层驱动构件基本规范

本章导读

本章主要分析嵌入式系统构件化设计的重要性和必要性,给出嵌入式硬件构件的概念、嵌入式硬件构件的分类、基于嵌入式硬件构件的电路原理图设计简明规则;给出嵌入式底层驱动构件的概念与层次模型;给出底层驱动构件的封装规范,包括构件设计的基本思想与基本原则、编码风格基本规范、头文件及源程序设计规范;给出硬件构件及底层软件构件的重用与移植方法。本章的目的是期望通过一定的规范,提高嵌入式软硬件设计的可重用性和可移植性。

5.1 嵌入式硬件构件

机械、建筑等传统产业的运作模式是先生产符合标准的构件(零部件),然后将标准构件按照规则组装成实际产品。其中,构件(Component)是核心和基础,复用是必需的手段。传统产业的成功充分证明了这种模式的可行性和正确性。软件产业的发展借鉴了这种模式,为标准软件构件的生产和复用确立了举足轻重的地位。

随着微控制器及应用处理器内部 Flash 存储器可靠性的提高及擦写方式的变化,内部 RAM 及 Flash 存储器容量的增大,以及外部模块内置化程度的提高,嵌入式系统的设计复杂性、设计规模及开发手段已经发生了根本变化。在嵌入式系统发展的最初阶段,嵌入式系统硬件和软件设计通常由一名工程师来承担,软件在全部开发工作中的比例很小。随着时间的推移,硬件设计变得越来越复杂,软件的体量也急剧增长,嵌入式开发人员也由一人发展为由若干人组成的开发团队。为此,开发者希望提高软硬件设计的可复用性与可移植性。构件的设计与应用是复用与移植的基础与保障。

5.1.1 嵌入式硬件构件概念与嵌入式硬件构件分类

要提高硬件设计的可重用性与可移植性,就必须有工程师共同遵守的硬件设计规范。设计人员若凭借个人工作经验和习惯的积累进行系统硬件电路的设计,在开发完一个嵌入式应用系统,进行下一个应用的开发时,硬件电路原理图就往往需要从零开始,并重新绘制;或者在一个类似的原理图上修改,但容易出错。因此,把构件的思想引入硬件原理图设计中。

1. 嵌入式硬件构件概念

什么是嵌入式硬件构件？它与人们常说的硬件模块有什么不同？

众所周知,嵌入式硬件是任何嵌入式产品不可分割的重要组成部分,是整个嵌入式系统的构建基础,嵌入式应用程序和操作系统都运行在特定的硬件体系上。一个以 MCU 为核心的嵌入式系统通常包括电源、写入器接口电路、硬件支撑电路、UART、USB、Flash、AD、DA、LCD、键盘、传感器输入电路、通信电路、信号放大电路、驱动电路等硬件模块。其中,有些模块集成在 MCU 内部,有些模块位于 MCU 之外。

与硬件模块的概念不同,嵌入式硬件构件指将一个或多个硬件功能模块、支撑电路及其功能描述封装成一个可重用的硬件实体,并提供一系列规范的输入/输出接口。由定义可知,传统概念中的硬件模块是硬件构件的组成部分,一个硬件构件可能包含一个或多个硬件功能模块。

2. 嵌入式硬件构件分类

根据接口之间的生产与消费关系,接口可分为供给接口和需求接口两类。根据所拥有接口类型的不同,硬件构件分为核心构件、中间构件和终端构件三种类型。核心构件只有供给接口,没有需求接口。也就是说,它只为其他硬件构件提供服务,而不接受服务。在以单MCU 为核心的嵌入式系统中,MCU 的最小系统就是典型的核心构件。中间构件既有需求接口又有供给接口,即,它不仅能够接受其他构件提供的服务,而且也能够为其他构件提供服务。而终端构件只有需求接口,它只接受其他构件提供的服务。这三种类型构件的区别如表 5-1 所示。

表 5-1　核心构件、中间构件和终端构件的区别

类　　型	供给接口	需求接口	举　　　例
核心构件	有	无	芯片的硬件最小系统
中间构件	有	有	电源控制构件、232 电平转换构件
终端构件	无	有	LCD 构件、LED 构件、键盘构件

利用硬件构件进行嵌入式系统硬件设计之前,应该进行硬件构件的合理划分,按照一定规则,设计与系统目标功能无关的构件个体,然后进行“组装”,完成具体系统的硬件设计。这样,这些构件个体也可以被组装到其他嵌入式系统中。在硬件构件被应用到具体系统时,在绘制电路原理图阶段,设计人员需要做的仅仅是为需求接口添加接口网标[①]。

5.1.2　基于嵌入式硬件构件的电路原理图设计简明规则

在绘制原理图时,一个硬件构件使用一个虚线框。把硬件构件的电路及文字描述框在其中,对外接口引到虚线框之外,填上接口网标。

1. 硬件构件设计的通用规则

在设计硬件构件的电路原理图时,需遵循以下基本原则。

---

①　电路原理图中,网标指一种连线标识名称,凡是网标相同的地方,都表示是连接在一起的。与此对应的还有文字标识,它仅仅是一种注释说明,不具备电路连接功能。

（1）元器件命名格式：对于核心构件，其元器件直接以编号命名，同种类型的元器件命名时冠以相同的字母前缀。例如，电阻名称为 R1、R2，电容名称为 C1、C2，电感名称为 L1、L2，指示灯名称为 E1、E2，二极管名称为 D1、D2，三极管名称为 Q1、Q2，开关名称为 K1、K2等。对于中间构件和终端构件，其元器件命名格式采用"构件名-标志字符?"。例如，LCD构件中所有的电阻名称统一为"LCD-R?"，电容名称统一为"LCD-C?"。当构件原理图应用到具体系统中时，可借助原理图编辑软件为其自动编号。

（2）为硬件构件添加详细的文字描述，包括中文名称、英文名称、功能描述、接口描述、注意事项等，以增强原理图的可读性。中英文名称应简洁明了。

（3）将前两步产生的内容封装在一个虚线框内，组成硬件构件的内部实体。

（4）为该硬件构件添加与其他构件交互的输入/输出接口标识。接口标识有两种：接口注释和接口网标。它们的区别是：接口注释标于虚线框以内，是为构件接口所做的解释性文字，目的是帮助设计人员在使用该构件时，理解该接口的含义和功能；而接口网标位于虚线框之外，且具有电路连接特性。为使原理图阅读者便于区分，接口注释采用斜体字。

在进行核心构件、中间构件和终端构件的设计时，除了要遵循上述的通用规则外，还要兼顾各构件的接口特性、地位和作用。

2. 核心构件设计规则

设计核心构件时，需考虑的问题是"核心构件能为其他构件提供哪些信号"。核心构件其实就是某型号 MCU 的硬件最小系统。核心构件设计的目标是：凡使用该 MCU 进行硬件系统设计时，核心构件均可以直接"组装"到系统中，无须任何改动。为了实现这一目标，在设计核心构件的实体时必须考虑细致、周全，包括稳定性、扩展性等，封装要完整。核心构件的接口都是为其他构件提供服务的，因此接口标识均为接口网标。在进行接口设计时，需将所有可能使用到的引脚都标注上接口网标（无须考虑核心构件将会用到怎样的系统中去）。若同一引脚具有不同功能，则接口网标依据第一功能选项命名。遵循上述规则设计核心构件的好处是：当使用核心构件和其他构件一起组装系统时，只要考虑其他构件将要连接到核心构件的哪个接口（无须考虑核心构件将要连接到其他构件的哪个接口），这也符合设计人员的思维习惯。

3. 中间构件设计规则

设计中间构件时，需考虑的问题是"中间构件需要接收哪些信号，提供哪些信号"。中间构件是核心构件与终端构件之间通信的桥梁。在进行中间构件的实体封装时，实体的涉及范围应从构件功能和编程接口两方面考虑。一个中间构件应具有明确的且相对独立的功能，它既要有接收其他构件提供服务的接口，即需求接口，又要有为其他构件提供服务的接口，即供给接口。描述需求接口采用接口注释，处于虚线框内；描述供给接口采用接口网标，处于虚线框外。

中间构件的接口数目没有核心构件那样丰富。为了直观，设计中间构件时，将构件的需求接口放置在构件实体的左侧，供给接口放置在构件实体的右侧。接口网标的命名规则是：构件名称-引脚信号/功能名称。接口注释名称前的构件名称则可有可无，它的命名隐含了相应的引脚功能。

如图 5-1 和图 5-2 所示，电源控制构件和可变频率产生构件是常用的中间构件。图 5-1中的 Power-IN 和图 5-2 中的 SDI、SCK 和 SEN 均为接口注释（以斜体标注），Power-OUT

和 LTC6903-OUT 均为接口网标。

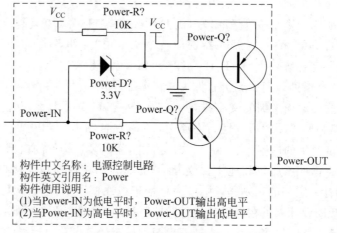

图 5-1　电源控制构件

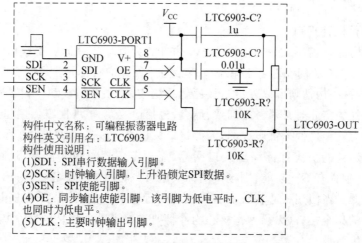

图 5-2　可变频率产生构件

4. 终端构件设计规则

设计终端构件时,需考虑的问题是"终端构件需要什么信号才能工作"。终端构件是嵌入式系统中最常见的构件,它没有供给接口,仅有向上一级构件交付所用的需求接口,因而接口标识均为斜体标注的接口注释。LCD(YM1602C)构件、LED 构件、指示灯构件及键盘构件等都是典型的终端构件,如图 5-3 和图 5-4 所示。

5. 使用硬件构件组装系统的方法

核心构件在应用到具体的系统中时,不必做任何改动。具有相同 MCU 的应用系统,其核心构件也完全相同。中间构件和终端构件在应用到具体的系统中时,仅需为需求接口添加接口网标;在不同的系统中,虽然接口网标名称不同,但构件实体内部却完全相同。

使用硬件构件化思想设计嵌入式硬件系统的过程与步骤如下。

(1) 根据系统的功能划分出若干个硬件构件。

(2) 将所有硬件构件原理图"组装"在一起。

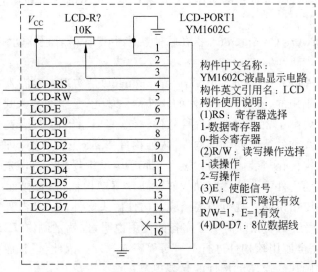

图 5-3　LCD 构件

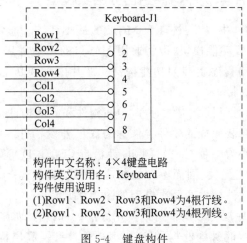

图 5-4　键盘构件

（3）为中间构件和终端构件添加接口网标。

5.2　嵌入式底层驱动构件的概念与层次模型

嵌入式系统是软件与硬件的综合体，硬件设计和软件设计是相辅相成的。嵌入式系统中的驱动程序是直接工作在各种硬件设备上的软件，是硬件和高层软件之间的桥梁。正是通过驱动程序，各种硬件设备才能正常运行，达到既定的工作效果。

5.2.1　嵌入式底层驱动构件的概念

要提高软件设计可复用性与可移植性，就必须充分理解和应用软件构件技术。"提高代码质量和生产力的唯一最佳方法就是复用好的代码"，软件构件技术是软件复用实现的重要方法，也是软件复用技术研究的重点。

构件(Component)是可重用的实体,它包含了合乎规范的接口和功能实现,能够被独立部署和被第三方组装[①]。

软件构件(Software Component)指在软件系统中具有相对独立功能、可以明确辨识的构件实体。

嵌入式软件构件(Embedded Software Component)是实现一定嵌入式系统功能的一组封装的、规范的、可重用的、具有嵌入特性的软件构件单元,是组织嵌入式系统功能的基本单位。嵌入式软件分为高层软件构件和底层软件构件(底层驱动构件)。高层软件构件与硬件无关,如,实现嵌入式软件算法的算法构件、队列构件等;而底层驱动构件与硬件密不可分,是硬件驱动程序的构件化封装。下面为嵌入式底层驱动构件进行简明定义。

嵌入式底层驱动构件简称底层驱动构件或硬件驱动构件,是直接面向硬件操作的程序代码及函数接口的使用说明。规范的底层驱动构件由头文件(.h)及源程序文件(.c)构成[②]。头文件(.h)应该是底层驱动构件简明且完备的使用说明,也就是说,在不需查看源程序文件的情况下,就能够完全使用该构件进行上一层程序的开发。因此,设计底层驱动构件必须有基本规范,5.3 节将阐述底层驱动构件的封装规范。

5.2.2　嵌入式硬件构件与软件构件结合的层次模型

前面提到,在硬件构件中,核心构件为 MCU 的最小系统。通常,MCU 内部包含 GPIO(即通用 IO)口和一些内置功能模块,可将通用 I/O 口的驱动程序封装为 GPIO 驱动构件,将各内置功能模块的驱动程序封装为功能构件。芯片内含模块的功能构件有串行通信构件、Flash 构件、定时器构件等。

在硬件构件层中,相对于核心构件而言,中间构件和终端构件是核心构件的"外设"。由这些"外设"的驱动程序封装而成的软件构件称为底层外设构件。注意,并不是所有的中间构件和终端构件都可以作为编程对象。例如,键盘、LED、LCD 等硬件构件与编程有关,而电平转换硬件构件与编程无关,因而不存在相应的底层驱动程序,也就没有相应的软件构件。嵌入式硬件构件与软件构件的层次模型如图 5-5 所示。

由图 5-5 可以看出,底层外设构件可以调用底层内部构件,如 LCD 构件可以调用 GPIO 驱动构件、PCF8563 构件(时钟构件)可以调用 I2C 构件等。高层构件则可以调用底层外设构件和底层内部构件中的功能构件,而不能直接调用 GPIO 驱动构件。另外,考虑到几乎所有的底层内部构件都涉及 MCU 各种寄存器的使用,因此将 MCU 的所有寄存器定义组织在一起,形成 MCU 头文件,以便其他构件头文件中包含该头文件。

5.2.3　嵌入式软件构件分类

为了便于理解与应用,可以把嵌入式构件分为基础构件、应用构件与软件构件三种类型。

1. 基础构件

基础构件是根据 MCU 内部功能模块的基本知识要素,针对 MCU 引脚功能或 MCU 内

---

①　NATO Communications and Information Systems Agency. NATO Standard for Development of Reusable Software Components[S], 1991.

②　底层驱动构件若不使用 C 语言编程,相应组织形式会有变化,但实质不变。

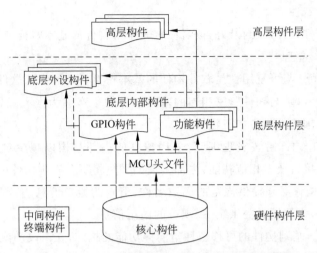

图 5-5　嵌入式硬件构件与软件构件结合的层次模型

部功能,利用 MCU 内部寄存器所制作的直接干预硬件的构件。基础构件是面向芯片级的、符合软件工程封装规范的硬件驱动构件,也称为底层硬件驱动构件,常简称作底层构件、驱动构件。常用的基础构件主要有 GPIO 构件、UART 构件、Flash 构件、ADC 构件、PWM 构件、SPI 构件、I2C 构件等。

基础构件的特点是面向芯片,不考虑具体应用,以功能模块独立性为准则进行封装。面向芯片,表明在设计基础构件时,不仅应该考虑具体应用项目,还要屏蔽芯片之间的差异,尽可能把基础构件的接口函数与参数设计成与芯片无关,既便于理解与移植,也便于保证调用基础构件的上层软件的可复用性;模块独立性是指设计芯片的某一模块底层驱动构件时,不要涉及其他平行模块。

2. 应用构件

应用构件是通过调用芯片的基础构件制作的,符合软件工程封装规范的,面向实际应用硬件模块的驱动构件。其特点是面向实际应用硬件模块,以硬件模块独立性为准则进行封装。例如,若一个 LCD 硬件模块是 SPI 接口的,则 LCD 构件调用基础构件 SPI,完成对 LCD 显示屏控制的封装。也可以把 printf 函数纳入应用构件,因为它调用串口构件。printf 函数调用的一般形式为 printf("格式控制字符串",输出表列),本书使用的 printf 函数可通过串口向外传输数据。

3. 软件构件

软件构件是一个面向对象的、具有规范接口和确定的上下文依赖的组装单元,它能够被独立使用或被其他构件调用。本书使用的软件构件概念狭义地限制在与硬件无关层面。其特点是面向实际算法,以功能独立性为准则进行封装,具有底层硬件无关性,例如排序算法、队列操作、链表操作及人工智能相关算法等。

5.2.4　基础构件的基本特征与表现形式

基础构件即底层硬件驱动构件,是嵌入式软件与硬件打交道的必经之路。开发应用软件时,需要通过底层硬件驱动构件提供的应用程序接口与硬件打交道。封装好的底层硬件驱动构件能减少重复劳动,使广大 MCU 应用开发者专注于应用软件稳定性与功能设计,提高开发的效率和稳定性。

为了把基础构件设计好、封装好,读者应首先了解构件的基本特征与形式。

1. 构件的基本特征

封装性、可移植性与可复用性是软件构件的基本特性。在嵌入式软件领域中,由于软件与硬件紧密联系的特性,与硬件紧密相连的基础构件的生产成为嵌入式软件开发的重要内容之一。良好的基础构件具备如下特性:

(1) 封装性。在内部封装实现细节,采用独立的内部结构以减少对外部环境的依赖。调用者只通过构件接口获得相应功能,内部实现的调整将不会影响构件调用者的使用。

(2) 描述性。构件必须提供规范的函数名称、清晰的接口信息、参数含义与范围、必要的注意事项等描述,为调用者提供统一、规范的使用信息。

(3) 可移植性。基础构件的可移植性指同样功能的构件,在不改动或少改动的前提下,方便地移植到同系列及不同系列的芯片内,以减少重复劳动。

(4) 可复用性。在满足一定使用要求时,构件不经过任何修改就可以直接使用。特别是使用同一芯片开发不同项目时,基础构件应该做到复用。可复用性使得上层调用者对构件的使用不因底层实现的变化而有所改变,提高了嵌入式软件的开发效率、可靠性与可维护性。不同芯片的基础构件复用需在可移植性基础上进行。

2. 构件的表现形式

底层驱动构件即基础构件,是与硬件直接打交道的程序。它被设计成具有一定独立性的功能模块,由头文件和源程序文件两部分组成[①]。构件的头文件名和源程序文件名一致,且为构件名。

构件的头文件中,主要包含必要的引用文件、描述构件功能特性的宏定义语句以及声明对外接口函数的语句。良好的构件头文件应该相当于构件使用说明书,使用者不需要查看源程序就能使用构件。

构件的源程序文件中包含构件的头文件、内部函数的声明、对外接口函数的实现等。

将构件分为头文件与源程序文件两个独立的部分,意义在于,头文件中包含对构件的使用信息的完整描述,为用户使用构件提供充分必要的说明;构件提供服务的实现细节被封装在源程序文件中,调用者通过构件对外接口获取服务,而不必关心服务函数的具体实现细节。

构件中的函数名使用"构件名_函数功能名"形式命名,以便明确标识该函数属于哪个构件,实现什么功能。

构件中的内部调用函数不在头文件中声明,其声明直接放在源程序头部,不做注释,只做声明。函数头注释及函数实体在对外接口函数后给出。

从 RTOS 角度来说,构件应该是与 RTOS 无关的,这样才能保证构件的可移植性与可复用性。

---

① 特别强调一下,根据软件工程的基本原则,一个基础构件只能由一个头文件和一个源程序文件组成,头文件是构件的使用说明。

5.3　底层驱动构件的封装规范

驱动程序的开发在嵌入式系统的开发中具有举足轻重的地位。驱动程序的好坏直接关系着整个嵌入式系统的稳定性和可靠性。然而,开发出完备、稳定的底层驱动构件并非易事。为了提高底层驱动构件的可移植性和可复用性,特制定底层驱动构件的封装规范。

5.3.1　基础构件设计的基本原则

为了能够把基础构件设计好、封装好,开发者还要了解构件设计的基本原则。

在设计基础构件时,最关键的工作是要对构件的共性和个性进行分析,从而设计出合理的、必要的对外接口函数,使得一个基础构件可以直接应用到使用同一芯片的不同工程中,不需任何修改。

根据构件的封装性、描述性、可移植性、可复用性的基本特征,基础构件的开发应遵循层次化、易用性、鲁棒性及对内存的可靠使用原则。

1. 层次化原则

层次化设计要求清晰地组织构件之间的关联关系。基础构件与底层硬件打交道,在应用系统中位于最底层。遵循层次化原则设计基础构件需要做到:

针对应用场景和服务对象,分层组织构件。设计基础构件的过程中,有一些与处理器相关的、描述了芯片寄存器映射的内容,是所有基础构件都需要使用的。将这些内容组织成基础构件的公共内容,作为基础构件的基础。在基础构件的基础上,还可使用高级的扩展构件调用基础构件功能,从而实现更加复杂的服务。

在构件的层次模型中,上层构件可以调用下层构件提供的服务,但同一层次的构件不存在相互依赖关系,不能相互调用。例如,Flash 模块与 UART 模块是平级模块,不能在编写 Flash 构件时,调用 UART 驱动构件。即使要通过对 UART 驱动构件函数的调用在 PC 屏幕上显示 Flash 构件测试信息,也不能在 Flash 构件内含有调用 UART 驱动构件函数的语句,应该在上一层次的程序中调用。平级构件是相互不可见的,只有深入理解这一点,并遵守之,才能更好地设计出规范的基础构件。在操作系统下,平级构件不可见特性尤为重要。

2. 易用性原则

易用性在于让调用者能够快速理解构件提供的功能并能快速正确使用。遵循易用性原则设计基础构件需要做到:函数名简洁且达意,接口参数清晰、范围明确,使用说明语言精练规范、避免二义性。此外,在函数的实现方面,要避免编写代码量过多。函数的代码量过多会致使其难以理解与维护,并且容易出错。若一个函数的功能比较复杂,可将其"化整为零",先编写多个规模较小,功能单一的子函数,再进行组合,实现整体的功能。

3. 鲁棒性原则

鲁棒性在于为调用者提供安全的服务,以避免在程序运行过程中出现异常状况。遵循鲁棒性原则设计基础构件,需要做到:在明确函数输入输出的取值范围、提供清晰接口描述的同时,在函数实现的内部要有对输入参数的检测,对超出合法范围的输入参数进行必要的处理;不忽视编译警告错误;使用分支判断时,确保对分支条件判断的完整性,对默认分支进行处理。例如,对 if 结构中的"else"分支和 switch 结构中的"default"安排合理的处理程序,可以增强鲁棒性。

4. 内存可靠使用原则

对内存的可靠使用是保证系统安全、稳定运行的一个重要的因素。遵循内存可靠使用原则设计基础构件,需要做到:

(1) 优先使用静态分配内存。相比于人工参与的动态分配内存,静态分配内存由编译器维护,更为可靠。例如,在设计基础构件时,尽量不要使用 malloc、new 动态申请内存。

(2) 谨慎地使用变量。可以直接读写硬件寄存器时,不使用变量替代;避免使用变量暂存简单计算所产生的中间结果,原因是使用变量暂存数据会影响数据的时效性。

(3) 防止"野指针"。为避免指向非法地址,定义指针变量时必须初始化。

(4) 防止缓冲区溢出。使用缓冲区时,建议预留不小于 20% 的冗余。在对缓冲区填充前,先检测数据长度,防止缓冲区溢出。

5.3.2　编码风格基本规范

良好的编码风格能够提高程序代码的可读性和可维护性,而使用统一的编码风格在团队合作编写一系列程序代码时无疑能够提高集体的工作效率。本节给出了编码风格的基本规范,主要涉及文件、函数、变量、宏及结构体类型的命名规范,空格与空行、缩进、断行的排版规范,以及文件头、函数头、行及边等的注释规范。

1. 文件、函数、变量、宏及结构体类型的命名规范

命名的基本原则如下。

(1) 使用完整英文单词或约定俗成的缩写,有明确含义。通常,较短的单词可通过去掉元音字母形成缩写;较长的单词可取单词的头几个字母形成缩写,即"见名知意"。命名中若使用特殊约定或缩写,要有注释说明。

(2) 命名风格要自始至终保持一致。

(3) 为了便于代码复用,命名中应避免使用与具体项目相关的前缀。

(4) 为了便于管理,对程序实体的命名要体现出所属构件的名称。

(5) 除宏命名外,名称字符串全部小写,以下画线"_"作为单词的分隔符。首尾字母不用"_"。

针对嵌入式底层驱动构件的设计需要,对文件、函数、变量、宏及数据结构类型的命令特别进行以下说明。

1) 文件的命名

底层驱动构件在具体设计时分为两个文件,其中头文件命名为"<构件名>.h",源文件命名为"<构件名>.c",且<构件名>表示具体的硬件模块的名称。例如,GPIO 驱动构件对应的两个文件为"gpio.h"和"gpio.c"。

2) 函数的命名

底层驱动构件的函数从属于驱动构件。驱动函数的命名除要体现函数的功能外,还需要使用命名前缀和后缀标识其所属的构件及不同的实现方式。

函数名前缀:底层驱动构件中定义的所有函数均使用"<构件名>_"前缀表示其所属的驱动构件模块。例如,GPIO 驱动构件提供的服务接口函数命名为 gpio_init(初始化)、gpio_set(设定引脚状态)、gpio_get(获取引脚状态)等。

函数名后缀：对同一服务的不同方式的实现，使用后缀加以区分。这样做的好处是，当使用底层构件组装软件系统时，可避免构件之间出现同名现象。同时，名称要有使人"顾名思义"的效果。

3）函数形参变量与函数内局部变量的命名

对嵌入式底层驱动构件进行编码的过程中，需要考虑对底层驱动函数形参变量及驱动函数内部局部变量的命名。

函数形参变量：函数形参变量名是使用函数时用于理解形参的最直观信息，表示传参的功能说明。特别是，若传入底层驱动函数接口的参数是指针类型，则在命名时应使用"_ptr"后缀加以标识。

局部变量：局部变量的命名与函数形参变量类似。但函数形参变量名一般不用单个字符（如 i、j、k）进行命名，而 i、j、k 作为局部循环变量是允许的。这是因为变量，尤其是局部变量，如果用单个字符表示，很容易写错（如 i 写成 j），在编译时很难检查出来，就有可能为了这个错误花费大量的查错时间。

4）宏常量及宏函数的命名

宏常量及宏函数的命名全部使用大写字符，使用下画线"_"为分隔符。例如，在构件公共要素中定义开关中断的宏为：

```
#define ENABLE_INTERRUPTS asm("CPSIE i")      //开总中断
#define DISABLE_INTERRUPTS asm("CPSID i")     //关总中断
```

5）结构体类型的命名、类型定义与变量声明

（1）结构体类型名称使用小写字母命名（<defined_struct_name>），定义结构体类型变量时，全部使用大写字母命名（<DEFINED_STRUCT_NAME>）。

（2）结构体内部字段全部使用大写字母命名（<ELEM_NAME>）。

（3）定义类型时，同时声明一个结构体变量和结构体指针变量，模板为：

```
typedef struct <defined_struct_name>
{
    <elem_type_1><ELEM_NAME_1>;              //对字段 1 含义的说明
    <elem_type_2><ELEM_NAME_2>;              //对字段 2 含义的说明
    ...
}<DEFINED_STRUCT_NAME>, * <DEFINED_STRUCT_NAME_PTR>;
```

例如，定义一个描述 UART 设备初始化参数的结构体类型时，可有如下定义：

```
typedef struct uart_init
{
    uint8_t DEV_ID:                          //串口设备号
    uint32_t BAUD_RATE:                      //串口通信波特率
} UART_INIT_STRUCT, * UART_INIT_PTR;
```

这样，"uart_init"就是一种结构体类型，而 UART_INIT_STRUCT 是一个 uart_init 类型变量，UART_INIT_PTR 是 uart_init 类型指针变量。

2. 排版

对程序进行排版指通过插入空格与空行，使用缩进、断行等手段，调整代码的书面版式，使代码整体美观、清晰，从而提高代码的可读性。

1) 空行与空格

关于空行：相对独立的程序块之间须加空行。关于空格：在两个以上的关键字、变量、常量进行对等操作时，它们之间的操作符之前、之后或者前后要加空格，必要时加两个空格；进行非对等操作时，如果是关系密切的立即操作符（如->），其后不应加空格。采用这种松散方式编写代码的目的是使代码更加清晰。例如，只在逗号、分号后面加空格；在比较操作符、赋值操作符"="" +="，算术操作符"+""%"，逻辑操作符"&&"，位域操作符"<<""^"等双目操作符的前后加空格；在"!""~""++""—""&"（地址运算符）等单目操作符前后不加空格；在"->""."前后不加空格；在 if、for、while、switch 等与后面括号间加空格，使关键字更为突出、明显。

2) 缩进

使用空格缩进，建议不使用 Tab 键，这样代码复制打印时不会造成错乱。代码的每一级均往右缩进 4 个空格的位置。函数或过程的开始，结构的定义及循环、判断等语句中的代码都要缩进，case 语句下的情况处理语句也要遵从语句缩进要求。

3) 断行

建议较长的语句（>78 字符）分成多行书写。长表达式要在低优先级操作符处划分新行，操作符放在新行之首，划分出的新行要适当缩进，使排版整齐，语句可读；循环、判断等语句中若有较长的表达式或语句，则要适当地划分，长表达式要在低优先级操作符处划分新行，操作符放在新行之首；若函数或过程中的参数较长，则要适当地划分；建议不要把多个短语句写在一行中，即一行只写一条语句。特殊情况可写为一行，例如"if(x>3) x=3;"可以在一行；if、for、do、while、case、switch、default 等语句后的程序块分界符（如 C/C++ 语言的大括号'{'和'}'）应各独占一行并且位于同一列，且与以上保留字左对齐。

3. 注释

在程序代码中使用注释，有助于对程序的阅读理解。注释用于说明程序在"做什么"，解释代码的目的、功能和采用的方法。编写注释时要注意：一般情况下源程序有效注释量在30%左右，注释语言必须准确、易懂、简洁，在编写和修改代码的同时，就处理好相应的注释。C 语言中建议采用"//"注释，不建议使用段注释"/* */"。保留段注释用于调试，便于注释不用的代码。

为规范嵌入式底层驱动构件的注释，下面对文件头注释、函数头注释、行注释与边注释做必要的说明。

1) 文件头注释

在底层驱动构件的接口头文件和实现源文件的开始位置，使用文件头注释，如：

```
//==============================================================
//文件名称: gpio.h
//功能概要: GPIO底层驱动构件头文件
//版权所有: SD-EAI&IoT Lab.
//版本更新: 2023-11-01  V1.0
//==============================================================
```

2) 函数头注释

在驱动函数的接口声明和函数实现前，使用函数头注释详细说明驱动函数提供的服务。在构件的头文件中必须添加完整的函数头注释，为构件使用者提供充分的使用信息。构件

的源文件对用户是透明的,因此,在必要时可适当简化函数头注释的内容。例如:

```
//================================================================
//函数名称: gpio_init
//函数返回: 无
//参数说明: port_pin——(端口号)|(引脚号)(例: PT2|(2)表示 PT 2 口 5 脚)
//          dir——引脚方向(0=输入,1=输出,可用引脚方向宏定义)
//          state——端口引脚初始状态(0=低电平,1=高电平)
//功能概要: 初始化指定端口引脚作为 GPIO 引脚的功能,并定义为输入或输出,若是输出,
//          还指定初始状态是低电平或高电平
//================================================================
```

3) 整行注释与边注释

整行注释文字,主要是对从注释处至下一个整行注释之前的代码进行功能概括与说明。边注释位于一行程序的尾端,对本语句或从注释处至下一边注释之前的语句进行功能概括与说明。此外,分支语句(条件分支、循环语句等)须在结束的"}"右方书写边注释,表明该程序块结束的标记"end_……",尤其在多重嵌套时。对于有特别含义的变量、常量,如果其命名不是充分自注释的,在声明时都必须加以注释,说明其含义。变量、常量、宏的注释应放在其上方相邻位置(行注释)或右方(边注释)。

5.3.3　头文件的设计规范

头文件描述了构件的接口,用户通过头文件获取构件服务。在本节中,对底层驱动构件头文件的内容编写加以规范,从程序编码结构、包含文件的处理、宏定义及设计服务接口等方面进行说明。

1. 编码框架

编写每个构件的头文件时,应使用"♯ifndef… ♯define … ♯endif"的编码结构,防止对头文件的重复包含。例如,若定义 GPIO 驱动构件,在其头文件 gpio.h 中,应有:

```
#ifndef _GPIO_H
#define _GPIO_H
    ... //文件内容
#endif
```

2. 包含文件

包含文件命令为♯include,包含文件的语句统一安排在构件的头文件中,而在相应构件的源文件中仅包含本构件的头文件。将包含文件的语句统一置于构件的头文件中,使文件间的引用关系能够更加清晰地呈现。

3. 使用宏定义

宏定义命令为♯define,使用宏定义可以替换代码内容,替换内容可以是常数、字符串,甚至还可以是带参数的函数。利用宏定义的替换特性,当需要变更程序的宏常量或宏函数时,只需一次性修改宏定义的内容,程序中每个出现宏常量或宏函数的地方均会自动更新。

对于宏常数,通常可使用宏定义表示构件中的常量,为常量值提供有意义的别名。比如,灯的亮暗状态与对应 GPIO 引脚高低电平的对应关系需根据外接电路确定,此时,将表示灯状态的电平信号值用宏常量的方式定义,编程时使用其宏定义。当使用的外部电路发生变化时,仅需将宏常量定义做适当变更,而不必改动程序代码。

```
#define LIGHT_ON    0          //灯亮
#define LIGHT_OFF   1          //灯暗
```

对于宏函数,可以使用宏函数实现构件对外部请求服务的接口映射。在设计构件时,有时会需要应用环境为构件的基本活动提供服务。此时,采用宏函数表示构件对外部请求服务的接口,在构件中不关心请求服务的实现方式,就为构件在不同应用环境下的移植提供了较强的灵活性。

4. 声明对外接口函数,包含对外接口函数的使用说明

底层驱动构件通过对外接口函数为调用者提供简明而完备的服务,对外接口函数的声明及使用说明(即函数的头注释)存于头文件中。

5. 特别说明

为某一款芯片编写硬件驱动构件时,不同的构件存在公共使用的内容,可将这些内容放入 cpu.h 中,供制作构件时使用,举例如下。

(1) 开关总中断的宏定义语句。高级语言没有对应语句,可以使用内嵌汇编的方式定义开关中断的语句:

```
#define ENABLE_INTERRUPTS asm("CPSIE i")     //开总中断
#define DISABLE_INTERRUPTS asm("CPSID i")    //关总中断
```

(2) 一位操作的宏函数。编程时经常对寄存器的某一位进行操作,即对寄存器的置位、清位及获得寄存器某一位状态操作,可将该操作定义成宏函数。设置寄存器某一位为 1,称为置位;设置寄存器某一位为 0,称为清位。这在底层驱动编程时经常用到。置位与清位的基本原则是:当对寄存器的某一位进行置位或清位操作时,不能干扰该寄存器的其他位,否则,可能会出现意想不到的错误。

综合利用"$\ll$""$\gg$""|""&""$\sim$"等位运算符,可以实现置位与清位,且不影响其他位的功能。下面以 8 位寄存器为例进行说明,其方法适用于各种位数的寄存器。设 R 为 8 位寄存器,下面讲解将 R 的某一位置位或清位,而不干预其他位的编程方法:

置位。要将 R 的第 3 位置 1,其他位不变,可以这样做:R|=(1<<3),其中"1<<3"的结果是"0b00001000",R|=(1<<3)也就是 R=R|0b00001000。任何数和 0 相或不变,任何数和 1 相或为 1,这样就达到了对 R 的第 3 位置 1,但不影响其他位的目的。

清位。要将 R 的第 2 位清 0,其他位不变,可以这样做:R&=$\sim$(1<<2),其中"$\sim$(1<<2)"的结果是"0b11111011",R&=$\sim$(1<<2)也就是 R=R&0b11111011。任何数和 1 相与不变,任何数和 0 相与为 0,这样就达到了对 R 的第 2 位清 0,但不影响其他位的目的。

获得某一位的状态。(R>>4)&1,是获得 R 第 4 位的状态。"R>>4"是将 R 右移 4 位,将 R 的第 4 位移至第 0 位,即最后 1 位;再和 1 相与,也就是和 0b00000001 相与,保留 R 最后 1 位的值,以此得到第 4 位的状态值。

为了方便使用,把这种方法改为带参数的"宏函数",并且简明定义,放在 cpu.h 中。使用该"宏"的文件,可以包含"cpu.h"文件。示例如下。

```
#define BSET(bit,Register)  ((Register)|= (1<< (bit)))    //置寄存器的一位
#define BCLR(bit,Register)  ((Register)&= ~ (1<< (bit)))  //清寄存器的一位
#define BGET(bit,Register)  (((Register)>>(bit))& 1)       //获得寄存器一位的状态
```

这样就可以使用 BSET、BCLR、BGET 这些容易理解与记忆的标识,进行寄存器的置

位、清位及获得寄存器某一位状态的操作。

（3）重定义基本数据类型。嵌入式程序设计与一般的程序设计有所不同，与嵌入式程序打交道的大多数都是底层硬件的存储单元或是寄存器，所以在编写程序代码时，使用的基本数据类型多以 8 位、16 位、32 位数据长度为单位。不同的编译器为基本整型数据类型分配的位数存在不同，但在编写嵌入式程序时要明确使用变量的字长，因此，需根据具体编译器重新定义嵌入式基本数据类型。重新定义后，不仅书写方便，也有利于软件的移植。例如：

```
typedef volatile uint8_t      vuint8_t;      //不优化无符号 8 位数,字节
typedef volatile uint16_t     vuint16_t;     //不优化无符号 16 位数,字
typedef volatile uint32_t     vuint32_t;     //不优化无符号 32 位数,长字
typedef volatile int8_t       vint_8;        //不优化有符号 8 位数
typedef volatile int16_t      vint_16;       //不优化有符号 16 位数
typedef volatile int16_t      vint_32;       //不优化有符号 32 位数
```

通常有一些数据类型不能进行优化处理。在此，对不优化数据类型的定义作特别说明。不优化数据类型的修饰关键字是 volatile。它用于通知编译器，对其后面所定义的变量不能随意进行优化，因此，编译器会安排该变量使用系统存储区的具体地址单元。编译后的程序每次需要存储或读取该变量时，都会直接访问该变量的地址。若没有 volatile 关键字，则编译器可能会暂时使用 CPU 寄存器来存储，以优化存储和读取，这样，CPU 寄存器和变量地址的内容很可能会出现不一致现象。对 MCU 的映像寄存器的操作就不能优化，否则，对I/O 口的写入可能被"优化"写入到 CPU 内部寄存器中，造成混乱。常用的 volatile 变量使用场合有设备的硬件寄存器、中断服务例程中访问到的非自动变量、操作系统环境下多线程应用中被几个任务共享的变量。

5.3.4　源程序文件的设计规范

编写底层驱动构件实现源文件基本要求，可实现构件通过服务接口对外提供全部服务的功能。为确保构件工作的独立性，实现构件高内聚、低耦合的设计要求，将构件的实现内容封装在源文件内部。对于底层驱动构件的调用者而言，通过服务接口获取服务，不需要了解驱动构件提供服务的具体运行细节。因此，功能实现和封装是编写底层驱动构件实现源文件时的主要考虑内容。

1. 源程序文件中的 ♯include

底层驱动构件的源文件（.c）中，只允许一处使用 ♯include 包含自身头文件。需要包含的内容需在自身构件的头文件中包含，以便保持统一、清晰的程序结构。

2. 合理设计与实现对外接口函数与内部函数

驱动构件的源程序文件中的函数包含对外接口函数与内部函数。对外接口函数供上层应用程序调用，函数的头注释需完整表述函数名、函数功能、入口参数、函数返回值、使用说明、函数适用范围等信息，以增强程序的可读性。在构件中封装功能比较复杂的函数时，代码量不宜过多，此时，应当将其中功能相对独立的部分封装成子函数。这些子函数仅在构件内部使用，不提供对外服务，因此被称为"内部函数"。为将内部函数的访问范围限制在构件的源文件内部，在创建内部函数时，应使用 static 关键字作为修饰符。内部函数的声明放在所有对外接口函数程序的上部，代码实现放在对外接口函数程序的后部。

一般地,为实现底层驱动构件的功能,需要同芯片片内模块的特殊功能寄存器交互,通过对相应寄存器的配置实现对设备的驱动。某些配置过程对配置的先后顺序和时序有特殊要求,在编写驱动程序时要特别注意。

对外接口函数实现完成后,复制其头注释于头文件中,作为构件的使用说明。参考样例见网上教学资源的 GPIO 构件及 Light 构件(各样例工程下均有)。

3. 不使用全局变量

全局变量的作用范围可以扩大到整个应用程序,其中存放的内容在应用程序的任何一处都可以随意修改,一般可用于在不同程序单元间传递数据。但是,若在底层驱动构件中使用全局变量,其他程序即使不通过构件提供的接口也可以访问构件内部,这无疑为构件的正常工作带来了隐患。从软件工程理论对封装特性的要求角度看,也不利于构件设计高内聚、低耦合的要求。因此,在编写驱动构件程序时,严格禁止使用全局变量。用户与构件交互只能通过服务接口进行,即所有的数据传递都要通过函数的形参来接收,而不是使用全局变量。

5.4　硬件构件及其驱动构件的复用与移植方法

复用指在一个系统中,同一构件可被重复使用多次。移植指将一个系统中使用到的构件应用到另外一个系统中。

5.4.1　硬件构件的复用与移植

对于以单 MCU 为核心的嵌入式应用系统,当用硬件构件"组装"硬件系统时,核心构件(即最小系统)有且只有一个,而中间构件和终端构件可有多个,并且相同类型的构件可出现多次。下面以终端构件 LCD 为例,介绍硬件构件的移植方法。其中 A0～A10 和 B0～B10 是芯片相关引脚,但不涉及具体芯片。

在应用系统 A 中,若 LCD 的数据线(LCD_D0～LCD_D7)与芯片的通用 I/O 口的 A3～A10 相连,A0～A2 作为 LCD 的控制信号传送口,其中,LCD 寄存器选择信号 LCD-RS 与 A0 引脚连接,读写信号 LCD_RW 与 A1 引脚连接,使能信号 LCD_E 与 A2 引脚连接,则 LCD 硬件构件实例如图 5-6(a)所示。虚线框左边的文字(如 A0、A1 等)为接口网标,虚线框右边的文字(如 LCD_RS、LCD_RW 等)为接口注释。

在应用系统 B 中,若 LCD 的数据线(LCD-D0～LCD-D7)与芯片的通用 I/O 口的 B3～B10 相连,B0、B1、B2 引脚分别作为寄存器选择信号 LCD-RS、读写信号 LCD-RW、使能信号 LCD-E,则 LCD 硬件构件实例如图 5-6(b)所示。

5.4.2　驱动构件的移植

当一个已设计好的底层构件移植到另外一个嵌入式系统中时,其头文件和程序文件是否需要改动,要视具体情况而定。例如,系统的核心构件发生改变(即 MCU 型号改变)时,底层内部构件头文件和某些对外接口函数也要随之改变,如模块初始化函数。

对于外接硬件构件,如果不改动程序文件,而只改动头文件,那么,头文件就必须充分设计。以 LCD 构件为例,与图 5-6(a)相对应的底层构件头文件 lcd.h 可按如下形式编写。

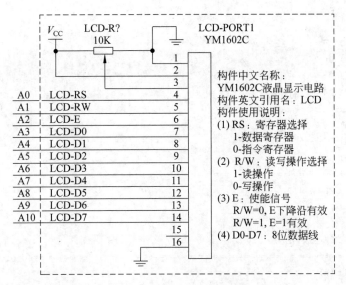

(a) LCD构件在系统A中的应用

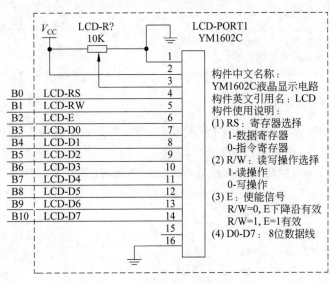

(b) LCD构件在系统B中的应用

图 5-6　LCD 构件在实际系统中的应用

```
//=========================================================
//文件名称：lcd.h
//功能概要：lcd 构件头文件
//版权所有：SD-EAI&IoT Lab.
//=========================================================
#ifndef LCD_H
#define LCD_H

#include "gpio.h"              //需要使用芯片的 GPIO 构件

#define LCD_RS       A0        //LCD 寄存器选择信号
#define LCD_RW       A1        //LCD 读写信号
```

```
#define LCD_E        A2                //LCD 使能信号
//LCD 数据引脚
#define LCD_D7       A3
#define LCD_D6       A4
#define LCD_D5       A5
#define LCD_D4       A6
#define LCD_D3       A7
#define LCD_D2       A8
#define LCD_D1       A9
#define LCD_D0       A10
//===========================================================
//函数名称: LCDInit
//函数返回: 无
//参数说明: 无
//功能概要: LCD 初始化
//===========================================================
void LCDInit();
//===========================================================
//函数名称: LCDShow
//函数返回: 无
//参数说明: data[32]——需要显示的数组
//功能概要: LCD 显示数组的内容
//===========================================================
void LCDShow(uint_8 data[32]);
#endif
```

当 LCD 硬件构件发生图 5-6(b)中的移植时,显示数据传送口和控制信号传送口发生了改变,只需修改头文件,而不需修改 lcd.c 文件。

必须申明的是,本书给出构件化设计方法的目的是,在进行软硬件移植时,设计人员所做的改动应尽量小,而不是不做任何改动。改动应尽可能在头文件中进行,而不建议改动程序文件。

本章小结

本章属于方法论内容,与具体芯片无关。主要阐述嵌入式硬件构件及底层驱动构件的基本规范。

1. 关于嵌入式硬件构件概念

嵌入式硬件构件指将一个或多个硬件功能模块、支撑电路及其功能描述封装成一个可复用的硬件实体,并提供一系列规范的输入/输出接口。根据接口之间的生产消费关系,接口可分为供给接口和需求接口两类。根据所拥有接口类型的不同,硬件构件分为核心构件、中间构件和终端构件三种类型。核心构件只有供给接口,没有需求接口,它只为其他硬件构件提供服务,而不接受服务。中间构件既有需求接口又有供给接口,它不仅能够接受其他构件提供的服务,也能够为其他构件提供服务。终端构件只有需求接口,它只接受其他构件提供的服务。设计核心构件时,需考虑的问题是"核心构件能为其他构件提供哪些信号"。设计中间构件时,需考虑的问题是"中间构件需要接受哪些信号,提供哪些信号"。设计终端构件时,需考虑的问题是"终端构件需要什么信号才能工作"。

2. 关于嵌入式底层驱动构件设计原则与规范

嵌入式底层驱动构件是直接面向硬件操作的程序代码及使用说明。规范的底层驱动构件由头文件(.h)及源程序文件(.c)文件构成。头文件(.h)是底层驱动构件简明且完备的使用说明,即在不查看源程序文件的情况下,就能够完全使用该构件进行上一层程序的开发,这也是设计底层驱动构件最值得遵循的原则。

在设计实现驱动构件的源程序文件时,需要合理设计外接口函数与内部函数。外接口函数供上层应用程序调用,其头注释需完整表述函数名、函数功能、入口参数、函数返回值、使用说明、函数适用范围等信息,以增强程序的可读性。在具体代码实现时,严格禁止使用全局变量。

3. 关于构件的移植与复用

在嵌入式硬件原理图设计中,要充分利用嵌入式硬件进行复用设计;在嵌入式软件编程中,涉及与硬件直接打交道时,应尽可能复用底层驱动构件。若无可复用的底层驱动构件,应该按照基本规范设计驱动构件,然后再进行应用程序开发。

习题

1. 简述嵌入式硬件构件概念及嵌入式硬件构件分类。
2. 简述核心构件、中间构件和终端构件含义及设计规则。
3. 阐述嵌入式底层驱动构件的基本内涵。
4. 在设计嵌入式底层驱动构件时,其对外接口函数设计的基本原则有哪些?
5. 举例说明在什么情况下使用宏定义。
6. 举例说明底层构件的移植方法。
7. 利用 C 语言,自行设计一个底层驱动构件,并进行调试。
8. 利用一种汇编语言,设计一个底层驱动构件,并进行调试,同时与 C 语言设计的底层驱动构件进行简要比较。

第 **6** 章

串行通信模块及第一个中断程序结构

本章导读

本章阐述 MSPM0L1306 的串行通信构件化编程。主要内容有异步串行通信及中断两个模块。异步串行通信模块介绍异步串行通信的通用基础知识，使读者理解串行通信的基本概念及编程模型，并阐述基于构件的串行通信编程方法（这是一般应用级编程的基本模式）；还给出了 UART 构件的制作过程。中断模块介绍 ARM Cortex-M0＋中断机制及 MSPM0L1306 中断编程步骤，阐述了嵌入式系统的中断处理基本方法。最后介绍串口通信及中断实验，读者通过实验熟悉 MCU 的异步串行通信的工作原理，掌握 UART 的通信编程方法、串口组帧编程方法以及 PC 的 C♯串口通信编程方法。

6.1 异步串行通信的通用基础知识

串行通信接口，简称"串口"、UART 或 SCI。在 USB 未普及之前，串口是 PC 必备的通信接口之一。MCU 中的串口通信，在硬件上，一般只需要三根线，分别称为发送线（TxD）、接收线（RxD）和地线（GND）；在通信方式上，属于单字节通信，是嵌入式开发中重要的打桩调试手段。实现串口功能的模块在一部分 MCU 中被称为通用异步收发器（Universal Asynchronous Receiver-Transmitters，UART），在另一些 MCU 中被称为串行通信接口（Serial Communication Interface，SCI）。

本节简要概述 UART 的基本概念与硬件连接方法，为学习 MCU 的 UART 编程做准备。

6.1.1 串行通信的基本概念

"位"（bit）是单个二进制数字的简称，是可以拥有两种状态的最小二进制值，分别用"0"和"1"表示。在计算机中，通常用 8 位二进制表示一个信息单位，称为一个"字节"（byte）。串行通信的特点是数据以字节为单位，按位的顺序（例如最高位优先）从一条传输线上发送出去。这里涉及四个问题：第一，每个字节之间是如何区分开的？第二，发送一位的持续时间是多少？第三，怎样知道传输是正确的？第四，可以传输多远？本节接下来结合异步串行通信的格式、波特率、奇偶校验、串行通信的传输方式等概念寻找答案。

串行通信分为异步通信和同步通信两种方式,本节主要给出异步串行通信的一些常用概念。

1. 异步串行通信的格式

在 MCU 的芯片手册上,通常所说的异步串行通信的格式是标准不归零传号/空号数据格式(Standard Non-Return-Zero Mark/Space Data Format),该格式采用不归零码(Non-Return to Zero,NRZ)格式。"不归零"的最初含义是:采用双极性表示二进制值,如,用负电平表示一种二进制值,正电平表示另一种二进制值。在表示一个二进制值码元时,电压均无需回到零,故称不归零码。"Mark/Space"即"传号/空号",分别是表示两种状态的物理名称,逻辑名称记为"1/0"。学习嵌入式应用的读者只要理解这种格式只有"1""0"两种逻辑值就可以了。UART 串口通信的数据包以帧为单位,常用的帧结构为:1 位起始位＋8 位数据位＋1 位奇偶校验位(可选)＋1 位停止位。图 6-1 给出了 8 位数据、无校验情况的传送格式。

图 6-1　串行通信数据格式

这种格式的空闲状态为"1",发送器通过发送一个"0"表示传输一个字节的开始,随后是数据位(在 MCU 中一般是 8 位或 9 位,可以包含校验位)。最后,发送器发送 1 位或 2 位的停止位,表示一个字节传送结束。若继续发送下一字节,则重新发送开始位,开始传输一个新的字节。若不发送新的字节,则维持"1"的状态,使发送数据线处于空闲。从开始位到停止位结束的时间间隔称为一字节帧(Byte Frame),所以也称这种格式为字节帧格式。每发送一个字节,都要发送"开始位"与"停止位",这是影响异步串行通信传送速度的因素之一。

【思考一下】　UART 中每个字节之间是如何区分开的?

2. 串行通信的波特率

位长(Bit Length),也称为位的持续时间(Bit Duration),其倒数就是单位时间内传送的位数。串口通信的速度用波特率来表示,它定义为每秒传输的二进制位数,在这里 1 波特＝1 位/秒,单位 bps(位/秒)。bps 是英文 bit per second 的缩写,习惯上这个缩写不用大写,而用小写。通常情况下,波特率的单位可以省略,常使用的波特率有 9600、19200、38400、57600 及 115200 等。需要注意的是,只有通信双方的波特率一样时才可以进行正常通信。

3. 奇偶校验

在异步串行通信中,判断一个字节的传输正确与否,最常见的方法是增加一个位(奇偶校验位),供错误检测使用。大部分 MCU 的串行异步通信接口都提供这种功能,但实际编程使用较少,原因是单字节校验意义不大,这里不再介绍。

4. 串行通信传输方式术语

在串行通信中,经常用到全双工、半双工、单工等术语,它们是串行通信的不同传输方式。

(1) 全双工(Full-duplex):数据传送是双向的,且可以同时接收与发送数据。这种传输方式中,除了地线之外,还需要两根数据线,站在任何一端的角度看,一根为发送线,另一根为接收线。一般情况下,MCU 的异步串行通信接口均是全双工的。

（2）半双工（Half-duplex）：数据传送也是双向的，但是在这种传输方式中，除地线之外，一般只有一根数据线。任何时刻，只能由一方发送数据，另一方接收数据，不能同时收发。

（3）单工（Simplex）：数据传送是单向的，一端为发送端，另一端为接收端。这种传输方式中，除了地线之外，只需要一根数据线。大家熟悉的有线广播就是单工的。

6.1.2　RS232 和 RS485 总线标准

现在回答可以传输多远这个问题。MCU 引脚输入/输出一般使用晶体管-晶体管逻辑（Transistor-Transistor Logic，TTL）电平。TTL 电平的"1"和"0"的特征电压分别为 2.4V 和 0.4V（目前使用 3V 供电的 MCU 中，该特征值有所变动），即大于 2.4V 则识别为"1"，小于 0.4V 则识别为"0"。它适用于板内数据传输，传输距离短。为使信号传输得更远，美国电子工业协会（Electronic Industry Association，EIA）制定了串行物理接口标准 RS232，后来又演化出 RS485。

1. RS232

RS232 采用负逻辑，-15V～-3V 为逻辑"1"，+3V～+15V 为逻辑"0"。RS232 最大的传输距离是 30m，通信速率一般低于 20kbps。

图 6-2　9 芯串行接口引脚排列

RS232 总线标准最初是为远程数据通信制定的，但目前主要用于几米到几十米范围内的近距离通信。早期的标准串行通信接口是 25 芯，后来改为 9 芯。目前部分 PC 带有 9 芯 RS232 串口，其引脚排列如图 6-2 所示，相应引脚含义见表 6-1。

表 6-1　计算机中常用的 9 芯串行接口引脚含义表

引脚号	功　　能	引脚号	功　　能
1	接收线信号检测	6	数据通信设备准备就绪（DSR）
2	接收数据线（RxD）	7	请求发送（RTS）
3	发送数据线（TxD）	8	允许发送（CTS）
4	数据终端准备就绪（DTR）	9	振铃指示
5	信号地（SG，与 GND 一致）		

MCU 的串口通信引脚是 TTL 电平，可通过 TTL-RS232 转换芯片转为 RS232 电平。一般使用精简的 RS232 通信线路，即仅使用 RxD（接收线）、TxD（发送线）和 GND（地线）3 根线，不使用 DTR、DSR、RTS、CTS 等硬件握手信号，直接通过数据线的开始位确定一个字节通信的开始。

2. RS485

为了弥补 RS232 通信的距离短、速率低等缺点，EIA 提出了 RS485 标准，其通信距离在 1000m 左右。它采用差分信号负逻辑，-2V～-6V 表示"1"，+2V～+6V 表示"0"。所谓差分，就是两线电平相减，得出一个电平信号，这样可以较好地抑制电磁干扰。由于使用差分信号传输，二线的 RS485 通信只能工作于半双工方式，若要全双工通信，必须使用四线。

在 MCU 的外围电路中,串口通信要使用 RS485 方式传输,需要使用 TTL-RS485 转换芯片。需要说明的是,TTL-RS232 转换芯片、TTL-RS485 转换芯片和将介绍的 TTL-USB 转换芯片,均是硬件电平信号之间的转换,与 MCU 编程无关,MCU 的串口编程是一致的。

【思考一下】　为什么差分传输可以较好地抑制电磁干扰?

6.1.3　TTL-USB 串口

USB 接口已经在笔记本电脑及 PC 标准配置中普及,但是笔记本电脑及 PC 作为 MCU 程序开发的工具机,需要与 MCU 进行串行通信,于是出现了 TTL-USB 串口芯片,这里介绍南京沁恒微电子股份有限公司生产的一款双路串口转 USB 芯片 CH342。

1. CH342 简介

CH342 是南京沁恒微电子有限公司推出的一款 TTL-USB 串口转接芯片,能够实现两个异步串口与 USB 信号的转换。CH342 芯片有 3 个电源端,内置了产生 3.3V 的电源调节器,工作电压在 1.8V 与 5V 之间;含有内置时钟电路,支持的通信波特率为 50bps～3Mbps,工作温度为 -40～+85℃。

2. CH342 与 MSPM0L1306 的连接电路

CH342 芯片在引脚结构上包括数据传输引脚、MODEM 联络信号引脚、辅助引脚。如图 6-3 所示,CH342 中的数据传输引脚包括 TXD 引脚和 RXD 引脚,两个电源引脚为 VIO 引脚和 VBUS 引脚,UD+ 和 UD- 引脚分别连接 USB 总线。

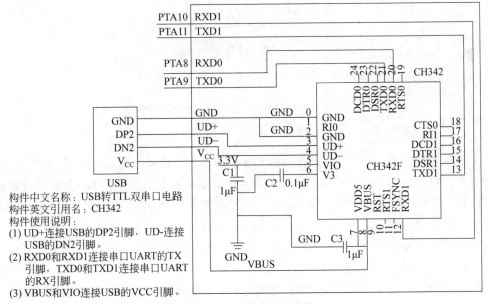

图 6-3　USB 转双串口构件

图 6-3 是 USB 转双串口的电路原理图,可以将 CH342 看作一个终端构件。图中 USB 的 V_{CC} 引脚连接 CH342 的 VBUS,为其提供 5V 电源,使其能够正常运行,CH342 的 VIO 引脚接 3.3V 是因为 MCU 芯片是 3.3V 供电,其 I/O 引脚匹配 3.3V;USB 的总线 DP2 和 DN2 引脚则连接 CH342 的 UD+ 和 UD- 引脚。要注意的是,CH342 的 RXD0 和 RXD1 引脚要分别连接到芯片串口的发送引脚 TX 上,TXD0 和 TXD1 引脚要连接到芯片串口的接收引

脚 RX 上。这里连接的是 MCU 上的 UART0(RX 为 PTA9,TX 为 PTA8)和 UART1(RX 为 PTA11,TX 为 PTA10)。

3. CH342 串口的使用

电子资源"..\Tool"文件夹下的 CH342CDC.EXE 文件为 CH342 驱动,可以安装使用。Windows 10 操作系统下可以免安装驱动。GEC 通过 Type-C 数据线连接电脑后,可以在"设备管理器"→" 端口 (COM 和 LPT)"看到两个串口提示" USB-SERIAL-A CH342",然后即可使用;若有蓝牙串口,请禁用。

6.1.4 串行通信编程模型

从基本原理角度看,串行通信接口 UART 的主要功能是:接收时,把外部的单线输入的数据变成一个字节的并行数据送入 MCU 内部;发送时,把需要发送的一个字节的并行数据转换为单线输出。图 6-4 给出了一般 MCU 的 UART 模块的功能描述。

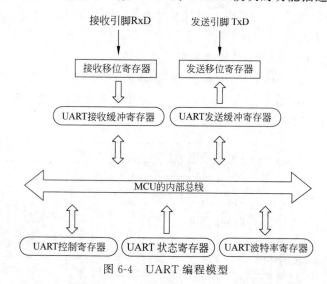

图 6-4　UART 编程模型

为了设置波特率,UART 应具有波特率寄存器。为了能够设置通信格式、是否校验、是否允许中断,UART 应具有控制寄存器。而要知道串口是否有数据可收、数据是否发送出去,UART 需要有状态寄存器。当然,若一个寄存器不够用,控制与状态寄存器可能有多个。而 UART 数据寄存器存放要发送的数据,也存放接收的数据,这并不冲突,因为发送与接收的实际工作是通过"发送移位寄存器"和"接收移位寄存器"完成的。

编程时,程序员并不直接与"发送移位寄存器"和"接收移位寄存器"打交道,只与数据寄存器打交道,所以 MCU 中并没有设置"发送移位寄存器"和"接收移位寄存器"的映像地址。发送时,程序员通过判定状态寄存器的相应位,了解是否可以发送一个新的数据。若可以发送,则将待发送的数据放入"UART 发送缓冲寄存器"中,剩下的工作由 MCU 自动完成:将数据从"UART 接收缓冲寄存器"送到"发送移位寄存器",再由硬件驱动将"发送移位寄存器"的数据一位一位地按照规定的波特率移到发送引脚 TxD,供对方接收。接收时,数据一位一位地从接收引脚 RxD 进入"接收移位寄存器",当收到一个完整字节时,MCU 会自动将数据送入"UART 数据寄存器",并将状态寄存器的相应位改变,供程序员判定并取出数据。

6.2　基于构件的串行通信编程方法

最基本的 UART 编程涉及初始化、发送和接收三种基本操作。本节主要给出 UART 构件主要 API 接口函数、UART 构件的测试方法以及类似于 PC 程序调试使用的 printf 函数的设置与使用方法。

6.2.1　MSPM0L1306 芯片 UART 对外引脚

MSPM0L1306 共有两组 UART 引脚,分别标记为 UART0 和 UART1。每个 UART 的发送数据引脚记为 UARTx_TX,接收数据引脚记为 UARTx_RX。"x"表示串口模块编号,取值为 1～2。表 6-2 给出了本书随附的 AHL-MSPM0L1306 嵌入式开发套件所使用的串口引脚。

表 6-2　UART 引脚分布

串行口	MCU 引脚号	MCU 引脚名	串口号	AHL-MSPM0L1306 默认使用
UART0	12	PA8	UART1_TX	编程默认使用(UART _ Debug, BIOS 保留使用)
	13	PA9	UART1_RX	
UART1	14	PA10	UART2_TX	编程默认使用(UART_User)
	15	PA11	UART2_RX	

6.2.2　UART 构件 API

1. UART 常用接口函数简明列表

UART 构件主要 API 接口函数有初始化、发送一个字节、发送 N 个字节、发送字符串、接收一个字节等功能,如表 6-3 所示。

表 6-3　UART 常用接口函数

序号	函 数 名	简 明 功 能	描 述
1	uart_init	初始化	传入串口号及波特率,初始化串口
2	uart_send1	发送一个字节数据	向指定串口发送一个字节数据
3	uart_sendN	发送 N 个字节数据	向指定串口发送 N 个字节数据
4	uart_send_string	发送字符串	向指定串口发送字符串
5	uart_re1	接收一个字节数据	从指定串口接收一个字节数据
	...		

2. UART 构件的头文件 uart.h

UART 构件的头文件 uart.h 在工程的"\03_MCU\MCU_drivers"文件夹中,这里给出部分 API 接口函数的使用说明及函数声明。

```
//==============================================================
```

```
//函数名称：uart_init
//功能概要：初始化 uart 模块
//参数说明：uartNo——串口号，如 UART_1、UART_2
//          baud_rate——波特率，可取值 9600、19200、115200...
//函数返回：无
//==============================================================
void uart_init(uint8_t uartNo, uint32_t baud_rate);


//==============================================================
//函数名称：uart_send1
//参数说明：uartNo——串口号，如 UART_1、UART_2
//          ch——要发送的字节
//函数返回：函数执行状态，1 表示发送成功；0 表示发送失败
//功能概要：串行发送 1 个字节
//==============================================================
uint_8 uart_send1(uint8_t uartNo, uint8_t ch);


//==============================================================
//函数名称：uart_sendN
//参数说明：uartNo——串口号，如 UART_1、UART_2
//          len——发送字节数
//          buff——发送缓冲区
//函数返回：函数执行状态，1 表示发送成功；0 表示发送失败
//功能概要：串行发送 n 个字节
//==============================================================
uint8_t uart_sendN(uint8_t uartNo, uint16_t n, uint8_t * buff)


//==============================================================
//函数名称：uart_send_string
//参数说明：uartNo——串口号，如 UART_1、UART_2
//          buff——要发送的字符串的首地址
//函数返回：函数执行状态，1 表示发送成功；0 表示发送失败
//功能概要：从指定 UART 端口发送一个以 '\0' 结束的字符串
//==============================================================
uint8_t uart_send_string(uint8_t uartNo, uint8_t * buff)
//==============================================================
//函数名称：uart_re1
//参数说明：uartNo——串口号，如 UART_1、UART_2
//          * fp——接收成功标志的指针，* fp=1 表示接收成功；* fp=0 表示接收失败
//函数返回：返回接收的字节
//功能概要：串行接收 1 个字节
//==============================================================
uint_8 uart_re1(uint_8 uartNo, uint_8 * fp);
...
```

6.2.3　UART 构件 API 的发送测试方法

现在编写 MCU 程序，通过一个串口把数字 48～100 发送到 PC。在 PC 中，通过 AHL-GEC-IDE 的"工具"→"串口工具"接收信息，由此确认数据从 MCU 发送出去了。

1. MCU 程序的编制

（1）确定 MCU 串口号、所接 MCU 的引脚。这是硬件制版决定的。UART 构件的头文件 uart.h 中给出了该构件所使用的引脚信息，并给出两个可用串口号 UART_1、UART_2，它们对应着 UART0 与 UART1。在 user.h 中，将 UART_2 宏定义为 UART_User，以便增强编程的可移植性。

（2）在 main.c 中，首先确定串口 UART_User 的波特率，并对其进行初始化，代码如下。

```
uart_init(UART_User,115200);          //初始化串口模块
```

（3）在 main.c 的主循环中，发送数字 48～100，代码如下。

```
for(mi=48;mi<=100;mi++)
{
    uart_send1(UART_User,mi);
}
```

2. 编译下载测试

样例工程见 ..03-Software\CH06\UART-Sent 文件夹，读者可以编译、下载、测试，并自行练习。

【练习】　编制程序发送数字 0～255。若用 8 位无符号数作为循环变量，注意一下可能遇到的问题。

6.2.4　printf 的设置方法与使用

除了使用 UART 驱动构件中封装的 API 函数之外，还可以使用格式化输出函数 printf 灵活地从串口输出调试信息。配合 PC 或笔记本电脑上的串口调试工具，可方便地进行嵌入式程序的调试。

printf 函数的实现在工程目录 "..\05_UserBoard\printf.c" 文件中，同文件夹下的 printf.h 头文件则包含了 printf 函数的声明，在同文件夹下的 user.h 头文件中包含 printf.h 头文件。若要使用 printf 函数，可在工程的总头文件 "..\07_AppPrg\includes.h" 中将 user.h 包含进来，以便其他文件使用。

在使用 printf 函数之前，需要先进行相应的设置，将其与希望使用的串口模块关联起来，设置步骤如下。

（1）在 printf 头文件 "..\05_UserBoard\printf.h" 中宏定义需要与 printf 相关联的调试串口号，例如：

```
#define UART_printf UART_1          //printf 函数使用的串口号
```

（2）在使用 printf 前，调用 UART 驱动构件中的初始化函数对使用的调试串口进行初始化，配置其波特率。例如：

```
uart_init(UART_printf, 115200);       //初始化"调试串口"
```

这样就将相应的串口模块与 printf 函数关联起来了。由于 BIOS 中已经对其初始化，因此 User 中可以不需要重新初始化。关于 printf 函数的使用方法，参见 printf.h 文件的尾部。

【练习】　使用 printf 输出一个浮点数,保留 6 位小数。

6.3　UART 构件的制作过程

在本书第 4 章中介绍过 GPIO 构件的制作过程,这里总结制作一个底层驱动构件的基本过程。第一,要掌握其通用知识;第二,了解是否有对外引脚;第三,了解有哪些寄存器;第四,若能简单实现其基本流程,最好能打通一个基本流程;第五,制作构件;第六,测试构件。

6.3.1　UART 寄存器概述

UART 寄存器的基本描述在芯片参考手册的第 14 章,这里给出这些 32 位寄存器的功能概要,如表 6-4 所示。

表 6-4　UART 寄存器功能概述

寄　存　器	功　能　概　述
控制寄存器	用于设定串行通信的格式;设定是否允许接收中断;设定允许发送与接收等
时钟配置寄存器	通过设定时钟来设定所需的波特率
中断和状态寄存器	串行口工作时的各种状态标志
收/发数据寄存器	8～0 位有效,第 8 位为奇偶校验位,7～0 为数据位

关于寄存器的地址说明如下。寄存器的基地址可查阅 mspm0l1306.h 头文件,通过关键字"memory map"访问地址映射表,查表可知,各串口首地址分别是 0x4010_8000(UART0)和 0x4010_0000(UART1)。首地址也就是模块的基地址,相关寄存器的地址为基地址加上各自偏移量。

6.3.2　利用直接地址操作的串口发送打通程序

制作 UART 构件,要考虑到各种通用要素,如,串行口的选择、工作方式的选择、寄存器的选择、初始化编程等。要直接编写一个完整且可稳定运行的构件是很难的,开发人员一般会考虑先试着发送一个字符至 PC 端,完整实现串行口正常工作的全过程,包括寄存器赋值、引脚复用的选择、相关标志位的置位或复位等,然后利用 PC 端能稳定运行的接收器接收数据,如果能成功接收到数据,则说明发送过程是可行的,为硬件制作建立了基础。

本节用直接对端口进行编程的方法,使用 UART 发送单个字节。UART 直接地址的测试工程位于 ..\03-Software\CH06\UART-ADDR 文件夹。根据 6.2.2 节,使用 AHL-MSPM0L1306 开发套件上的 UART_User 串口发送数据,UART_User 串口对应的 MCU 引脚为 PA10 和 PA11(参阅表 3-7)。

1. 定义地址变量

volatile 是变量修饰符,volatile 关键字可以用来提醒编译器,它后面所定义的变量随时有可能改变。因此,编译后的程序每次需要存储或读取这个变量的时候,都会直接从变量地址中读取数据。如果没有 volatile 关键字,则编译器可能优化读取和存储,可能暂时使用寄存器中的值。如果这个变量被别的程序更新了,将出现不一致的现象。

```
volatile uint32_t * UART1_GPRCM_RSTCTL;        //GPIO 的 A 口时钟复位控制寄存器地址
volatile uint32_t * UART1_GPRCM_PWREN;         //GPIO 的 A 口时钟使能寄存器地址
volatile uint32_t * IOMUX_SECCFG_PINCM9;       //PTA8 的引脚功能控制寄存器
volatile uint32_t * IOMUX_SECCFG_PINCM10;      //PTA9 的引脚功能控制寄存器
volatile uint32_t * UART1_CLKSEL;              //UART1 的时钟源选择寄存器
volatile uint32_t * UART1_CLKDIV;              //UART1 的时钟分频寄存器
volatile uint32_t * UART1_CTL0;                //UART1 的控制寄存器
volatile uint32_t * UART1_LCRH;                //UART1 的线路控制寄存器
volatile uint32_t * UART1_IBRD;                //UART1 的整数波特率寄存器
volatile uint32_t * UART1_FBRD;                //UART1 的小数部分波特率寄存器
volatile uint32_t * UART1_CPU_INTIMASK;        //UART1 的 CPU 中断屏蔽寄存器
volatile uint32_t * UART1_STAT;                //UART1 的状态寄存器
volatile uint32_t * UART1_TXDATA;              //UART1 的发送数据寄存器
```

2. 给地址变量赋值

根据 MSPM0L1306 参考手册中查得的地址给相关寄存器赋值，具体说明一例。如：CLKSEL 是时钟源选择寄存器，其绝对地址为 $0x40100000U+0x00001008U$，其中，"0x"表示十六进制数据。

```
UART1_GPRCM_RSTCTL = (uint32_t *)(0x40100000U + 0x00000804U);
UART1_GPRCM_PWREN = (uint32_t *)(0x40100000U + 0x00000800U);
IOMUX_SECCFG_PINCM11 = (uint32_t *)(0x40428000U + 4 * (10 + 1));
IOMUX_SECCFG_PINCM12 = (uint32_t *)(0x40428000U + 4 * (11 + 1));
UART1_CLKSEL = (uint32_t *)(0x40100000U + 0x00001008);
UART1_CLKDIV = (uint32_t *)(0x40100000U + 0x00001000);
UART1_CTL0 = (uint32_t *)(0x40100000U + 0x00001100);
UART1_LCRH = (uint32_t *)(0x40100000U + 0x00001104);
UART1_IBRD = (uint32_t *)(0x40100000U + 0x00001110);
UART1_FBRD = (uint32_t *)(0x40100000U + 0x00001114);
UART1_CPU_INTIMASK = (uint32_t *)(0x40100000U + 0x00001028);
UART1_STAT = (uint32_t *)(0x40100000U + 0x00001108);
UART1_TXDATA = (uint32_t *)(0x40100000U + 0x00001120);
```

3. UART 初始化步骤

本例通过 UART1 向 PC 发送字符，所以需要对 PA10 和 PA11 进行复用定义，并设置相应波特率参数。

（1）设置串口电源并设置引脚复用功能为串口。通过 UART1 的复位控制寄存器（RSTCTL）将 UART1 复位；通过 UART1 的电源使能（PWREN）使能 UART1 串口模块；通过 IOMUX 模块的引脚控制管理寄存器（PINCM）设定 PTA10 引脚复用为 UART1_TX 模式，PTA11 引脚打开输入功能并复用为 UART1_RX 模式，并将两个引脚都配置为"已连接"。

```
* UART1_GPRCM_RSTCTL = 0xB1000000U | 0x00000002U | 0x00000001U;
* UART1_GPRCM_PWREN = 0x26000000U | 0x00000001U;
* IOMUX_SECCFG_PINCM11 = 0X00000002 | 0x00000080U;
* IOMUX_SECCFG_PINCM12 = 0X00000002 | 0x00000080U | 0x00040000U;
```

（2）设置时钟、过采样与波特率。若希望设定波特率 $b=115200$，需要计算出 UART 波特率寄存器的整数部分 IBRD 及小数部分 FBRD 应该为什么值，以便编程设定。设 UART

使用系统总线时钟,频率为 $f=32\text{MHz}$,过采样系数为 OVS,根据参考手册,波特率 BRD 计算公式如下。

$$\text{BRD}=\frac{f}{\text{OVS}\times b}=\frac{32\text{MHz}}{16\times 115200}=17.36$$

其整数部分为 IBRD$=17$,根据手册,小数部分数值为 $0.36\times 64+0.5$ 取整,结果为 23。由此进行波特率编程设置。

```
//串口时钟选择
* UART1_CLKSEL = 0x00000008U;        //选择总线频率
//时钟分频
* UART1_CLKDIV = 0x00000000U;        //不分频,直接使用总线频率
//设置采样
* UART1_CTL0 |= 0x00;                //控制寄存器的第 16、15 位=00,即 x16 过采样
//设置波特率
* UART1_IBRD |= 17;                  //波特率寄存器的整数部分 IBRD
* UART1_FBRD |= 23;                  //波特率寄存器的小数部分 FBRD
```

(3) 配置串口相应功能并开启 UART 功能。通过 UART 控制寄存器(CTL0)开启 UART 功能,启动串口发送与接收功能,进行硬件流控制;通过线路控制寄存器(LCRH)配置校验、字长与停止位;通过 CPU_INT 中断组的中断屏蔽寄存器(IMASK)开启 CPU 中断;最后将 CTL0 的最低位置 1 打开串口。

```
//配置串口
* UART1_CTL0 &= ~0x00000001U;
* UART1_CTL0 |= 0x08 | 0x10 | 0x2000 | 0x4000;   //启用接收功能、使用硬件流控制
* UART1_LCRH |= 0x30;                            //禁用校验、8 位字长、1 位停止位
* UART1_CPU_INTIMASK |= 0x400;
* UART1_CTL0 |= 0x01;
```

4. 发送数据

本例循环发送 ASCII 值为 48～100 的字符至 PC 显示。

```
for(;;)
{
    for(mTest=48;mTest<=100;mTest++)
    {
        //若发送缓冲区为空则发送数据
        while ((( * UART1_STAT & 0x80) == 0x80));
        * UART1_TXDATA = mTest;
    }
    for(volatile uint32_t i=0;i<=2830000;i++); //延时函数,用于产生发送间隔
    mCount++;
    printf("发送次数=%d\r\n",mCount);
    printf(""工具"→"串口工具",打开接收 User 串口数据观察\r\n");
}
```

6.3.3　UART 构件设计

1. UART 驱动构件封装要点分析

UART 具有初始化、发送和接收三种基本操作。下面分析串口初始化函数的参数应该

有哪些。首先应该有串口号,因为一个 MCU 有若干串口,必须确定使用哪个串口;其次是波特率,因为必须确定串口使用什么速度收发。关于奇偶校验,由于实际使用中传输的主要是多字节组成的一个帧,需自行定义通信协议,因此单字节校验意义不大;此外,串口在嵌入式系统中的重要作用是实现类似于 C 语言中 printf 函数的功能,也不宜使用单字节校验,因此就不校验。这样,串口初始化函数只有两个参数:串口与波特率。

从知识要素角度,进一步分析 UART 驱动构件的基本函数,与寄存器直接打交道的有初始化、发送单个字节与接收单个字节的函数,以及使能及禁止接收中断、获取接收中断状态的函数。

设计 UART 构件的目的是实现对所有包含 UART 功能的引脚统一编程。UART 构件由 uart.h 和 uart.c 两个文件组成。将这两个文件加到工程的 ..\03_MCU\MCU_drivers 文件夹下,方便对 UART 的编程操作。

(1) 模块初始化(uart_init)。芯片引脚有复用功能,应该将 GPIO 引脚设置为复用功能 UARTx_TX 和 UARTx_RX。同时通过传入波特率确定收发速度。函数不必有返回值,故 UART 模块的初始化函数原型可以设计为:

```
void uart_init(uint8_t uartNo, uint32_t baud_rate);
```

(2) 发送一个字节(uart_send1)。开发套件发送一个字节,需要确定由哪一个串口发出,发出的数据是什么,并由返回值告诉用户发送是否成功,故应该有返回值。返回值 0 表示发送失败,1 表示发送成功。这样,发送一个字节的函数原型可以设计为:

```
uint8_t uart_send1(uint8_t uartNo, uint8_t ch);
```

(3) 发送 N 个字节、字符串。通过类似的分析,可以将发送 N 个字节和字符串的函数原型设置为:

```
uint8_t uart_sendN(uint8_t uartNo ,uint16_t len ,uint8_t* buff);
uint8_t uart_send_string(uint8_t uartNo, uint8_t* buff);
```

(4) 其他函数。继续设计接收一个字节、接收 N 个字节、使能串口中断、禁止串口中断等函数原型,基本完成头文件的设计。

2. UART 端口寄存器结构体类型

通常在构件设计中把一个模块的寄存器用一个结构体类型封装起来,方便编程时使用。这些结构体存放在工程文件夹的芯片头文件 ..\03_MCU\startup\MSPM0L1306.h 中,串行模块结构体类型为 UART_TypeDef。

```
typedef struct {
    uint32_t RESERVED0[512];
    UART_GPRCM_Regs GPRCM;    /*!<(@0x00000800) */
    uint32_t RESERVED1[506];
    __IO uint32_t CLKDIV;     /*!<(@0x00001000) Clock Divider */
    ...
    __IO uint32_t TXDATA;     /*!<(@0x00001120) UART Transmit Data Register */
    __I uint32_t RXDATA;      /*!<(@0x00001124) UART Receive Data Register */
    ...
    限于篇幅,省略了部分内容,详见 mspm0l1306.h)
} UART_Regs;
```

MSPM0L1306 的 UART 模块各口基地址也在芯片头文件(mspm0l1306.h)中以宏常数方式给出,直接作为指针常量。

3. UART 驱动构件源程序的制作

UART 驱动构件的源程序文件中实现的对外接口函数,主要用于对相关寄存器进行配置。构件内部使用的函数也在构件源程序文件中定义。下面给出 uart_init 函数源代码的部分内容,由此进一步体会芯片底层基础构件制作的过程。

```c
//================================================================
//文件名称: uart.c
//功能概要: uart 底层驱动构件源文件
//框架提供: 苏大嵌入式(sumcu.suda.edu.cn)
//更新记录: 20200831-20230501
//================================================================
#include "uart.h"

UART_Regs * UART_ARR[] = {(UART_Regs *)UART0_BASE, (UART_Regs *)UART1_BASE};

//====定义串口 IRQ 号对应表====
uint8_t table_irq_uart[2] = {31, 29};

//内部函数声明
uint8_t uart_is_uartNo(uint8_t uartNo);

//================================================================
//函数名称: uart_init
//功能概要: 初始化 uart 模块
//参数说明: uartNo 为串口号,如 UART_1、UART_2
//baud 为波特率,可取值 300、600、1200、2400、4800、9600、19200、115200...
//函数返回: 无
//================================================================
void uart_init(uint8_t uartNo, uint32_t baud_rate)
{
    float BRD, temp;
    uint32_t IBRD;
    uint32_t FBRD;
    BRD = 32000000  / 16.0 / baud_rate;
    IBRD = (uint32_t)BRD;
    temp = (BRD - IBRD);
    temp = temp * 64 + 0.5;
    FBRD = (uint32_t)temp;
    //判断传入串口号参数是否有误,若有误则直接退出
    if(!uart_is_uartNo(uartNo))
    {
        return;
    }
    //开启 UART 模块和 GPIO 模块的外围时钟,并使能引脚的 UART 功能
    switch (uartNo)
    {
    case UART_1:            //若为串口 1
```

```
//重置串口
UART0->GPRCM.RSTCTL =(UART_RSTCTL_KEY_UNLOCK_W
                        |UART_RSTCTL_RESETSTKYCLR_CLR
                        |UART_RSTCTL_RESETASSERT_ASSERT);
//开串口电源
UART0->GPRCM.PWREN =(UART_PWREN_KEY_UNLOCK_W
                        |UART_PWREN_ENABLE_ENABLE);
//配置串口引脚
IOMUX->SECCFG.PINCM[IOMUX_PINCM9] = IOMUX_PINCM9_PF_UART0_TX
                                    | IOMUX_PINCM_PC_CONNECTED;
IOMUX->SECCFG.PINCM[IOMUX_PINCM10] = IOMUX_PINCM10_PF_UART0_RX
                                    |IOMUX_PINCM_PC_CONNECTED
                                    |IOMUX_PINCM_INENA_ENABLE;
//配置串口时钟
UART0->CLKSEL = (uint32_t)UART_CLKSEL_BUSCLK_SEL_ENABLE;
UART0->CLKDIV = (uint32_t)UART_CLKDIV2_RATIO_DIV_BY_1;
//关闭串口用于后续配置
UART0->CTL0 &= ~(UART_CTL0_ENABLE_MASK);
//配置串口模式、方向、流控制
uint32_t tmp;
tmp = UART0->CTL0;
tmp = tmp & ~(UART_CTL0_RXE_MASK | UART_CTL0_TXE_MASK
            | UART_CTL0_MODE_MASK |UART_CTL0_RTSEN_MASK
            | UART_CTL0_CTSEN_MASK | UART_CTL0_FEN_MASK);
UART0->CTL0 = tmp | (((uint32_t)UART_CTL0_MODE_UART
                |(uint32_t)(UART_CTL0_RXE_ENABLE
                | UART_CTL0_TXE_ENABLE)
                | (uint32_t)(UART_CTL0_RTSEN_ENABLE
                | UART_CTL0_CTSEN_ENABLE))
                &(UART_CTL0_RXE_MASK
                | UART_CTL0_TXE_MASK
                | UART_CTL0_MODE_MASK
                |UART_CTL0_RTSEN_MASK
                | UART_CTL0_CTSEN_MASK
                | UART_CTL0_FEN_MASK));
//配置串口校验、字长、停止位
tmp = UART0->LCRH;
tmp = tmp & ~(UART_LCRH_PEN_ENABLE
            | UART_LCRH_EPS_MASK
            | UART_LCRH_SPS_MASK
            | UART_LCRH_WLEN_MASK
            | UART_LCRH_STP2_MASK);
UART0->LCRH = tmp | (((uint32_t)UART_LCRH_PEN_DISABLE
                | (uint32_t)UART_LCRH_WLEN_DATABIT8
                | (uint32_t)UART_LCRH_STP2_DISABLE)
                &(UART_LCRH_PEN_ENABLE
                | UART_LCRH_EPS_MASK
                | UART_LCRH_SPS_MASK
                | UART_LCRH_WLEN_MASK
                | UART_LCRH_STP2_MASK));
//设置采样率、波特率
```

```
        tmp = UART0->CTL0;
        tmp = tmp & ~(UART_CTL0_HSE_MASK);
        UART0->CTL0 = tmp | (((uint32_t)UART_CTL0_HSE_OVS16)
                            & (UART_CTL0_HSE_MASK));
        tmp = UART0->IBRD;
        tmp = tmp & ~(UART_IBRD_DIVINT_MASK);
        UART0->IBRD = tmp | (IBRD &(UART_IBRD_DIVINT_MASK));
        tmp = UART0->FBRD;
        tmp = tmp & ~(UART_FBRD_DIVFRAC_MASK);
        UART0->FBRD = tmp | (FBRD &(UART_FBRD_DIVFRAC_MASK));
        tmp = UART0->LCRH;
        tmp = tmp & ~(UART_LCRH_BRK_MASK);
        UART0->LCRH = tmp | ((UART0->LCRH & UART_LCRH_BRK_MASK)
                            &(UART_LCRH_BRK_MASK));
        //使能中断位
        UART0->CPU_INT.IMASK |= UART_CPU_INT_IMASK_RXINT_SET;
        //开串口
        UART0->CTL0 |= UART_CTL0_ENABLE_ENABLE;
        break;
    }
    ...
}(限于篇幅,省略其他函数实现,参见电子资源)
```

以上给出的仅仅是串口初始化部分的代码,可以据此体会到芯片底层基础构件的制作
过程的复杂性,该过程对寄存器的编程顺序至关重要。在 6.3.2 节,先利用最简单的特定串
口发送进行流程打通,目的就是后续基础构件制作的跟踪验证。做构件是面向芯片的一次
性基础工作,而用构件则是根据实际项目千变万化地编程。本书读者应重点掌握各个模块
的通用基础知识及芯片基础构件的使用方法,制作构件时可以选择一至两个模块仔细体会。

6.4 中断机制及中断编程步骤

从前面的程序可以看出,MCU 启动后跳转到 main 函数执行,进入一个无限循环,计算
机程序就一直运行下去。但计算机如何处理紧急的任务呢? 这就是中断所要处理的问题。

6.4.1 中断基本概念及处理过程

前面多次提到过,RTOS 下应用程序的运行有两条路线:一条是线程线,可能有许多个
线程,由内核调度运行;另一条是中断线,线程被某种中断打断后,转去运行中断服务例程
(ISR),随后返回原处继续运行,通常情况大多如此。因此,梳理归纳中断基本概念及处理
过程,有助于对 RTOS 下程序运行过程的理解。

1. 中断基本概念

1) 中断与异常的基本含义

异常(exception)是 CPU 强行从正在执行的程序切换到由某些内部或外部条件所要求
的线程上去,这些线程的紧急程度优先于 CPU 正在执行的线程。引起异常的外部条件通
常来自外围设备、硬件断点请求、访问错误和复位等;引起异常的内部条件通常为指令不对
界错误、违反特权级和跟踪等,如除数为 0 就是一种异常。一些文献把硬件复位和硬件中断

都归类为异常,把硬件复位看作一种具有最高优先级的异常,而把来自 CPU 外围设备的强行线程切换请求称为中断(interrupt),软件上表现为将程序计数器(PC)指针强行转到中断服务例程入口地址执行。CPU 对复位、中断、异常具有同样的处理过程,本书随后在谈及这个处理过程时统称为中断。

2) 中断源、中断服务例程、中断向量号与中断向量表

可以引起 CPU 产生中断的外部器件被称为中断源。中断产生并被响应后,CPU 暂停当前正在执行的程序,并在栈中保存当前 CPU 状态(即 CPU 内部寄存器),随后转去执行中断服务例程;执行结束后,再恢复中断之前的状态,使得中断前的程序继续执行。CPU 被中断后转去执行的程序,称为中断服务例程(Interrupt Service Routine,ISR)。

一个 CPU 通常可以识别多个中断源,给 CPU 能够识别的每个中断源编个号,就叫中断向量号,一般采用连续编号,例如 $0,1,\cdots,n$。当第 $i(i=0,1,\cdots,n)$ 个中断发生后,需要找到与之相对应的 ISR,实际上只要找到对应中断服务例程的首地址即可。为了更好地找到中断服务例程的首地址,通常把各个中断服务例程的首地址放在一段连续的地址中[①],并且按照中断向量号顺序存放,这个连续存储区被称为中断向量表。这样,一旦知道了发生中断的中断向量号,就可以迅速地在这种表中的对应位置取出相应的中断服务例程首地址,把这个首地址赋给程序计数寄存器(PC),程序就转去执行中断服务例程(ISR)了。ISR 的返回语句不同于一般子函数的返回语句,它是中断返回语句。中断返回时,CPU 从栈中恢复CPU 中断前的状态,并返回原处继续运行。

从数据结构角度看,中断向量表是一个指针数组,内容是中断服务例程(ISR)的首地址。通常情况下,在程序编写时,中断向量表按中断向量号从小到大的顺序填写 ISR 的首地址,不能遗漏。即使某个中断不需要使用,也要在中断向量表对应的项中填入默认的 ISR首地址,因为中断向量表是连续存储区,与连续的中断向量号相对应。ISR 的内容一般默认为直接返回语句,即没有任何功能。默认 ISR 的存在,不仅可以给未用中断的中断向量表项"补白",也可以使得未用中断误发生后有个去处,最好为直接返回原处。

在 ARM Cortex-M 微处理器中,还有一个非内核中断请求(Interrupt Request,IRQ)的编号,称为 IRQ 号。IRQ 号将内核中断与非内核中断稍加区分,对于非内核中断,IRQ 中断号从 0 开始递增;而对于内核中断,IRQ 中断号从 −1 开始递减。

3) 中断优先级、可屏蔽中断和不可屏蔽中断

在进行 CPU 设计时,一般定义了中断源的优先级。若 CPU 在程序执行过程中,有两个以上中断同时发生,则优先级最高的中断得到最先响应。

根据中断是否可以通过程序设置的方式被屏蔽,可将中断划分为可屏蔽中断和不可屏蔽中断两种。可屏蔽中断指可通过程序设置的方式决定不响应该中断,即该中断被屏蔽了;不可屏蔽中断是不能通过程序方式关闭的中断。

2. 中断处理的基本过程

中断处理的基本过程分为中断请求、中断检测、中断响应和中断处理。

1) 中断请求

当某一中断源需要 CPU 为其服务时,它将会向 CPU 发出中断请求信号(一种电信

---

① 本书使用的 Arm Cortex-M 系列微处理器的地址总线 32 位,即每个中断处理程序的首地址需要 4 个字节。

号）。中断控制器获取中断源硬件设备的中断向量号[①]，并通过识别的中断向量号将对应硬件模块的中断状态寄存器中的"中断请求位"置位，以便让 CPU 知道发生了何种中断请求。

2）中断检测

具有指令流水线的 CPU 在指令流水线的译码或者执行阶段识别异常，若检测到一个异常，则强行中止后面尚未达到该阶段的指令。对于在指令译码阶段检测到的异常，以及与执行阶段有关的指令异常来说，因为引起的异常与该指令本身无关，指令并没有得到正确执行，所以该类异常保存的程序计数器（PC）值指向的是引起该异常的指令，以便异常返回后重新执行。对于中断和跟踪异常（异常与指令本身有关），CPU 在执行完当前指令后才识别和检测这类异常，故该类异常保存的 PC 值指向的是要执行的下一条指令。

一般可以这样理解，CPU 在每条指令结束的时候将会检查中断请求或者系统是否满足异常条件，为此，多数 CPU 专门在指令周期中使用了中断周期。在中断周期中，CPU 将会检测系统中是否有中断请求信号，若此时有中断请求信号，则 CPU 将会暂停当前执行的线程，转而去对中断请求进行响应；若系统中没有中断请求信号，则继续执行当前线程。

3）中断响应与中断处理

中断响应的过程是由系统自动完成的，对于用户来说是透明的操作。在中断的响应过程中，CPU 会查看中断源所对应的中断模式是否允许产生中断，若中断模块允许中断，则响应该中断请求，中断响应的过程要求 CPU 保存当前环境的"上下文"（context）于栈中。通过中断向量号找到中断向量表中对应的 ISR 的首地址，转而去执行 ISR。中断处理术语中，"上下文"即指 CPU 内部寄存器，其含义是在中断发生后，因为 CPU 在中断服务例程中也会使用 CPU 内部寄存器，所以需要在调用 ISR 之前，将 CPU 内部寄存器保存至指定的 RAM 地址（栈）中，在中断结束后再将该 RAM 地址中的数据恢复到 CPU 内部寄存器中，从而使中断前后程序的"执行现场"没有任何变化。

6.4.2　ARM Cortex-M0+非内核模块中断编程结构

1. M0+中断结构及中断过程

M0+中断系统的结构框图如图 6-5 所示，它由 M0+内核、嵌套中断向量控制器（Nested Vectored Interrupt Controller，NVIC）及模块中断源组成。其中断过程分为两步，第一步，模块中断源向嵌套中断向量控制器 NVIC 发出中断请求信号；第二步，NVIC 对发来的中断信号进行管理，判断该模块中断是否被使能，若使能，则通过私有外设总线（Private Peripheral Bus，PPB）发送给 M0+内核，由内核进行中断处理。如果同时有多个中断信号到来，NVIC 会根据设定好的中断优先级进行判断，优先级高的中断首先响应，优先级低的中断暂时挂起，压入堆栈保存；如果优先级完全相同的多个中断源同时请求，则先响应 IRQ 号较小的，其他的被挂起。例如，当 IRQ4[②] 的优先级与 IRQ5 的优先级相等时，IRQ4 会比 IRQ5 先得到响应。

2. NVIC 内部寄存器简介

NVIC 模块的基地址（NVIC_BASE）为 0xE000E100，内部用于中断控制的寄存器，如

---

① 设备与中断向量号可以不是一一对应的，如果一个设备可以产生多种不同中断，允许有多个中断向量号。
② IRQ 中断号为 n，简记为 IQRn。

图 6-5　M0+中断结构框图

表 6-5 所示。在样例工程的 core_cm0plus.h 文件中定义了一个名为"NVIC_Type"的结构体组织这些寄存器。

表 6-5　NVIC 内各寄存器简表

描　　述	地址偏移	使用名称	描　　述
中断使能寄存器	0x000	ISER[0]	可读/写,写 1 设置使能
中断除能寄存器	0x080	ICER[0]	可读/写,写 1 清除使能
中断设置挂起寄存器	0x100	ISPR[0]	可读/写,写 1 设置挂起
中断清除挂起寄存器	0x180	ICPR[0]	可读/写,写 1 清除挂起
中断优先级寄存器	0x300	IP[0]~[7]	读/写,中断优先级寄存器(32 位宽)

1) 中断使能寄存器

中断使能寄存器(Interrupt Set Enable Register,ISER)有 1 个,使用数组元素 ISER[0]表示,为 32 位宽,每个位对应于一个中断源。写 1 表示设置对应的中断源使能,即允许其中断;写 0 无效。

例如,设置 UART1 的接收中断使能,首先在 MSPM0L1306 中断向量表(表 3-3)中查到 UART1 接收中断的 IRQ 号为 13,对应中断使能寄存器为 ISER[0]的第 13 位。由于对中断使能寄存器的某一位写 0 无效,则设置 ISER[0]的第 13 位=1,用进制表示可以写成:ISER[0]=00000000_00000000_00100000_00000000。这个表达方式写成共性函数,见工程文件"..\02_CPU\core_cm0plus.h"的 __NVIC_EnableIRQ 函数。

```
__STATIC_INLINE void __NVIC_EnableIRQ(IRQn_Type IRQn)
{
    if((int32_t)(IRQn) >= 0)
    {
        __COMPILER_BARRIER();
        NVIC->ISER[0U] = (uint32_t)(1UL << (((uint32_t)IRQn) & 0x1FUL));
        __COMPILER_BARRIER();
    }
}
```

这个函数中,COMPILER_BARRIER()是个空操作,是为了适应不同编译器而预留的语句,可以忽略。调用该函数前,实参的值是确定的,例如,对于具体的 UART1 接收中断来说,根据表 3-3(MSPM0L1306 中断向量表)可知其 IRQ 号为 13,则该函数入口参数 IRQn=13,等号右边的(uint32_t)(1UL << (IRQn & 0x1FUL)),就是二进制 00000000_00000000

_00100000_00000000,尾缀 UL 表示无符号长整型。

2）中断除能寄存器

中断除能寄存器（Interrupt Clear Enable Register，ICER）有 1 个，使用数组元素 ICER[0]表示，为 32 位宽，每个位对应一个中断源。对相应中断源写 1，表示清除对应中断源的使能（该位变为 0），即禁止其中断；写 0，则无效。"..\02_CPU\core_cm0plus.h"文件的__NVIC_DisableIRQ 函数可以使用。

3）中断设置挂起/清除挂起寄存器

当中断发生时，若正在处理同级或高优先级中断，或者该中断被屏蔽，则中断不能立即得到响应，此时中断可被暂时挂起。中断的挂起状态通过中断设置挂起寄存器（Interrupt Set Pending Register，ISPR）与中断清除挂起寄存器（Interrupt Clear Pending Register，ICPR）来读取，还可以通过写这些寄存器进行挂起中断。其中，挂起表示排队等待，清除挂起表示取消此次中断请求。

4）中断优先级寄存器

每个中断都有对应的优先级寄存器，其数量取决于芯片中实际存在的外部中断数。MSPM0L1306 使用数组元素 IP[0]～[8]表示，其最大宽度为 32 位，但只使用高 2 位（参见芯片头文件 mspm0l1306.h 中的宏定义__NVIC_PRIO_BITS），可表示 0～3 优先级，数字小表示优先级高。要获知一个芯片实际使用多少位表达优先级，可以用下述方法进行测试：将 0xFF 写入任意中断优先级寄存器，随后将其读回，查看多少位为 1；若设备实际实现了 3 个优先级（2 位），读回值为 0xC0。若不对某一中断的优先级进行配置，则优先级默认为 0（最高优先级）。在使用实时操作系统时，建议设置外部中断优先级。

【练习】 在样例工程中，找出表 3-3 中串口 UART1 的中断使能寄存器的名称、地址。

3. 非内核中断初始化设置步骤

根据本节给出的 ARM Cortex-M0+非内核模块中断编程结构，想让一个非内核中断源能够得到内核响应（或禁止），基本步骤如下：

（1）设置模块中断使能位使能模块中断，使模块能够发送中断请求信号。例如 UART 模式下，在 UART_ISR 中，将中断使能位置 1。

（2）查找芯片中断源表（例如表 3-3），找到对应的 IRQ 号，设置嵌套中断向量控制器的中断使能寄存器（NVIC_ISER），使该中断源对应位置 1，允许该中断请求。反之，若要禁止该中断，则设置嵌套中断向量控制器的中断禁止寄存器（NVIC_ICER），使该中断源对应位置 1 即可。

（3）若要设置其优先级，可对优先级寄存器编程。

本书电子资源的例程已经在各外设模块底层驱动构件中封装了模块中断使能与禁止的函数，可直接使用。这里阐述是为了使读者理解其中的编程原理。读者只要选择一个含有中断的构件，理解其使能中断与禁止中断函数即可。

4. ARM Cortex-M0+微处理器中断编程要点

本节以 ARM Cortex-M0+微处理器为例，从一般意义上给出中断编程要点。

（1） 理解初始中断向量表。在工程框架的"..\03_MCU\startup"文件夹下，有启动文件 startup_mspm0l1306_gcc.c，内含初始中断向量表，一个 MCU 所能接纳的所有中断源在此体现，例如：

```
void (* const interruptVectors[])(void) __attribute__((section(".intvecs"))) =
{
(pFunc)&__StackTop,                    /* The initial stack pointer  */
    Reset_Handler,                     /* The reset handler          */
    NMI_Handler,                       /* The NMI handler            */
    HardFault_Handler,                 /* The hard fault handler     */
    ...
    SVC_Handler,                       /* SVCall handler             */
    0,                                 /* Reserved                   */
    0,                                 /* Reserved                   */
    PendSV_Handler,                    /* The PendSV handler         */
    SysTick_Handler,                   /* SysTick handler            */
    ...
    UART1_IRQHandler,                  /* UART1 interrupt handler    */
     0,                                /* Reserved                   */
    UART0_IRQHandler,                  /* UART0 interrupt handler    */
    ...
}
```

其中,除第一项外的每一项都代表着各个中断服务例程(ISR)的首地址,第一项代表栈顶地址,一般是程序可用 RAM 空间的最大值+1。此外,对于未实例化的中断服务例程,由于在程序中不存在具体的函数实现,也就不存在相应的函数地址,因此一般在启动文件内,会采用弱定义的方式,将默认未实例化的 ISR 的起始地址指向一个默认 ISR 的首地址,例如:

```
extern void UART1_IRQHandler(void) __attribute__((weak, alias("Default_Handler")));
```

其中,默认 ISR 的内容一般为直接返回语句,即没有任何功能,有的也使用一个无限循环语句。前面提到过,默认 ISR 不仅给未用中断的中断向量表项"补白",也可以使得未用中断误发生后有个去处,最好为直接返回原处。

(2) 确定对哪个中断源编程。在进行中断编程时,必须明确对哪个中断源进行编程,该中断源的中断向量号是多少;有时还需知道对应的 IRQ 号,以便设置。

(3) 宏定义中断服务例程名。可以根据程序的可移植性,重新给默认的中断服务例程名起个别名,随后使用这个别名。

(4) 编制中断服务例程。在 isr 文件中编写中断服务例程,使用已经修改好的别名。在中断服务例程中,一般先关闭总中断,退出前再开放总中断。

6.4.3　MSPM0L1306 中断编程步骤——以串口接收中断为例

下面以 UART_2 接收中断为例,阐述 MSPM0L1306 中断编程步骤。样例工程为..\03-Software\CH06\UART-ISR。

1. 准备阶段

在开发板硬件设计阶段确定要使用的串口,用它来收发数据,例如 AHL-MSPM0L1306 中的 UART_User,也就是 UART_2。

在"..\03_MCU\startup\startup_mspm0l1306_gcc.c"文件的中断向量表中,找到串口 2 接收中断服务例程的函数名是 UART1_IRQHandler。同时在"..\05_UserBoard\User.h"

文件中,对其宏定义,增强程序的可移植性:

```
//【4】【变动】其他外设模块硬件引脚定义
#define UART_Debug    UART_1              //BIOS串口,用于 User 程序写入及 printf 打桩调试
#define UART_User     UART_2              //用户串口(若是接线:黑-GND;白-TX;绿-RX)
//【5】【变动】为了 06、07 文件夹可复用,这里注册中断服务例程
extern void UART_User_Handler (void);              //中断处理例程
#define UART_User_Handler UART1_IRQHandler
```

2. main.c 文件中的编程——串口初始化、使能模块中断、开总中断

(1) 在"初始化外设模块"位置调用 uart 构件中的初始化函数:

```
uart_init(UART_User 115200);                       //初始化串口模块,波特率使用 115200
```

(2) 在"初始化外设模块"位置调用 uart 构件中的使能模块中断函数:

```
uart_enable_re_int(UART_User);                     //使能用户串口接收中断
```

(3) 在"开总中断"位置调用 cpu.h 文件中的开总中断宏函数:

```
ENABLE_INTERRUPTS;                                 //开总中断
```

这样,串口接收中断初始化完成。

3. 在 isr.c 文件中编写中断服务例程

紧接着,可以在 ..\07_AppPrg\isr.c 文件中进行中断服务例程的编程。

```
//================================================================
//程序名称: UART_User_Handler
//触发条件: UART_User 串口收到一个字节触发
//备注:进入本程序后,可使用 uart_get_re_int 函数再次进行中断标志判断
//            (1-有 UART 接收中断,0-没有 UART 接收中断)
//================================================================
void UART_User_Handler(void)
{
    //【1】关中断
    DISABLE_INTERRUPTS;
    //【2】声明临时变量
    uint8_t flag,ch;
    //【3】判断是否为本中断触发
    if(!uart_get_re_int(UART_User)) goto UART_User_Handler_exit;
    //【4】确证是本中断触发,读取接到的字节赋给变量 ch,flag 是收到数据的标志
    ch=uart_re1(UART_User,&flag);   //调用接收一个字节的函数,清接收中断位
    //【5】根据 flag 判断是否真正收到一个字节的数据
    if(flag)                        //有数据
    {
        uart_send1(UART_User,ch);   //回发接收到的字节
    }
    //【6】开中断
UART_User_Handler_exit:
    ENABLE_INTERRUPTS;
}
```

就可在此处进行串口 2 接收中断功能的编程了。这里的函数会取代原来的默认函数,避免了用户直接对中断向量表进行修改;而 startup_mspm0l1306_gcc.c 文件中采用"弱定

义"的方式为用户提供编程接口,既方便用户使用,也提高了系统编程的安全性。

中断服务例程的设计与普通构件函数设计是一样的,只是这些程序只有在中断产生时才被运行。为了规范编程,统一将各个中断服务例程放在工程框架中的..\07_AppPrg\isr.c文件中。如,编写一个 UART_User 串口接收中断服务例程,当串口有一个字节的数据到来时产生接收中断,将会执行 UART1_IRQHandler 函数。在这个程序中,首先进入临界区[①],关总中断,接收一个到来的字符。若接收成功,则把这个字符发送回去,然后退出临界区。

4. 运行结果

将机器码文件下载到目标开发套件中,在 AHL-GEC-IDE 的"工具"→"串口工具"菜单下,弹出串口测试工程界面,选择好串口,设置波特率为 115200,单击"打开串口",选择发送方式为"字符串",在文本框内输入字符内容"AAAAA",单击"发送数据按钮",则上位机将该字符串发送给 MCU。MCU 接收数据后回发给上位机,如图 6-6 所示。

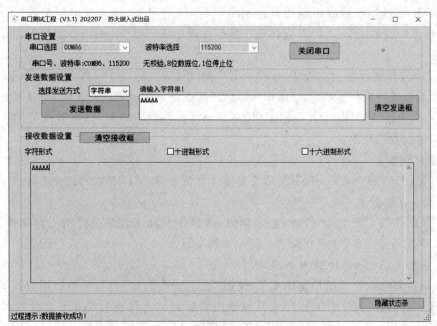

图 6-6　通过中断实现串口的收发数据

【练习】　实现上位机发送"A",MCU 回发"C";上位机发送"B",MCU 回发"D"……

6.5　实验二　串口通信及中断实验

串口通信简单,方便使用,是最早普及的一种通信方式,也是嵌入式系统学习中常用的一种通信技术,可直接与 PC 通信。其他嵌入式通信方式大多需要通过串口通信与 PC 连

---

①　有些情况下,一些程序段是需要连续执行而不能被打断的,此时,程序对 CPU 资源的使用是独占的,称为"临界状态",不能被打断的过程称为对"临界区"的访问。为防止在执行关键操作时被外部事件打断,一般通过关中断的方式使程序访问临界区,屏蔽外部事件的影响。执行完关键操作后退出临界区,打开中断,恢复对中断的响应能力。

接,实现基本调试与现象观察。

1. 实验目的

本次实验内容较多,涉及 UART 通信基本编程、中断编程、组帧解帧、PC 方的 C♯串口通信编程方法。掌握了这些知识,可以为后续的深入学习,打好工具性基础。

(1) 以串行接收中断为例,掌握中断的基本编程步骤。

(2) 通过接收多个字节组成一帧,掌握串口通信组帧编程方法。

(3) 掌握 PC 的 C♯串口通信编程方法。

2. 实验准备

(1) 软硬件工具:与实验一相同。

(2) 运行并理解"..\03-Software\CH06"中的几个程序。

3. 参考样例

(1) MCU 方样例程序:..\03-Software\CH06\UART\UART-ISR。该程序使用 UART 构件,实现串口接收中断编程。MCU 收到一个字节后,进入串口接收中断处理程序,在该程序中读出该字节,同时直接将该字节发送出去。可以利用 PC 机串口通信程序进行测试。

(2) PC 方样例程序:..\04-Tool\C♯串口测试程序。这是 PC 机方串口通信 C♯源程序。读者无论是否学习过 C♯语言,都可以通过实例顺利理解其执行流程,基本掌握其编程方法,把它作为辅助工具,为学习 MCU 服务。该文件夹中还给出了 C♯快速应用指南。

4. 实验过程或要求

1) 验证性实验

验证 MCU 方样例程序,其主要功能是使开发板上的小灯闪烁、通过 MCU 串口发送字符串、回发接收数据。

(1) 复制样例工程并重命名。复制 MCU 方样例程序工程到自己的工作文件夹,重命名为自己确定的工程名,建议在原名称尾端增加字符。

(2) 导入工程、编译、下载到 GEC 中。

(3) 观察实验现象。在开发环境下,使用"工具"→"串口工具",可进行串口调试。也可利用..\04-Tool\C♯串口测试程序或其他通用串口调试工具进行测试。在此基础上理解 main.c 程序和中断服务例程 isr.c。PC 的 C♯界面设计了发送文本框、接收字符型文本框、十进制型文本框、十六进制型文本框,请读者尝试理解接收、发送等程序功能。

(4) 修改程序。MCU 收到一个字节后,将其减 3,再发送回去。请读者尝试理解所观察到的现象。

2) 设计性实验

(1) 通过串口调试工具或..\04-Tool\C♯串口测试程序,PC 发送字符 1 或者 0 来控制开发板上三色灯中的一个 LED 灯;MCU 接收到字符 1 时打开 LED 灯,接收到字符 0 时关闭 LED 灯。

(2) 通过串口调试工具或..\04-Tool\C♯串口测试程序,PC 发送字符串 Open 或者 Close 来控制开发板上三色灯中的一个 LED 灯;MCU 接收到字符串 Open 时打开 LED 灯,接收到字符串 Close 时关闭 LED 灯。

3）进阶实验★

（1）修改编写 MCU 方和 C♯方程序,利用组帧方法来完成串口任意长度数据的接收和发送。实现 C♯程序通过发送字符串 Open 或者 Close 来控制开发板上三色灯中的一个 LED 灯;MCU 接收到字符串 Open 时打开 LED 灯,接收到字符串 Close 时关闭 LED 灯。

提示:组帧的双方可约定"帧头＋数据长度＋有效数据＋帧尾"为数值帧的格式,帧头和帧尾请自行设定。

（2）利用上述实验中的组帧方法完成 C♯方和 MCU 方程序功能,C♯方程序实现鼠标单击相应按钮,控制开发板上的三色灯完成"红、绿、蓝、青、紫、黄、白、暗"显示的变化。

5. 实验报告要求

（1）描述串口通信及中断编程实验中遇到的问题,给出原因分析、解决方法及体会。

（2）描述接收中断方式下,MCU 方串口通信程序的执行流程以及 PC 方的 C♯串口通信程序的执行流程。

（3）在实验报告中完成实践性问答题。

6. 实践性问答题

（1）波特率为 9600bps 和 115200bps 时,发送一个字节需要多少时间?

（2）哪些方法可以测试 MCU 串口的 TX 引脚发出了信号?

（3）串口通信中用电平转换芯片（RS 485 或 RS 232）进行电平转换,程序是否需要修改? 说明原因。

（4）组帧中如何增加校验字段? 查找资料,说一说有哪些常用校验方法。

（5）MCU 方的串口接收中断编程,在 PC 方的 C♯编程中是如何描述的?

本章小结

本章是全书的重点之一。串行通信在嵌入式开发中具有特殊地位,通过串行通信接口与 PC 相连,可以借助 PC 屏幕进行嵌入式开发的调试。本章另一重要内容阐述中断编程的基本方法。至此,1～6 章已经囊括了学习一个新 MCU 入门环节的完整要素。后续章节将在此规则与框架下学习各知识模块。

1. 关于串口通信的通用基础知识

MCU 的串口通信模块 UART,在硬件上,一般只需要三根线,分别称为发送线（TxD）、接收线（RxD）和地线（GND）,在通信表现形式上,属于单字节通信,是嵌入式开发中重要的打桩调试手段。串行通信数据格式可简要表述为:发送器通过发送一个"0"表示一个字节传输的开始,随后一般是一个字节的 8 位数据,最后,发送器发送停止位"1",表示一个字节传送结束。若继续发送下一字节,则重新发送开始位,开始传送一个新的字节;若不发送新的字节,则维持"1"的状态,使发送数据线处于空闲。从开始位到停止位结束的时间间隔称为一字节帧。串行通信的速度用波特率表征,其含义是每秒内传送的位数,单位是位/秒,记为 bps。

2. 关于 UART 构件的常用对外接口函数

首先应该学会使用 UART 构件进行串口通信的编程,正确理解与使用初始化（uart_init）、发送单个字节（uart_send1）、发送 N 个字节（uart_sendN）、发送字符串（uart_send_ string)、接收单个字节(uart_re1)、使能串口接收中断(uart_enable_re_int)等函数。UART构件的制作有一定难度,读者可以根据自己的学习情况确定掌握深度;基本要求是在了解寄存器的基础上,理解如何利用直接地址操作的串口发送打通程序,后续再进行构件制作。从这里可以看出使用构件与制作构件的难度差异,这是软件编程的社会分工的重要分界点。利用 GEC 概念,把这两个过程分割开来。做构件与用构件属于不同工作范畴。

3. 关于中断编程问题

任何一个计算机程序原则上可以理解为两条运行线,一条为无限循环线,另一条为中断线。要对一个中断进行编程,要求掌握以下几个环节:① 中断源、中断 IRQ 号、中断向量号;② 产生中断的条件;③ 中断初始化;④ 中断处理程序的存放位置及编写中断处理程序。读者可通过串口通信接收中断体会这个过程。

习题

1. 利用 PC 的 USB 口与 MCU 之间进行串行通信,为什么要进行电平转换? AHL-MSPM0L1306 开发板中是如何进行这种电平转换的?

2. 设波特率为 9600,使用 NRZ 格式的 8 个数据位,没有校验位,有 1 个停止位,传输6KB 的文件最少需要多少时间?

3. 简要给出 ARM Cortex-M0+ 中断编程的基本知识要素,并以串口通信的接收中断编程为例加以说明。

4. 查阅 UART 构件中对引脚复用的处理方法,说明这种方法的优缺点。

5. 按照 6.3.2 节的方法,利用直接地址的方法给出开发板上 UART_Debug 串口的发送程序。

6. 简要阐述制作 UART 构件的基本过程。

7. 阐述一下为什么实际串行通信编程中必须对通信内容进行组帧和校验,并给出组帧和校验的基本方法描述与实践。

第**7**章

定时器相关模块

本章导读

定时器是 MCU 中必不可少的部件,周期性的定时中断为需要反复执行的功能提供了基础,也为脉宽调制、输入捕捉与输出比较提供了技术基础。本章首先较详细地给出 ARM Cortex-M0+内核定时器 SysTick 的编程方法,简要给出 Timer 模块的基本定时功能;随后给出 Timer 模块的脉宽调制、输入捕捉与输出比较功能的编程方法。

7.1 定时器通用基础知识

在嵌入式应用系统中,有时要求对外部脉冲信号或开关信号进行计数,可通过计数器来完成。有些设备要求每间隔一定时间开启并在一段时间后关闭,有些指示灯要求不断地闪烁,均可利用定时信号来完成。另外,计算机运行的日历时钟、产生不同频率的声源等也需要定时信号。计数与定时问题的解决方法是一致的,只不过是同一个问题的两种表现形式。实现计数与定时的基本方法有三种:完全硬件方式、完全软件方式、可编程计数器/定时器。完全硬件方式基于逻辑电路实现,现已很少使用;完全软件方式用于极短延时;稍微长一点的延时均使用可编程定时器。

1. 完全软件方式实现定时

完全软件方式利用计算机执行指令的时间实现定时,但这种方式占用 CPU,不适用于多任务环境,一般仅用于时间极短的延时且重复次数较少的情况。需要说明的是,在 C 语言编程时,声明这种延时语句的循环变量需要加上 volatile,即编译时对该变量不优化,否则可能导致在不同编译场景下延时指令周期不一致。

```
//延时若干指令周期
for(volatile uint32_t i = 0; i < 80000; i++) __ASM("NOP");
```

2. 可编程定时器

可编程定时器根据需要的定时时间,用指令对定时器进行初始常数设定,并用指令启动定时器开始计数,当计数到指定值时,便自动产生一个定时输出,通常为中断信号,用于告知 CPU,在定时中断处理程序中,对时间进行基本运算。在这种方式中,定时器开始工作以后,CPU 不必去管它,可以运行其他程序,计时工作并不占用 CPU 的工作时间。在实时操作系统中,利用定时器产生中断信号,建立多任务程序运行环境,可大幅提高 CPU 的利用率。本章后续阐述的均是这种类型的定时器。

7.2　MSPM0L1306 中的定时器

在计算机中,一般有多个定时器用于实现不同功能,就像酒店墙上挂出许多时钟,显示不同时区的时间。计算机中定时器最基本的功能就是计时,不同定时器的计数频率不同,阈值范围不同。

7.2.1　ARM Cortex-M0+内核定时器 SysTick

ARM Cortex-M0+内核中包含了一个简单的定时器 SysTick,又称为"嘀嗒"定时器。由于这个定时器包含在内核中,凡是使用该内核生产的 MCU 均含有 SysTick,因此使用这个定时器的程序便于在 MCU 间移植。若使用实时操作系统,一般可用该定时器作为操作系统的时间嘀嗒,可简化实时操作系统在以 ARM Cortex-M 为内核的 MCU 间的移植工作。

由于 SysTick 定时器功能简单,内部寄存器也较少,其构件制作也相对简单,因此,读者彻底掌握其构件制作过程,有利于对构件的理解。

1. SysTick 定时器的寄存器

1) SysTick 定时器的寄存器地址

SysTick 定时器中有 4 个 32 位寄存器,基地址为 0xE000E010,其偏移地址及简明功能如表 7-1 所示。

表 7-1　SysTick 定时器的寄存器偏移地址及简明功能

偏移地址	寄存器名	简称	简明功能
0x0	控制及状态寄存器	CTRL	配置功能及状态标志
0x4	重载寄存器	LOAD	低 24 位有效,计数器到 0,用该寄存器的值重载
0x8	计数器	VAL	低 24 位有效,返回计数器的当前值
0xC	校准寄存器	CALIB	针对不同 MUC,校准恒定中断频率

2) 控制及状态寄存器

控制及状态寄存器的 31～17 位、15～3 位为保留位,其余 4 个位有实际含义,如表 7-2 所示。这 4 位分别是溢出标志位、时钟源选择位、中断使能控制位和定时器使能位。

表 7-2　控制及状态寄存器

位	英文含义	中文含义	R/W	功能说明
16	COUNTFLAG	溢出标志位	R	计数器减 1 计数到 0,则该位为 1;读取该位则清 0
2	CLKSOURCE	时钟源选择位	R/W	0:外部时钟。1:内核时钟
1	TICKINT	中断使能控制位	R/W	0:禁止中断。1:允许中断
0	ENABLE	SysTick 使能位	R/W	0:关闭。1:使能

3) 重载寄存器及计数器

SysTick 模块的计数器(SysTick->VAL)读取返回 SysTick 的当前值,这个寄存器由芯片硬件自行维护,用户无须干预。系统可通过读取该寄存器的值得到更精细的时间表示。

SysTick 定时器的重载寄存器(SysTick->LOAD)的低 24 位 D23~D0 有效,其值是计数器的初值及重载值。SysTick 定时器的计数器(SysTick->VAL)保存当前计数值,这个寄存器由芯片硬件自行维护,用户无须干预,用户程序可通过读取该寄存器的值得到更精细的时间表示。

4) ARM Cortex-M0+ 内核优先级设置寄存器

SysTick 定时器初始化程序时,还需用到 ARM Cortex-M0+ 内核的系统处理程序优先级寄存器(System Handler Priority Register,SHPR),用于设定 SysTick 定时器中断的优先级。这部分内容有一定难度,一般读者了解即可。

系统处理程序优先级寄存器 SHPR 位于系统控制块(System Control Block,SCB)中。在 ARM Cortex-M0+ 中,只有系统嘀嗒定时器 SysTick,以及操作系统使用的系统服务调用 SVC 和可挂起系统调用 PendSV 等内部异常可以设置其中断优先级,其他内核异常的优先级是固定的。编程时,使用 SCB->SHP[n]进行书写,SVC 的优先级在 SHP[0]寄存器中设置,PendSV 和 SysTick 的优先级在 SHP[1]寄存器中设置,具体位置如图 7-1所示。

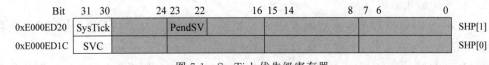

图 7-1　SysTick 优先级寄存器

5) MSPM0L1306 样例程序中 SysTick 优先级的设置

对于 MSPM0L1306 芯片,SHP[1]寄存器中设置 SysTick 优先级的有效位数是 D31、D30 这两位,可以设置 0~3 级,一般设置 SysTick 的优先级为 3。优先级 0~2 保留给应用于操作系统的 SVC 及 PendSV 中断使用。下面解析样例程序中 SysTick 优先级的设置。

首先查找地址,在工程的..\02_CPU\core_cm0plus.h 文件中搜索"SCB_BASE",得到 SCB 的基地址为 0xE000_ED00;再搜索"SHP",可找到 SCB_Type,通过搜索 SCB_Type 可知其开始地址就是 0xE000_ED00。由 SCB_Type 可得到 SHP[1]的偏移量为 0x20,由此可计算出 SHP[1]的地址为 0xE000_ED20,可参阅其注释。

然后设置优先级,在 systick.c 中调用函数 NVIC_SetPriority 设置优先级:NVIC_SetPriority (SysTick_IRQn,(1UL << __NVIC_PRIO_BITS)−1UL)。通过查表(表 3-3)得到函数中第 1 参数(即 SysTick 模块的 IRQ 号)为 0xFFFF_FFFF(补码表示,原码为−1)[1],第 2 参数为 3[2]。

---

[1]　在芯片头文件 03_MCU\startup\mspm0l1306.h 中,也可以搜索到 SysTick_IRQn=−1。

[2]　(1UL << __NVIC_PRIO_BITS)−1UL=3,是优先级的实参。

在 core_cm0plus.h 中,搜索到 __NVIC_SetPriority 函数源码[①]。

```
__STATIC_INLINE void __NVIC_SetPriority(IRQn_Type IRQn, uint32_t priority)
{
    if((int32_t)(IRQn) >= 0)
    {
        NVIC->IP[_IP_IDX(IRQn)] = ((uint32_t)(NVIC->IP[_IP_IDX(IRQn)]
                                &~(0xFFUL << _BIT_SHIFT(IRQn)))
                                |(((priority << (8U - __NVIC_PRIO_BITS))
                                & (uint32_t)0xFFUL) << _BIT_SHIFT(IRQn)));
    }
    else
    {
        SCB->SHP[_SHP_IDX(IRQn)] = ((uint32_t)(SCB->SHP[_SHP_IDX(IRQn)]
                                &~(0xFFUL << _BIT_SHIFT(IRQn)))
                                |(((priority << (8U - __NVIC_PRIO_BITS)) &
                                (uint32_t)0xFFUL) << _BIT_SHIFT(IRQn)));
    }
}
```

2. SysTick 构件制作过程

SysTick 构件是最简单的构件,只包含一个初始化函数。设计 SysTick 初始化函数 systick_init 分三步。

1) 梳理初始化流程

SysTick 定时器被捆绑在嵌套向量中断控制器 NVIC 中,内含一个 24 位向下计数器,采用减 1 计数的方式工作,当减 1 计数到 0 时,可产生 SysTick 异常(中断),中断号为 15。初始化时,选择时钟源(决定了计数频率),设置重载寄存器(决定了溢出周期),设置优先级,允许中断,使能该模块。由此,该定时器开始工作,计数器的初值为重载寄存器中的值。计数器开始减 1 计数,计数到 0 时,控制及状态寄存器的溢出标志位 COUNTFLAG 被自动置 1,产生中断请求;同时,计数器自动重载初值,继续开始新一轮减 1 计数。

2) 确定初始化参数及其范围

下面分析 SysTick 初始化函数都需要哪些参数。首先需要确定时钟源,它决定了计数

---

① 这段代码比较难理解,一步一步来看:

(1) 入口参数。在 systick_init 函数中,实参为第 1 参数-1,第 2 参数为 3。

(2) 实际运行语句。由于第 1 参数为-1,因此只运行 else 后面的语句。

(3) 找出等式左边 SHP[_SHP_IDX(IRQn)] 中的 _SHP_IDX(IRQn)。查找到宏定义: #define _SHP_IDX(IRQn) (((((uint32_t)(int32_t)(IRQn)) & 0x0FUL)-8UL) >>2UL)),计算得到 0xFFFF_FFFF & 0x0F=0xF→0xF-8 =7→7>>2=1,所以 _SHP_IDX(IRQn)值为 1,SHP[_SHP_IDX(IRQn)]就是 SHP[1]。

(4) 找出等式右边中宏定义 #define _BIT_SHIFT(IRQn): #define _BIT_SHIFT(IRQn) (((((uint32_t)(int32_t)(IRQn))) & 0x03UL) * 8UL),计算得到 0xFFFF_FFFF & 0x03=0x3→3 * 8=24→_BIT_SHIFT(IRQn)=24。FF 左移 24 位取反即高 8 位全为 0,低 24 位全为 1。

(5) 计算((priority << (8U-__NVIC_PRIO_BITS)) & (uint32_t)0xFFUL)=0xC0。C0 左移 24 位后,D31、D30 这 2 位均为 1,低 30 位均为 0。

(6) 结论: 这个语句就是使得 32 位寄存器 SHP[1]寄存器的 D31、D30 位为 1,D29~D24 均为 0,其他位不动。实际就是设置 SysTick 的优先级为 3。

这是芯片厂商提供的函数,为使读者能够理解工程师的编程意图,这里仅仅做一些解释。

频率。本书使用的 MSPM0L1306 芯片外部晶振未引出,编程时将 SysTick 的时钟源设置为内核时钟,不做传入参数。其次,由于当计数器(SYST_CVR)减到 0 时会产生 SysTick 中断,因此应确定 SysTick 中断时间间隔,单位一般为毫秒(ms)。这样,SysTick 初始化函数只有一个参数:中断时间间隔。设时钟频率为 f,计数器有效位数为 n,则中断时间间隔的范围为 $\tau = 1 \sim (2^n / f) * 1000 (\text{ms})$。MSPM0L1306 的内核时钟频率为 $f = 32\text{MHz}$,计数器有效位数为 $n = 24$,故中断时间间隔的范围为 $\tau = 1 \sim 524 (\text{ms})$。

3) 编写 systick_init 函数

在确定初始化流程、参数和参数范围后,编写 systick_init 函数就变得简单了。首先进行参数检查,其次禁止 SysTick 并清除计数器,然后设置时钟源、重载寄存器、SysTick 优先级,最后允许中断并使能该模块。具体流程见源代码。

```
//===============================================================
//函数名称：systick_init
//函数返回：无
//参数说明：int_ms 为中断的时间间隔,单位为 ms,推荐选用 5,10,...
//功能概要：初始化 SysTick 定时器,设置中断的时间间隔
//说明：内核时钟频率 MCU_SYSTEM_CLK_KHZ 宏定义在 mcu.h 中,为 32000Hz
//systick 以 ms 为单位,最大取值为 524(2^24/32000,向下取整),合理范围 1~524
//===============================================================
void systick_init(uint8_t int_ms)
{
    //(1)参数检查
    if((int_ms<1)||(int_ms>524)) int_ms=10;
    //(2)设置前先禁止 SysTick 并清除计数器
    SysTick->CTRL=0;                              //禁止 SysTick
    SysTick->VAL=0;                               //清除计数器
    //(3)设置时钟源和重载寄存器
    SysTick->LOAD=MCU_SYSTEM_CLK_KHZ * int_ms;
    SysTick->CTRL|=SysTick_CTRL_CLKSOURCE_Msk;    //选择内核时钟
    //(4)设定 SysTick 优先级为 3
    NVIC_SetPriority (SysTick_IRQn, (1UL << __NVIC_PRIO_BITS) - 1UL);
    //(5)允许中断,使能该模块
    SysTick->CTRL |= (SysTick_CTRL_ENABLE_Msk|SysTick_CTRL_TICKINT_Msk);
}
```

在编写底层驱动时,需要对寄存器的某几位进行置 1 或清零操作,而不能影响其他位。在内核头文件和芯片头文件中,提供类似于…_Pos 和…_Msk 的宏定义。Msk 是 Mask 的缩写,中文含义是掩码,用于和寄存器进行按位运算得出新的操作数,如:

```
SysTick->CTRL|=SysTick_CTRL_CLKSOURCE_Msk;        //选择内核时钟
```

SysTick_CTRL_CLKSOURCE_Msk 的值为 1U<<2U(U、UL 分别表示无符号类型和无符号长整型)。和 SysTick->CTRL 按位或后,将 SysTick->CTRL 中的第 2 位置 1,而其他位不受影响。

3. SysTick 构件测试工程

测试工程位于电子资源中的"..\03-Software\CH07\SysTick"文件夹,其主要功能为:SysTick 使用内核时钟,每 10ms 中断一次;在中断里进行计数判断,每发生 100 个 SysTick

中断,蓝灯状态改变;同时调试串口输出 MCU 记录的相对时间,如"00:00:01"。

通过运行 PC 的"时间测试程序 C♯"程序,可显示 MCU 通过串口送来的 MCU 中 SysTick 定时器产生的相对时间,如"00:00:20",同时显示 PC 的当前时间,如"10:12:26"。此外,还提供了 SysTick 时间校准方式,可根据测试程序界面右下角检测的 PC 时间间隔与 MCU 的 30s 的比较,来适当改变重载寄存器的值,以此校准 SysTick 定时器产生的时间。这里给出 SysTick 定时器中断处理程序。

```
//==============================================================
//函数名称: SysTick_Handler(SysTick 定时器中断处理程序)
//参数说明: 无
//函数返回: 无
//功能概要: (1)每 10ms 中断触发本程序一次
//         (2)达到 1s 时,调用秒+1 程序,计算"时、分、秒"
//特别提示: (1)使用全局变量字节型数组 gTime[3],分别存储"时、分、秒"
//         (2)注意其中静态变量的使用
//==============================================================
void SysTick_Handler()
{
    static uint8_t SysTickCount = 0;        //静态变量 SysTickCount
    SysTickCount++;                         //Tick 单元+1
    wdog_feed();                            //看门狗"喂狗"
    if(SysTickCount >= 100)
    {
        SysTickCount = 0;
        SecAdd1(gTime);                     //gTime 是"时、分、秒"全局变量数组
    }
}
```

这里对该程序做两点说明:①请读者思考这里为什么要把 SysTickCount 声明为静态变量,静态变量为什么一定要在声明时赋初值;②程序中,当时间达到 1s 时,调用秒单元+1 子程序,进行时、分、秒的计算,可以在此基础上进行年、月、日、星期的计算,注意闰年和闰月等问题。

```
//==============================================================
//函数名称: SecAdd1
//函数返回: 无
//参数说明: *p 指向一个时、分、秒数组 p[3]
//功能概要: 秒单元+1,并处理时、分单元(00:00:00-23:59:59)
//==============================================================
void SecAdd1(uint8_t * p)
{
    * (p+2) +=1;          //秒+1
    if(* (p+2) >=60)      //秒溢出
    {
        * (p+2) =0;       //清秒
        * (p+1) +=1;      //分+1
        if(* (p+1) >=60)  //分溢出
        {
            * (p+1) =0;   //清分
```

```
            * p+=1;          //时+1
        if(* p>=24)          //时溢出
        {
            * p=0;           //清时
        }
    }
}
```

【思考】 程序中给出比较判断的语句使用 if(＊(p+2)≥=60),而不使用 if(＊(p+2)
==60),这是为什么？这样的编程提高了程序的鲁棒性,仔细体会其中的道理。

7.2.2 Timer 模块的基本定时功能

在工程设计中,若需要基本定时,即多长时间后触发中断,在对应的中断服务例程 ISR
中进行相关的工作,首先需要了解所使用的芯片有哪些定时器,位数各是多少。对于以
ARM Cortex-M 为内核的 MCU,内核中均有 SysTick 定时器,一般留作操作系统时间嘀嗒
使用,建议用户不使用该定时器。除去内核定时器之外,MCU 一般均含有内部定时器,这
些定时器不但具有基本定时功能,大多还具有 PWM、输入捕捉及输出比较功能。

1. MSPM0L1306 微控制器的定时器

MSPM0L1306 微控制器提供了 4 个 16 位通用定时器(general-purpose timers,TIMG),
用于基本定时、PWM、输入捕捉和输出比较,4 个 TIMG 的编号为 TIMG0～TIMG2 和
TIMEG4。本小节仅讨论 Timer 模块的基本计时功能,7.3 节及 7.4 节讨论 Timer 模块的
PWM、输入捕捉、输出比较功能。

2. 基本计时构件头文件

Timer 构件的头文件 timer.h 在工程的..\03_MCU\MCU_drivers 文件夹中,这里给出
其 API 接口函数的使用说明及函数声明。

```
//=============================================================
//文件名称：timer.h
//功能概要：timer 底层驱动构件头文件
//版权所有：苏大嵌入式(sumcu.suda.edu.cn)
//版本更新：20230514-20231215
//芯片类型：MSPM0L1306
//=============================================================
#ifndef TIMER_H
#define TIMER_H

#include "mspm0l1306.h"
#include "mcu.h"

//mspm0l1306的定时器模块编号
#define TIMER0   0       //TIMG0
#define TIMER1   1       //TIMG1
#define TIMER2   2       //TIMG2
#define TIMER4   3       //TIMG4(为了方便源代码的地址赋值)


//=============================================================
//函数名称：timer_init
```

```
//函数返回：无
//参数说明：timer_No——时钟模块号(可使用宏定义)
//          time_ms——定时器中断的时间间隔,单位 ms,范围 1~524ms
//功能概要：时钟模块初始化
//=============================================================
void timer_init(uint8_t timer_No,uint32_t time_ms);


//=============================================================
//函数名称：timer_enable_int
//函数返回：无
//参数说明：timer_No——时钟模块号(可使用宏定义)
//功能概要：时钟模块使能,开启时钟模块中断及定时器中断
//=============================================================
void timer_enable_int(uint8_t timer_No);


//=============================================================
//函数名称：timer_disable_int
//函数返回：无
//参数说明：timer_No——时钟模块号(可使用宏定义)
//功能概要：定时器中断除能
//=============================================================
void timer_disable_int(uint8_t timer_No);


//=============================================================
//函数名称：timer_get_int
//参数说明：timer_No——时钟模块号(可使用宏定义)
//功能概要：获取 timer 模块中断标志
//函数返回：中断标志 1=有对应模块中断产生;0=无对应模块中断产生
//=============================================================
uint8_t timer_get_int(uint8_t timer_No);


//=============================================================
//函数名称：timer_clear_int
//函数返回：无
//参数说明：timer_No——时钟模块号(可使用宏定义)
//功能概要：定时器清除中断标志
//=============================================================
void timer_clear_int(uint8_t timer_No);


#endif
```

3. Timer 模块的基本计时构件测试实例

测试工程为..\03-Software\CH07\Timer,其主要功能为：Timer 定时器每 20ms 中断一次,在中断里进行计数判断,每发生 50 个中断蓝灯状态改变一次;同时调试串口输出 MCU 记录的相对时间,如"00:00:01"。

在 PC 运行..\03-Software\CH07\时间测试程序 C♯,可显示 MCU 通过串口送来的 MCU 中定时器产生的相对时间,如"00:00:20",同时显示 PC 的当前时间,如"10:12:26"。此外,还提供了时间校准方式,可根据测试程序界面右下角检测的 PC 时间间隔与 MCU 的 30s 的比较,适当改变自动重载寄存器的值,以此校准定时器。

7.3　脉宽调制

脉宽调制(Pulse Width Modulator,PWM)可以通过软件编程方式控制芯片引脚输出周期性高低电平的持续时间,以达到调整信号的目的。脉宽调制可用于电机的变频控制、灯光的细分亮暗控制等。

7.3.1　脉宽调制通用基础知识

1. PWM 知识要素

脉宽调制是电机控制的重要方式之一。PWM 信号是一个高/低电平重复交替的输出信号,通常也叫脉宽调制波或 PWM 波。PWM 的最常见的应用是电机控制,还有一些其他用途。例如,可以利用 PWM 为其他设备产生类似于时钟的信号,利用 PWM 控制灯以一定频率闪烁,也可以利用 PWM 控制输入到某个设备的平均电流或电压。

PWM 信号的主要技术指标有 PWM 时钟源频率、PWM 周期、占空比、脉冲宽度与分辨率、极性与对齐方式等。

1) 时钟源频率、PWM 周期与占空比

通过 MCU 输出 PWM 信号的方法与单纯使用电力或电子实现的方法相比,有实现方便之优点,所以目前经常使用的 PWM 信号主要通过 MCU 编程实现。图 7-2 给出了一个利用 MCU 编程方式产生 PWM 波的实例,这个方法需要有一个产生 PWM 波的时钟源,其频率记为 F_{CLK},单位为 Hz,相应时钟周期为 $T_{CLK}=1/F_{CLK}$,单位为 s。

PWM 周期用其有效电平持续的时钟周期个数来度量,记为 N_{PWM}。例如,图 7-2 中的 PWM 信号的有效电平为高电平,其周期是 $N_{PWM}=8$(无量纲),实际 PWM 周期 $T_{PWM}=8*T_{CLK}(s)$。

PWM 占空比被定义为 PWM 信号处于有效电平的时钟周期数与整个 PWM 周期内的时钟周期数之比,用百分比表征。图 7-2(a)中,PWM 的高电平(高电平为有效电平)为 $2T_{CLK}$,所以占空比=2/8=25%。类似计算,图 7-2(b)占空比为 50%(方波),图 7-2(c)占空比为 75%。

2) 脉冲宽度与分辨率

脉冲宽度指一个 PWM 周期内,PWM 波处于有效电平的时间(用持续的时钟周期数表征)。脉冲宽度可以用占空比与周期计算出来,故可不作为一个独立的技术指标。

PWM 分辨率 ΔT 是脉冲宽度的最小时间增量,等于时钟源周期,$\Delta T=T_{CLK}$,也可不作为一个独立的技术指标。例如,若 PWM 是利用频率 $F_{CLK}=48MHz$ 的时钟源产生的,即时钟源周期 $T_{CLK}=(1/48)\mu s=20.8ns$,那么脉冲宽度的每一增量值即为 $\Delta T=20.8ns$,就是 PWM 的分辨率。它就是脉冲宽度的最小增量,脉冲宽度的增加与减少只能是 ΔT 的整数倍,实际上脉冲宽度正是用有效电平持续的时钟周期数(整数)来表征的。

3) 极性

PWM 极性决定了 PWM 波的有效电平。正极性表示 PWM 有效电平为高电平,负极性表示 PWM 有效电平为低电平。与此同时,还要注意到空闲电平,其值与 PWM 极性相反。如,在边沿对齐的情况下,若希望有效电平为低电平,则空闲电平就应该为高电平,以便

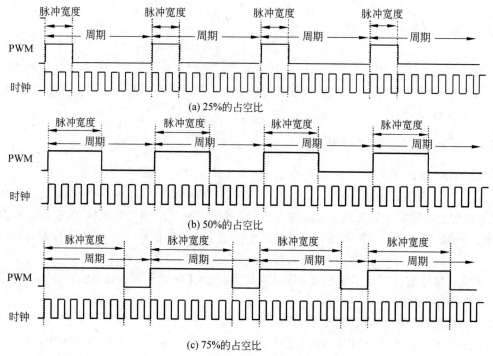

(a) 25%的占空比

(b) 50%的占空比

(c) 75%的占空比

图 7-2　不同占空比的 PWM 波形

开始产生 PWM 的信号为低电平,到达比较值时,跳变为高电平。但需注意,有时仍然定义占空比为高电平持续时间与 PWM 周期之比。

4) 对齐方式

PWM 对齐方式有边沿对齐与中心对齐两种,可以用 PWM 引脚输出发生跳变的时刻来区分。若 PWM 引脚跳变时刻发生在第 1 个时钟周期的上升沿,则为边沿对齐。中心对齐的表述比较复杂,需要了解的读者可参阅电子资源中的补充阅读材料。一般情况下使用边沿对齐,中心对齐多用于电机控制编程中,本书不再描述。

2. PWM 的应用场合

PWM 最常见的应用是电机控制。还有下面一些其他用途,这里举例说明。

（1）利用 PWM 为其他设备产生类似于时钟的信号。例如,PWM 可用来控制灯以一定频率闪烁。

（2）利用 PWM 控制输入到某个设备的平均电流或电压,在一定程度上可以替代 D/A 转换。例如,直流电机在输入电压时会转动,而转速与平均输入电压的大小成正比。假设每分钟转速(r/min)＝输入电压的 100 倍,如果转速要达到 125r/min,则需要 1.25V 的平均输入电压;如果转速要达到 250r/min,则需要 2.50V 的平均输入电压。在展示了不同占空比的 PWM 波形的图 7-2 中,如果逻辑 1 是 5V,逻辑 0 是 0V,则(a)的平均电压是 1.25V,(b)的平均电压是 2.5V,(c)的平均电压是 3.75V。可见,利用 PWM 可以设置适当的占空比来得到所需的平均电压。如果所设置的 PWM 周期足够小,电机就可以平稳运转(即不会明显感觉到电机在加速或减速)。

（3）利用 PWM 控制命令字编码。例如,通过发送不同宽度的脉冲,代表不同含义。假如用此来控制无线遥控车,脉冲宽度 1ms 代表左转命令,脉冲宽度 4ms 代表右转命令,脉冲宽度 8ms 代表前进命令。接收端可以使用定时器来测量脉冲宽度,在脉冲开始时启动定时器,脉冲结束时停止定时器,由此确定所经过的时间,从而判断接收到的命令。

7.3.2　基于构件的 PWM 编程方法

1. MSPM0L1306 的 PWM 引脚

7.2.3 节中提到,Timer 模块中的 TIMEG0、TIMEG1、TIMEG2、TIMEG4 定时器均可提供 PWM 功能,各定时器提供的通道数及对应引脚如表 7-3 所示。

表 7-3　Timer 模块 PWM 通道引脚表

Timer 模块	通道数	通道号	MCU 引脚名	AHL-MSPM0L1306 引脚号	编程时通道编号
TIMG0	2	0	PTA12	19	CH1
		1	PTA13	20	CH2
TIMG1	2	0	PTA7	14	CH3
		1	PTA1	8	CH4
TIMG2	2	0	PTA3	10	CH5
		1	PTA4	11	CH6
TIMG4	2	0	PTA17	7	CH7
		1	PTA15	5	CH8

2. PWM 构件的头文件

PWM 构件的头文件 pwm.h 在工程的 ..\03_MCU\MCU_drivers 文件夹中,下面给出其 API 接口函数的使用说明及函数声明,其源码参见样例工程。

```
//================================================================
//文件名称: pwm.h
//功能概要: PWM 底层驱动构件头文件
//制作单位: 苏大嵌入式(sumcu.suda.edu.cn)
//版本更新: 20230516-20231215
//芯片类型: MSPM0L1306
//================================================================
#ifndef _PWM_H_
#define _PWM_H_
#include "mcu.h"        //包含公共要素头文件
#include "mspm0l1306.h"

//PWM 对齐方式宏定义: 边沿对齐、中心对齐
#define PWM_EDGE   0
#define PWM_CENTER 1

//PWM 极性选择宏定义: 正极性、负极性
#define PWM_PLUS   0
#define PWM_MINUS  1
```

```
//PWM 通道号
#define   PWM_PIN0   (PTA_NUM|12)    //CH1
#define   PWM_PIN1   (PTA_NUM|13)    //CH2
#define   PWM_PIN2   (PTA_NUM|7)     //CH3
#define   PWM_PIN3   (PTA_NUM|1)     //CH4
#define   PWM_PIN4   (PTA_NUM|3)     //CH5
#define   PWM_PIN5   (PTA_NUM|4)     //CH6
#define   PWM_PIN6   (PTA_NUM|17)    //CH7
#define   PWM_PIN7   (PTA_NUM|15)    //CH8
//=================================================================
//函数名称：pwm_init
//功能概要：pwm 初始化函数
//参数说明：pwmNo——pwm 模块号，在 .h 的宏定义中给出
//         clockFre——时钟频率，单位 Hz，取值范围为 32000、16000、8000、4000、2000、1000、
//                   500、250、125、15(最低值)
//         period——周期，单位为个数，即计数器跳动次数，范围为 1~65536
//         duty——占空比，0.0~100.0 对应 0%~100%
//         align——对齐方式，在头文件宏定义中给出，如 PWM_EDGE 为边沿对齐
//         pol——极性，在头文件宏定义中给出，如 PWM_PLUS 为正极性
//函数返回：无
//使用说明：(1)注意时钟频率范围
//         (2)因 PWM 和输入捕捉使用同一定时器，只是通道不同，
//            注意应使 clockFre 和 period 参数保持一致，建议用不同定时器
//=================================================================
void  pwm_init(uint16_t pwmNo,uint32_t clockFre,uint16_t period,
double duty, uint8_t align, uint8_t pol);


//=================================================================
//函数名称：pwm_update
//功能概要：TIMx 模块 Chy 通道的 PWM 更新
//参数说明：pwmNo——pwm 模块号，在 .h 的宏定义中给出
//         duty——占空比，0.0~100.0 对应 0%~100%
//函数返回：无
//=================================================================
void pwm_update(uint16_t pwmNo,double duty);


#endif
```

下面对 pwm_init 函数应该具备哪些参数做一个说明。第 1 个参数是 PWM 通道号，确定使用哪个引脚作为 PWM 输出；第 2 个参数是产生 PWM 波的时钟源频率，它决定了 PWM 的精度(分辨率)；第 3 个参数是 PWM 周期，它是一个无量纲的数，表示一个 PWM 周期由多少个时钟周期数组成；第 4 个参数是占空比；第 5 个参数是对齐方式；第 6 个参数是极性。PWM 初始化函数的参数说明如表 7-4 所示，由此可进行 PWM 的应用编程。

3. 基于构件的 PWM 编程举例

PWM 驱动构件的测试工程位于电子资源中的"..\03-Software\CH07\PWM"文件夹，编程输出 PWM 波。PC 的对应程序为 PWM-测试程序 C♯，可通过串口观察 PWM 波形。

表 7-4 PWM 基本功能函数参数说明

序号	参 数	含 义	备 注
1	pwmNo	pwm 通道号	使用宏定义 PWM_PIN0、PWM_PIN1、…
2	clockFre	时钟频率	单位：Hz。取值：32000、16000、8000、4000、2000、1000
3	period	周期	单位为个数，即计数器跳动次数，范围为 1~65536
4	duty	占空比	0.0~100.0 对应 0.0%~100.0%
5	align	对齐方式	在头文件宏定义中给出，如 PWM_EDGE 为边沿对齐
6	pol	极性	在头文件宏定义中给出，如 PWM_PLUS 为正极性

1）硬件连接及功能

用杜邦线将 PTA17 与 PTA7 相连接，从 PTA7 打出 PWM 波形，利用输入捕捉从 PTA17 获得其状态时刻，利用 printf 输出 1、0，PC 的 PWM-测试程序 C♯ 画出其 PWM 波形。

2）MCU 方编程步骤

（1）变量定义。在工程 07_AppPrg\main.c 中 main 函数的"声明 main 函数使用的局部变量"部分，声明变量。

```
uint8_t m_capFlag;        //输入捕捉标志
uint8_t m_levelState;     //采集的电平高低标志
```

（2）给变量赋初值。

```
m_capFlag=0;
m_levelState =1;
```

（3）初始化 PWM 和输入捕捉。在 main 函数的"初始化外设模块"处，初始化 PWM，设置通道号为 PWM_USER(PTA_NUM|7)，时钟频率为 2000Hz，周期为 1000，占空比设为 50.0%，对齐方式为边沿对齐，极性选择正极性。初始化输入捕捉，设置通道号为 INCAP_USER(PTA_NUM|17)，时钟频率为 250Hz，周期为 1000，模式为双边沿捕捉。

```
pwm_init(PWM_USER,2000,1000,50.0,PWM_CENTER,PWM_PLUS);    //PWM初始化
incapture_init(PWM_CAPTURE,250,1000,CAP_DOUBLE);          //输入捕捉初始化
```

（4）PWM_USER 引脚打出占空比不同的 PWM，利用输入捕捉获得其沿跳变。

```
for(;;)                           //for(;;)(开头)
{
 pwm_update(PWM_USER,m_duty);     //调节占空比
 m_duty=m_duty+10.0;              //占空比每次递增10
 if(m_duty>=90.0) m_duty=10.0;    //当占空比大于90后置为10,重新进行循环
 for(m_i=0;m_i<3;m_i++)  //m_i<3表示为了控制未知周期内相同占空比的波形,只打印3次
 {
  m_K=0;                          //保证每次输出打印完整的PWM波形,再进入下一个循环
  do                              //直到捕捉到上升沿或者下降沿,否则不退出循环
  {
   m_capFlag=cap_get_flag(PWM_CAPTURE);         //读取沿跳变标志并清除
   if((m_capFlag==1)&&(m_levelState==1))
```

```
        {
          printf("高电平: 1\n");
          m_levelState=0;
          m_K++;
        }
        else if((m_capFlag==1)&&(m_levelState==0))
        {
          printf("低电平: 0\n");
          m_levelState=1;
          m_K++;
        }
    }
    while (m_K<1);              //如果 m_K=1,则退出 do while 循环
  }
}                              //for(;;)结尾
```

3)测试现象

（1）连接硬件。用杜邦线将 PTA17 与 PTA7 相连接。

（2）下载 MCU 方程序。编译下载 MCU 方程序..\03-Software\CH07\PWM,记下正在使用的串口号,退出串口更新,否则串口会被占用。

（3）运行 PC 方程序。直接运行 C♯源程序..\03-Software\CH07\PWM-测试程序 C♯,使用默认波特率 115200,打开下载程序所使用的串口。

（4）观察现象。PWM 波形见图 7-3,由此体会 PWM 输出。

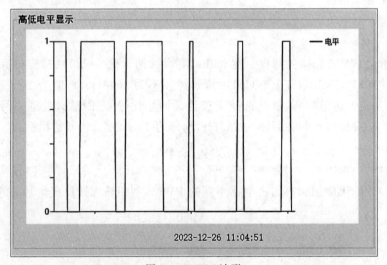

图 7-3　PWM 波形

7.4　输入捕捉与输出比较

输入捕捉与输出比较也是定时器的扩展功能,使得我们可以通过程序的方法较精确地测量与产生脉冲。

7.4.1 输入捕捉与输出比较通用基础知识

1. 输入捕捉的基本含义与应用场合

输入捕捉用来监测外部开关量输入信号变化的时刻。当外部信号在指定的 MCU 输入捕捉引脚上发生一个沿跳变(上升沿或下降沿)时,定时器捕捉到沿跳变,把计数器当前值锁存到通道寄存器,同时产生输入捕捉中断,利用中断处理程序可以得到沿跳变的时刻。这个时刻是定时器工作基础上的更精细时刻。

输入捕捉的应用主要有脉冲信号的周期与波形测量。例如,自己编程产生的 PWM 波,可以直接连接输入捕捉引脚,通过输入捕捉的方法测量回来,看是否达到要求。输入捕捉的应用还有电机的速度测量。

2. 输出比较的基本含义与应用场合

输出比较的功能是用程序的方法在规定的较精确时刻输出所需要的电平,从而实现对外部电路的控制。MCU 输出比较模块的基本工作原理是,当定时器的某一通道用作输出比较功能时,通道寄存器的值和计数寄存器的值一直比较。当两个值相等时,捕捉/比较操作寄存器生成相应事件,并且在该通道的引脚上输出预先规定的电平。如果输出比较中断允许,还会产生一个中断。

输出比较的应用主要有产生一定间隔的脉冲,典型的应用实例就是实现软件的串行通信。用输入捕捉作为数据输入,而用输出比较作为数据输出。首先根据通信的波特率向通道寄存器写入延时的值,根据待传的数据位确定有效输出电平的高低;然后在输出比较中断处理程序中,重新更改通道寄存器的值,并根据下一位数据改写有效输出电平控制位。

7.4.2 基于构件的输入捕捉和输出比较编程方法

1. MSPM0L1306 的输入捕捉和输出比较引脚

Timer 模块中的 TIMG0、TIMG1、TIMG2、TIMG4 同样提供输入捕捉和输出比较功能,各定时器提供的通道数及对应引脚与 PWM 相同,见表 7-3。

2. 输入捕捉驱动构件的头文件

输入捕捉构件的头文件 incapture.h 在工程的"\03_MCU\MCU_drivers"文件夹中。这里给出其 API 接口函数的使用说明及函数声明,其源码参见样例工程。

```
//===============================================================
//文件名称: incapture.h
//功能概要: incapture 底层驱动构件头文件
//框架提供: 苏大嵌入式(sumcu.suda.edu.cn)
//版本更新: 20230925-20231215
//芯片类型: MSPM0L1306
//===============================================================
#ifndef _INCAPTURE_H_
#define _INCAPTURE_H_

#include "mcu.h"
//输入捕捉模式
#define CAP_UP            0          //上升沿
#define CAP_DOWN          1          //下降沿
```

```
#define CAP_DOUBLE          2           //双边沿
//输入捕捉通道号
#define INCAP_PIN0 (PTA_NUM|12)         //CH1
#define INCAP_PIN1 (PTA_NUM|13)         //CH2
#define INCAP_PIN2 (PTA_NUM|7)          //CH3
#define INCAP_PIN3 (PTA_NUM|1)          //CH4
...
//==================================================================
//函数名称: incap_init
//功能概要: incap 模块初始化
//参数说明: capNo——输入捕捉通道号,在.h 的宏定义中给出
//          clockFre——时钟频率,单位 Hz,范围为 32000、16000、8000、4000、2000
//          period——周期,单位为个数,即计数器跳动次数,范围为 1~65536
//          capmode——输入捕捉模式(上升沿、下降沿),有宏定义常数使用
//函数返回: 无
//==================================================================
void incapture_init(uint16_t capNo, uint32_t clockFre, uint16_t period, uint8_t
capmode);


//==================================================================
//函数名称: incapture_value
//功能概要: 获取该通道的计数器当前值
//参数说明: capNo——输入捕捉通道号,在.h 的宏定义中给出
//函数返回: 通道的计数器当前值
//==================================================================
uint16_t get_incapture_value(uint16_t capNo);


//==================================================================
//函数名称: cap_enable_int
//功能概要: 使能输入捕捉中断
//参数说明: capNo——输入捕捉通道号,在.h 的宏定义中给出
//函数返回: 无
//==================================================================
void cap_enable_int(uint16_t capNo);


//==================================================================
//函数名称: cap_disable_int
//功能概要: 禁止输入捕捉中断
//参数说明: capNo——输入捕捉通道号,在.h 的宏定义中给出
//函数返回: 无
//==================================================================
void cap_disable_int(uint16_t capNo);
...
#endif
```

3. 输出比较驱动构件的头文件

输出比较构件的头文件 outcmp.h 在工程的"\03_MCU\MCU_drivers"文件夹中。这里给出其 API 接口函数的使用说明及函数声明,其源码参见样例工程。

```
//==================================================================
//文件名称: outcmp.h
```

```
//功能概要：outcmp 底层驱动构件头文件
//框架提供：苏大嵌入式 (sumcu.suda.edu.cn)
//版本更新：20230925-20231216
//芯片类型：MSPM0L1306
//=================================================================
#ifndef _OUTCMP_H_
#define _OUTCMP_H_

#include "mcu.h"              //包含公共要素头文件
#include "mspm0l1306.h"
//输出比较模式选择宏定义
#define CMP_REV   0           //翻转电平
#define CMP_LOW   1           //强制低电平
#define CMP_HIGH  2           //强制高电平


//输出比较通道号
#define OUTCMP_PIN0 (PTA_NUM|12)       //CH1
#define OUTCMP_PIN1 (PTA_NUM|13)       //CH2
#define OUTCMP_PIN2 (PTA_NUM|7)        //CH3
#define OUTCMP_PIN3 (PTA_NUM|1)        //CH4
...


//=================================================================
//函数名称：outcmp_init
//功能概要：outcmp 模块初始化
//参数说明：outcmpNo——输出比较模块号,在.h 的宏定义中给出
//          freq 单位 Hz,范围为 32000、16000、8000、4000、2000、1000
//          cmpPeriod 单位 ms,范围取决于计数器频率与计数器位数 (16 位)
//          comduty——输出比较电平翻转位置占总周期的比例,且范围为 0.0%~100.0%
//          cmpmode——输出比较模式 (翻转电平、强制低电平、强制高电平)
//函数返回：无
//=================================================================
void outcmp_init (uint16_t outcmpNo, uint32_t freq, uint32_t cmpPeriod, float
cmpduty, uint8_t cmpmode);


//=================================================================
//函数名称：outcmp_enable_int
//功能概要：使能输出比较使用的 timer 模块中断
//参数说明：outcmpNo——输出比较模块号,在.h 的宏定义中给出
//函数返回：无
//=================================================================
void outcmp_enable_int(uint16_t outcmpNo);


//=================================================================
//函数名称：outcmp_disable_int
//功能概要：禁用输出比较使用的 timer 模块中断
//参数说明：outcmpNo——输出比较模块号,在.h 的宏定义中给出
//函数返回：无
```

```
//===========================================================
void outcmp_disable_int(uint16_t outcmpNo);
...
#endif
```

4. 基于构件的输入捕捉、输出比较编程举例

输入捕捉、输出比较驱动构件的测试工程位于电子资源中的"..03-Software\CH07\Incapture-Outcmp"文件夹,PC 的对应程序为:Incapture-Outcmp-测试程序 C♯,可通过串口观察输出比较波形。

1) 硬件连接及功能

用杜邦线将 PTA17 与 PTA3 相连接,从 PTA3 打出输出比较电平,利用输入捕捉从 PTA17 获得其状态时刻,利用 printf 输出 1、0;通过 PC 的 Incapture-Outcmp-测试程序 C♯,画出输出比较的波形。

2) MCU 方编程步骤

(1) 在 user.h 中进行引脚及中断宏定义,以利于 07 文件夹的复用。

```
#define INCAP_USER   INCAP_PIN6                     //(PTA_NUM|17)
#define OUTCMP_USER  OUTCMP_PIN4                     //(PTA_NUM|3)

extern void INCAP_USER_Handler(void);               //中断处理例程
#define INCAP_USER_Handler TIMG4_IRQHandler    //对应到原始的中断服务例程名
```

(2) 在 main.c 中进行初始化。主程序对输出比较、输入捕捉初始化后,主循环不再对输出比较、输入捕捉编程,其功能在输入捕捉中断服务例程中实现。

```
period = 3000;                                       //自动重装载寄存器初始值
outcmp_init(OUTCMP_USER,1000,3,10.0,CMP_LOW);        //初始化输出比较为强制低电平
incapture_init(INCAP_USER,1000,10000,CAP_DOUBLE);    //初始化输入捕捉为双边沿捕捉
...
cap_enable_int(INCAP_USER);                          //使能输入捕捉中断
...
//初始化输出比较为翻转电平,保证第一次捕捉为上升沿
outcmp_init(OUTCMP_USER,1000,6,50.0,CMP_REV);
```

这里利用的输出比较功能实质是产生了周期性 PWM 波,也可以设置成非周期性地产生特定的电平。

(3) 使能输入捕捉中断。在 main 函数的"使能模块中断"处,使能输入捕捉中断。

```
cap_enable_int(INCAP_USER);                          //使能输入捕捉中断
```

(4) 在中断服务例程中的 INCAP_USER_Handler。

```
//===========================================================
//程序名称: INCAP_USER_Handler
//触发条件: 输入捕捉引脚捕捉到沿跳变触发
//备注: 进入本程序后,可使用 cap_get_flag 函数再进行中断标志判断
//           (1-捕捉到沿跳变,0-没有捕捉到沿跳变)
//===========================================================
void INCAP_USER_Handler(void)
{
```

```
//声明变量
static uint8_t flag = 0;
//经过多少毫秒翻转电平(该值不大于输入捕捉周期)
static uint16_t ms[6] = {(uint16_t)50,(uint16_t)100,
                         (uint16_t)75,(uint16_t)150,
                         (uint16_t)180,(uint16_t)1000,};
static uint8_t s_i = 0;
DISABLE_INTERRUPTS;
//---------------------------------------------------------
//没捕捉到沿跳变,直接退出中断
if(!cap_get_flag(INCAP_USER)) goto INCAP_USER_Handler_exit;
//捕捉到沿跳变
SecAddVal(gTime);
if(flag == 0)
{
printf("%d分钟:%d秒:%d毫秒 此刻是上升沿\r\n",gTime[0],gTime[1],gTime[2]);
    flag = 1;
}
else
{
printf("%d分钟:%d秒:%d毫秒 此刻是下降沿\r\n",gTime[0],gTime[1],gTime[2]);
    flag = 0;
}
//利用输出比较,确定多少ms后,电平翻转
period = ms[s_i]/1/0.5;            //周期 = ms/时钟频率(1000Hz)/占空比(50%)
outcmp_init(OUTCMP_USER,1000,period,50.0,CMP_REV);
//修改ms值
s_i = s_i+1;
if(s_i>=6)
{
   s_i=0;
   printf("------完成一个大周期------\r\n");
}

INCAP_USER_Handler_exit:
   cap_clear_flag(INCAP_USER);        //清中断
   //---------------------------------------------------------
   ENABLE_INTERRUPTS;                 //开总中断
}
```

3)测试现象

(1)连接硬件。用杜邦线将PTA17与PTA3相连接。

(2)下载MCU方程序。编译下载MCU方程序..\03-Software\CH07\Incapture-Outcmp,记下正在使用的串口号,退出串口更新,否则串口会被占用。

(3)运行PC方程序。直接运行C#源程序..\03-Software\CH07\Incapture-Outcmp-测试程序C#,使用默认波特率115200,打开下载程序所使用的串口。

(4)观察现象。PC方所获得的波形见图7-4,由此体会输出比较与输入捕捉功能。

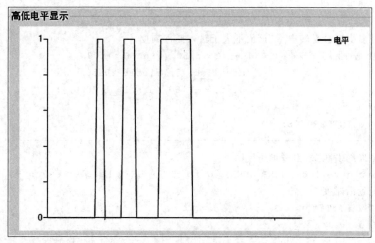

图 7-4　输出比较-输入捕捉的波形

7.5　实验三　定时器及 PWM 实验

1. 实验目的

（1）熟悉定时中断计时的工作及编程方法。

（2）掌握 PWM 编程方法。

2. 实验准备

（1）软硬件工具：与实验一相同。

（2）运行并理解"..\03-Software\CH07"中的几个程序。

3. 参考样例

（1）定时器程序。MCU 方程序"..\03-Software\CH07\Timer"。PC 方程序"..\03-Software\CH07\时间测试程序 C♯"。

（2）PWM。MCU 方程序"..\03-Software\CH07\PWM"。PC 方程序"..\03-Software\CH07\PWM-测试程序 C♯"。

（3）输出比较-输入捕捉。MCU 方程序"..\03-Software\CH07Incapture-Outcmp"。PC 方程序"..\03-Software\CH07\Incapture-Outcmp-测试程序 C♯"。

4. 实验过程或要求

1）验证性实验

参照实验二的验证性实验方法，验证本章电子资源中的样例程序，体会基本编程原理与过程。

2）设计性实验

（1）复制样例程序（Timer-MSPM0L1306），利用该程序框架实现：PC 方通过串口调试工具或参考"时间测试程序 C♯"自行编程发送当前 PC 系统时间（如"10：55：12"）来设置 MCU 开发板上的初始计时时间。请在实验报告中给出 MCU 方程序 main.c 和 isr.c 的流程图及程序语句。

(2) 将 MCU 开发板上具备 PWM 功能的某个引脚连接一个 LED 小灯(一端接 PWM 对应引脚,一端接 GND),PC 设法通过串口发送数值 0~100,改变 LED 小灯的亮度。请在实验报告中给出 MCU 方程序 main.c 和 isr.c 的流程图及程序语句。

3) 进阶实验★

利用 PWM 引脚发出波形,输入捕捉引脚进行采样,串口通信在 PC 上绘制出 PWM 波形。

5. 实验报告要求

(1) 用适当的文字和图表描述实验过程。

(2) 用 200~300 字写出实验体会。

(3) 在实验报告中完成实践性问答题。

6. 实践性问答题

(1) 如何改变 PWM 的分辨率? 实验中 PWM 的分辨率是多少?

(2) 找出 MCU 工程中的 PWM 结构体,在工程中找出其基地址的宏定义位置。

(3) Timer 中断最小定时时间是多少? 比它更小会出现什么问题? Timer 中断最大定时时间是多少? 比它更大用什么方法实现?

本章小结

本章讲解了 ARM Cortex-M0+ 内核定时器 SysTick 构件的设计方法及测试用例,描述了 Timer 模块的基本定时功能;给出了 Timer 模块的脉宽调制、输入捕捉与输出比较功能的编程方法。

1. 关于基本定时功能

从编程角度看,基本定时功能的编程步骤主要有:第一步,给出定时中断的时间间隔,一般以毫秒为单位,在主程序外设初始化阶段给出;第二步,确认对应的中断处理程序名,与中断向量号相对应,为了增强可移植性,一般需在 user.h 头文件中对其重新宏定义;第三步,使用 user.h 中重新宏定义的中断处理程序名在 isr.h 中进行中断处理程序功能的编程实现。

从构件设计角度看,基本定时功能的要点有时钟源、计数周期、溢出时间、溢出中断。ARM Cortex-M0+ 处理器内核中的 SysTick 定时器是一个 24 位计数器,Timer 模块内还有几个仅作为基本计时的计数器。

2. 关于 PWM、输入捕捉与输出比较功能

目前,大部分 MCU 内部均有 PWM、输入捕捉与输出比较功能,因其需要定时器配合工作,所以这些电路包含在定时器中。PWM 信号是一个高低电平重复交替的输出信号,其分辨率由时钟源周期决定,编程可以改变其周期、占空比、极性、对齐方式等技术指标,主要用于电机控制。输入捕捉用来监测外部开关量输入信号变化的时刻,这个时刻是在定时器工作基础上的更精细时刻,主要用于测量脉冲信号的周期与波形。输出比较用程序的方法在规定的较精确时刻输出需要的电平,实现对外部电路的控制,主要用于产生一定间隔的脉冲。

习题

1. 使用完全软件方式进行时间极短的延时，为什么要在使用的变量前加上 volatile 前缀？

2. 简述可编程定时器的主要思想。

3. 在秒＋1 函数（SecAdd1）的基础上，自行编写年、月、日、星期的函数，并给出有效的快速测试方法。

4. 若利用 SysTick 定时器设计电子时钟，出现走快了或走慢了的情况，如何调整？

5. 从编程角度，给出基本定时功能的编程步骤。

6. 给出 PWM 的基本含义及主要技术指标的简明描述。

7. 根据本书给出的任一工程样例，在 core_cM0+.h 文件中找出 SysTick 定时器的寄存器地址。

8. 编程：在 PC 上以图形的方式显示 MCU 的时间与 PC 的时间。其中，MCU 的时间由 PC 时间校准。

9. 编程：由 MCU 一个引脚输出 PWM 波，利用导线将此引脚连接到同一 MCU 捕捉引脚，通过编程在 PC 上显示 PWM 波形，给出可能实现的技术指标。

第 **8** 章

Flash 在线编程、ADC 与 DAC

本章导读

本章阐述 Flash 在线编程、模/数转换（ADC）编程方法、数/模转换（DAC）编程方法。Flash 在线编程用于在程序运行过程中存储失电后不丢失的数据，ADC 将输入 MCU 引脚的模拟量转换为 MCU 内部可运算处理的数字量，DAC 将 MCU 的数字量转换为引脚输出的模拟量。本章首先给出 Flash 在线编程的通用基础知识，Flash 构件及使用方法，简要阐述了 Flash 构件的制作过程；随后介绍 ADC 的通用基础知识，简要阐述了 ADC 驱动构件的制作方法；最后对 DAC 相关内容作出类似的阐述。

8.1 Flash 在线编程

Flash 在线编程用于在程序运行过程中，向非易失存储器 Flash 区域写入数据，重新上电后这些数据保持不变。这种方法用于需要保存的参数。

8.1.1 Flash 在线编程的通用基础知识

起源于 20 世纪 80 年代的 Flash 存储器，具有固有不易失性、电可擦除、可在线编程、存储密度高、功耗低和成本较低等特点。随着 Flash 技术的逐步成熟，Flash 存储器已经成为 MCU 的重要组成部分。Flash 存储器固有不易失性的特点与磁存储器相似，不需要后备电源来保持数据。Flash 存储器可在线编程，取代电可擦除可编程只读存储器（Electrically Erasable Programmable Read-Only Memory，EEPROM），用于保存运行过程中失电后不丢失的数据。

Flash 存储器的擦写有两种模式。一种是写入器编程模式，即通过编程器将程序写入 Flash 存储器中，这种模式一般用于初始程序的写入；另一种为在线编程模式，即通过运行 Flash 内部程序对 Flash 其他区域进行擦除与写入，这种模式用于程序运行过程中，可进行部分程序的更新或保存数据。

在运行 Flash 内部程序时，对另一部分 Flash 区域进行擦写会导致不稳定。早期的

Flash 存储器的在线编程方法比较复杂,需要把实际履行擦写功能的代码复制到 RAM 中运行[①]。随着技术的不断发展,这个问题逐步得到了解决。

对 Flash 存储器的读写不同于对一般 RAM 的读写,需要专门的编程过程。Flash 编程的基本操作有两种:擦除(Erase)和写入(Program)。擦除操作的含义是将存储单元的内容由二进制的 0 变成 1,而写入操作的含义是将存储单元的某些位由二进制的 1 变成 0。Flash 在线编程的写操作是以字为单位进行的。在执行写入操作之前,要确保写入区在上一次擦除之后没有被写入过,即写入区是空白的(各存储单元的内容均为 0xFF)。所以在写入之前一般都要先执行擦除操作。Flash 在线编程的擦除操作包括整体擦除和以 m 个字为单位的擦除。这"m 个字"为在线擦除的最小度量单位,在不同厂商或不同系列的 MCU 中,其称呼不同,有的称为"块",有的称为"页",有的称为"扇区"等。

8.1.2　基于构件的 Flash 在线编程方法

利用构件进行 Flash 在线编程,首先要了解所使用芯片的 Flash 存储器地址范围、扇区大小和扇区数。本书样例芯片 MSPM0L1306 的 Flash 地址范围是 0x0000_0000～0x0000_FFFF,扇区大小为 1KB,共 64 扇区。在线编程时,擦除以扇区为单位进行。

1. Flash 构件 API

1)Flash 构件的常用函数

Flash 构件的主要 API 有 Flash 的初始化、擦除、写入等,如表 8-1 所示。

表 8-1　Flash 构件接口函数简明列表

序号	函　数　名	简　明　功　能	描　　述
1	flash_init	初始化	清相关标志位
2	flash_erase	擦除	以扇区号为形式参数
3	flash_write	写入(逻辑)	以"扇区号,扇区内偏移地址"为目标开始地址
4	flash_write_physical	写入(物理)	以物理地址为目标开始地址(要求 4 字节对齐)
5	flash_read_logic	读出(逻辑)	以"扇区号,扇区内偏移地址"为开始地址
6	flash_read_physical	读出(物理)	以物理地址为目标地址
7	flash_isempty	判别区域是否为空	目标区的字节全为 0xFF,则为空
…	…	…	…

2)Flash 构件的头文件

Flash 构件的文件 flash.h 在工程的 ..\03_MCU\MCU_drivers 文件夹中,下面给出部分 API 接口函数的使用说明及函数声明。

```
//文件名称: flash.h
//功能概要: Flash 底层驱动构件头文件
//版权所有: 苏大嵌入式(sumcu.suda.edu.cn)
```

① 王宜怀,王林. MC68HC908GP32 MCU 的 Flash 存储器在线编程技术,微电子学与计算机[J]. 2002,19(7):15-19.

```
//版本更新: 20230925
//芯片类型: MSPM0L1306
//修改记录: 20231206
//=============================================================
#ifndef __FLASH_H
#define __FLASH_H

#include "string.h"
#include "mspm0l1306.h"
#include "mcu.h"


//=============================================================
//函数名称: flash_init
//函数返回: 无
//参数说明: 无
//功能概要: 初始化 flash 模块
//=============================================================
void flash_init();


//=============================================================
//函数名称: flash_erase
//函数返回: 0=正常;1=异常
//参数说明: sect 为目标扇区号(范围取决于实际芯片,例如 MSPM0L1306:0~63)
//功能概要: 擦除 flash 存储器的 sect 扇区
//=============================================================
uint8_t flash_erase(uint32_t sect);


//=============================================================
//函数名称: flash_write
//函数返回: 函数执行状态,0=正常;1=异常。
//参数说明: sect——目标扇区号(范围取决于实际芯片,例如 MSPM0L1306:0~63)
//         offset——写入扇区内部偏移地址
//         N——写入字节数目
//         buf——源数据缓冲区首地址
//功能概要: 按照逻辑地址方式写入,将 buf 开始的 N 字节写入到 sect 扇区的 offset 处
//=============================================================
uint8_t flash_write(uint16_t sect,uint16_t offset,uint16_t N,uint8_t * buf);


//=============================================================
//函数返回: 函数执行状态,0=正常;非 0=异常。
//参数说明: addr——标地址,要求为 8 的倍数且大于 Flash 首地址
//              (例如:0x00000008,Flash 首地址为 0x00000000)
//         N——写入字节数目(8~128)
//         buf——源数据缓冲区首地址
//功能概要: 按照物理地址方式的 flash 写入操作
//=============================================================
uint8_t flash_write_physical(uint32_t addr,uint16_t N,uint8_t buf[]);


//=============================================================
//函数名称: flash_read_logic
//函数返回: 无
```

```
//参数说明：dest——读出数据存放处(传地址,目的是带出所读数据,RAM区)
//          sect——目标扇区号(范围取决于实际芯片,例如 MSPM0L1306:0~63)
//          offset——扇区内部偏移地址
//          N——读字节数目
//功能概要：读取 flash 存储器的 sect 扇区自 offset 处开始的 N 字节,存到 RAM 区 dest 处
//================================================================
void flash_read_logic(uint8_t * dest,uint16_t sect,uint16_t offset,uint16_t N);


//================================================================
//函数名称：flash_read_physical
//函数返回：无
//参数说明：dest——读出数据存放处(传地址,目的是带出所读数据,RAM区)
//          addr——目标地址,要求为 8 的倍数且大于 Flash 首地址
//              (例如: 0x00000008,Flash 首地址为 0x00000000)
//          N——读字节数目
//功能概要：读取 flash 存储器的 sect 扇区自 offset 处开始的 N 字节,存到 RAM 区 dest 处
//================================================================
void flash_read_physical(uint8_t * dest,uint32_t addr,uint16_t N);
...
#endif      //防止重复定义(FLASH_H结尾)
```

2. 基于构件的 Flash 在线编程举例

以向 50 扇区 0 字节开始的地址写入 30 个字节"Welcome to Soochow University!"为例,给出 Flash 在线编程,样例程序位于"..\03-Software\CH08\Flash"文件夹。

（1）为了使工程的 07_AppPrg 文件夹可在不同芯片间拷贝使用,把"50"及物理地址在 user.h 文件中进行宏定义：

```
#define FLASH_Sect   50
#define FLASH_Phyaddr 0x0000C800
```

（2）逻辑方式擦除与写入：

```
//擦除 50 扇区
flash_erase(FLASH_Sect);
//向 50 扇区第 0 偏移地址开始写 32 个字节数据
flash_write(FLASH_Sect,0,30,(uint8_t *) "Welcome to Soochow University!");
flash_read_logic(mK1,FLASH_Sect,0,7);          //从 50 扇区读取 7 个字节到 mK1 中
mK1[31] = '\0';
printf("逻辑读方式读取 50 扇区的 7 字节的内容: %s\n",mK1);
```

（3）物理地址方式擦除与写入：

```
//擦除 50 扇区
flash_erase(FLASH_Sect);
//向特定地址写 30 个字节数据
flash_write_physical(FLASH_Phyaddr,30,flash_test);
flash_read_physical(mK2,FLASH_Phyaddr,10);       //从 50 扇区读取 10 个字节到 mK2 中
mK2[31] = '\0';
printf("物理读方式读取特定地址的 10 字节的内容: %s\n",mK2);
```

（4）判别是否为空：

```
//向 50 扇区第 0 偏移地址开始写 30 个字节数据
```

```
flash_write(FLASH_Sect,0,30,(uint8_t *)"Welcome to Soochow University!");
```

（5）读出观察。按照逻辑地址读取时，定义足够长度的数组变量Mk1，并传入数组的首
地址作为目的地址参数，传入扇区号、偏移地址作为源地址，传入读取的字节长度。例如，从
50扇区第0字节开始的地址读取7字节长度字符串。

```
result = flash_isempty(FLASH_Sect,MCU_SECTORSIZE);       //判断50扇区是否为空
printf("50扇区是否为空,1表示空,0表示不空:%d\n",result);
```

程序下载运行后，也可通过开发环境的工具→存储器操作，读取特定地址中的信息，查
看写入情况。

8.1.3　Flash 构件的制作过程

首先从芯片手册中获得用于Flash模块在线编程的寄存器，了解Flash模块的功能描
述；随后分析Flash构件设计的技术要点，设计出封装接口函数原型，即根据Flash在线编
程的应用需求及知识要素，分析Flash构件应该包含哪些函数及哪些参数；最后给出Flash
构件源程序的实现过程。

1. Flash 模块寄存器概述

Flash进行常规读写操作前，首先需要读写相关功能寄存器以设置Flash的工作模式，
然后对指定扇区读写，所以Flash有两种地址：一是Flash寄存器地址，二是Flash存储区
域地址。其中，存储区域地址可参见表8-2，通过对Flash寄存器的编程实现Flash存储区
域的在线擦除与写入。

1）Flash寄存器的基地址

寄存器地址由Flash寄存器基地址和偏移量两部分组成。Flash寄存器基地址可在样
例工程的芯片头文件mspm0l1306.h中搜索FLASHCTL_BASE找到。例如：

```
#define FLASHCTL_BASE        (0x400CD000U)
```

各寄存器的偏移量可在芯片参考手册中搜索相关寄存器名找到。

2）Flash寄存器功能简介

MSPM0L1306的Flash模块部分寄存器名称及功能简述如表8-2所示，详见电子资
源..\01-Document\MSPM0L1306芯片资料\MSPM0L1306参考手册。

表 8-2　Flash 寄存器功能概述

偏移量	寄 存 器 名	R/W	功 能 简 述
0x1020	中断索引寄存器（IIDX）	R	提供最高优先级的中断索引
0x1028	中断屏蔽寄存器（IMASK）	R/W	保存当前中断屏蔽设置
0x1030	原始中断状态寄存器（RIS）	R	当前所有挂起的中断
0x1038	屏蔽中断状态寄存器（MIS）	R	屏蔽中断状态
0x1040	中断集寄存器（ISET）	W	设置相应的中断
0x1048	中断清除寄存器（ICLR）	W	清除相应的中断
0x10E0	事件模式寄存器（EVT_MODE）	R	选择软件模式

续表

偏移量	寄存器名	R/W	功能简述
0x10FC	硬件版本描述寄存器（DESC）	R/W	标识使用的 FLASHCTL 硬件版本
0x1100	命令执行寄存器（CMDEXEC）	R/W	启动执行 CMDTYPE 中的命令
0x1104	命令类型寄存器（CMDTYPE）	R/W	指定 FLASHCTL 执行的命令类型
0x1108	命令控制寄存器（CMDCTL）	R/W	配置特定功能
0x1120	命令地址寄存器（CMDADDR）	R/W	形成命令的目标地址
0x1124	命令编程字节使能寄存器（CMDBYTEN）	R/W	编程数据的每字节使能
0x1130~0x11AC	命令数据寄存器 0（CMDDATA0）~命令数据寄存器 31（CMDDATA31）	R/W	形成命令数据
0x11B0~0x11CC	命令数据寄存器 ECC 0（CMDDATAECC0）~命令数据寄存器 ECC 7（CMDDATAECC7）	R/W	形成命令数据的 ECC 部分
0x11D0	命令写入/擦除保护寄存器（CMDWEPROTA）	R/W	保护主区域的前 32 个扇区不受编程和擦除的影响
0x11D4	命令写入/擦除保护寄存器（CMDWEPROTB）	R/W	保护主区域扇区不受编程和擦除的影响
0x11D8	命令写入/擦除保护寄存器（CMDWEPROTC）	R/W	保护主区域扇区不受编程和擦除的影响
0x1210	命令写入/擦除保护非主寄存器（CMDWEPROTNM）	R/W	保护非主区域扇区不受编程和擦除的影响
0x13B0	命令配置寄存器（OFGCMD）	R/W	配置与命令执行相关的特定功能
0x13B4	脉冲计数器配置寄存器（CFGPCNT）	R/W	配置最大脉冲计数
0x13D0	命令状态寄存器（STATCMD）	R	执行完成的状态
0x13D4	当前地址计数寄存器（STATADDR）	R	读取状态机当前地址
0x13D8	脉冲计数状态寄存器（STATPCNT）	R	当前脉冲计数值

3）寄存器结构体定义

实际编程时使用 Flash 寄存器结构体 FLASHCTL Registers，可在样例工程的芯片头文件 mspm0l1306.h 中通过查找"FLASHCTL Registers"找到其含义。

```
typedef struct {
uint32_RESERVED0[1032];
  __I  uint32_t IIDX;
      uint32_t RESERVED1;
  __IO uint32_t IMASK;
      uint32_t RESERVED2;
  __I  uint32_t RIS;
      uint32_t RESERVED3;
  __I  uint32_t MIS;
      uint32_t RESERVED4;
  __O  uint32_t ISET;
      uint32_t RESERVED5;
  __O  uint32_t ICLR;
```

```
    uint32_t RESERVED6[37];
__I uint32_t EVT_MODE;
    uint32_t RESERVED7[6];
__I uint32_t DESC;
__IO uint32_t CMDEXEC;

...

__I uint32_t BANK4INFO1;
    uint32_t RESERVED19[46];
} FLASHCTL_GEN_Regs;
typedef struct {
  FLASHCTL_GEN_Regs   GEN;
} FLASHCTL_Regs;
```

【思考】 为什么结构体 FLASH_TypeDef 中出现一个"RESERVED1"成员？

2. Flash 构件接口函数原型分析

Flash 具有初始化、擦除、写入(按逻辑地址或按物理地址)、读取(按逻辑地址或按物理地址)、判断扇区是否为空等基本操作。按照构件设计的思想,可将它们封装成 7 个独立功能能函数。

(1) 初始化函数 void flash_init()。在操作 Flash 模块前需要对模块进行初始化,主要是清相关标志位和启用字操作。

(2) 擦除函数 uint8_t flash_erase(uint32_t sect)。由于在写入之前 Flash 字节或者长字节必须处于擦除状态(不允许累积写入,否则可能会得到意想不到的值),因此在写入操作前,一般先进行 Flash 的擦除操作。擦除操作有整体擦除和扇区擦除两种模式,整体擦除用于写入器写入初始程序场景,扇区擦除用于 Flash 在线编程。flash_erase 函数将待擦除的扇区号作为入口参数,擦除是否成功作为返回值。

(3) 写入(按逻辑地址)uint8_t flash_write(uint16_t sect, uint16_t offset, uint16_t N, uint8_t * buf)。写入函数与擦除函数类似,主要区别在于,擦除操作向目标地址中写 0xFF,而写入操作需要写入指定数据。因此,写入操作的入口参数包括目标扇区号、写入扇区内部偏移地址、写入字节数目以及源数据首地址,写入后返回写入状态(正常/异常)。

(4) 写入(按物理地址)uint8_t flash_write_physical(uint32_t addr, uint16_t N, uint8_t buf[])。参数包括目标的物理地址、写入的字节数目以及源数据缓冲区首地址。写入后返回写入状态(正常/异常)。

(5) 读取(按逻辑地址)void flash_read_logic(uint8_t * dest, uin16_t sect, uint16_t offset, uint16_t N)。按照逻辑地址读取的操作需要将 flash 中指定扇区、指定偏移量的指定长度数据读取、存放到另一个地址中,方便上层函数调用。因此,函数需要包括一个目的地址变量作为入口参数,此外还包括扇区号、偏移字节数、读取长度。

(6) 读取(按物理地址)void flash_read_physical(uint8_t * dest, uint32_t addr, uint16_t N)。按照物理地址直接读数据函数的入口参数,需要一个目的地址、一个源地址及读取的字节数。这个函数也可用于读取 RAM 中的数据。

(7) 判空函数 uint_8 flash_isempty(uint_16 sect, uint_16 N)。入口参数为待判断扇区号以及待判断的字节数。若结果返回 1,则判断区域为空;若结果返回 0,则判断区域非空。

此外,还要防止非法读出、写保护等函数。

3. Flash 构件部分函数源码

下面给出 Flash 驱动构件的源程序文件(flash.c)的部分函数源码。在源码实现过程中可以注意到,MSPM0L1306 虽然无需初始化,但保留了初始化函数接口,考虑应用层程序的可移植性;在写入函数中,需要对写入的数据字节数进行判断,处理跨扇区问题。

```c
//包含头文件
#include "flash.h"
//============================================================
//函数名称: flash_erase
//函数返回: 0=正常;1=异常
//参数说明: sect——目标扇区号(范围取决于实际芯片,例如 MSPM0L1306:0~63)
//功能概要: 擦除 flash 存储器的 sect 扇区
//============================================================
uint8_t flash_erase(uint32_t sect)
{
    //(1)定义变量,address-目的地址,sectorNumber-扇区号,sectorMask-扇区掩码
    uint32_t address;
    uint32_t sectorNumber;
    uint32_t sectorMask;
    //(2)解除扇区保护
    address = (uint32_t)(sect * FLASH_PAGE_SIZE + FLASH_ADDR_START);
    //计算实际扇区号需以 1KB 为单位分隔扇区,sectorNumber 是按此方式划分的扇区号,将其
    //保存下来
    sectorNumber = ((address &(uint32_t)0x003fffff) / (uint32_t)1024);
    if(sectorNumber <(uint32_t)32)
    {
        sectorMask = (uint32_t)1 << (sectorNumber %(uint32_t)32);
        FLASHCTL->GEN.CMDWEPROTA &= ~sectorMask;
    }
    else if(sectorNumber <(uint32_t)256)
    {
        sectorMask = (uint32_t)1 << ((sectorNumber - (uint32_t)32) / (uint32_t)8);
        FLASHCTL->GEN.CMDWEPROTB &= ~sectorMask;
    }
    else
    {
        ;//不会执行该语句
    }
    //(3)擦除
    //(3.1)设置擦除的扇区
    FLASHCTL->GEN.CMDTYPE =
        (uint32_t)FLASHCTL_CMDCTL_REGIONSEL_MAIN |
                        FLASHCTL_CMDTYPE_COMMAND_ERASE;

    //(3.2)设置地址,地址应在要擦除的所需内存或扇区内
    FLASHCTL->GEN.CMDADDR = address;
    //(3.3)启动擦除
    FLASHCTL->GEN.CMDEXEC = FLASHCTL_CMDEXEC_VAL_EXECUTE;
    //(4)检测是否擦除完成
```

```
uint32_t status =
    FLASHCTL->GEN.STATCMD &(FLASHCTL_STATCMD_CMDDONE_MASK
                        | FLASHCTL_STATCMD_CMDPASS_MASK
                        | FLASHCTL_STATCMD_CMDINPROGRESS_MASK
                        | FLASHCTL_STATCMD_CMDPASS_STATFAIL);
while (status == FLASHCTL_STATCMD_CMDINPROGRESS_STATINPROGRESS) {
    status =
        FLASHCTL->GEN.STATCMD &(FLASHCTL_STATCMD_CMDDONE_MASK
                            | FLASHCTL_STATCMD_CMDPASS_MASK
                            | FLASHCTL_STATCMD_CMDINPROGRESS_MASK
                            | FLASHCTL_STATCMD_CMDPASS_STATFAIL);
}
return 0;        //成功返回
}
...
```

8.2　ADC

温度、压力、光强度等外界物理量是模拟量,而计算机内部只能对数字量进行运算,为便于微型计算机内部对外界模拟量进行数字化运算,需要模/数转换器(ADC)。

8.2.1　ADC 的通用基础知识

1. 模拟量、数字量及模/数转换器的基本含义

模拟量(Analogue Quantity)是在一定范围内连续变化的物理量。从数学角度看,连续变化可理解为可取任意值。例如,温度这个物理量,可以有 28.1℃,也可以有 28.15℃,还可以有 28.152℃,等等。也就是说,原则上可以有无限多位小数,这就是模拟量连续之含义。当然,实际达到多少位小数则取决于问题需要与测量设备的性能。

数字量(Digital Quantity)是分立量,不可连续变化,只能取一些分立值。现实生活中,有许多数字量的例子,如 1 部手机、2 部手机,等等。在计算机中,所有信息均使用二进制表示。例如,用 1 位二进制只能表达 0、1 两个值,8 位二进制可以表达 0,1,2,…,254,255,共 256 个值,而不能表示其他值,这就是数字量。

模/数转换器(Analog-to-Digital Converter,ADC)是将电信号转换为计算机可以处理的数字量的电子器件,这个电信号可能是由温度、压力等实际物理量经过传感器和相应的变换电路转化而来的。

2. 与 A/D 转换编程直接相关的技术指标

与 A/D 转换编程直接相关的技术指标主要有转换精度、是单端输入还是差分输入、转换速度、A/D 参考电压、滤波问题、物理量回归等。

1) 转换精度

转换精度(Conversion Accuracy)指数字量变化一个最小量时对应模拟信号的变化量,也称分辨率(Resolution)。可以用 ADC 的二进制位数来表征,有 8 位、10 位、12 位、16 位、24 位等。通常位数越大,精度越高。设 ADC 的位数为 N,因为 N 位二进制数可表示的范围是 $0 \sim (2^N - 1)$,因此最小能检测到的模拟量变化值就是 $1/2^N$。例如,某一 ADC 的位数

为 12 位,若参考电压为 5V(即满量程电压),则可检测到的模拟量变化最小值为 $5/2^{12} = 0.00122(V) = 1.22(mV)$,即为 ADC 的理论精度(分辨率)。这也是 12 位二进制数的最低有效位(Least Significant Bit,LSB[1])所能代表的值。实际上,由于量化误差(9.1.2 节中介绍)的存在,实际精度达不到 1.22mV。

【练习一下】 设参考电压为 5V,ADC 的位数是 16 位,计算其理论精度。

2) 单端输入与差分输入

一般情况下,实际物理量经过传感器转换成微弱的电信号,再由放大电路转换成 MCU 引脚可以接收的电压信号。若从 MCU 的一个引脚接入,使用公共地 GND 作为参考电平,就称为单端输入(Single-Ended input)。这种输入方式的优点是简单,只需 MCU 的一个引脚;缺点是容易受到电磁干扰,由于 GND 电位始终是 0V,因此 A/D 值也会随着电磁干扰而变化[2]。

若从 MCU 的两个引脚接入模拟信号,A/D 采样值是两个引脚的电平差值,就称为差分输入(Differential Input)。这种输入方式的优点是降低了电磁干扰,缺点是多用了 MCU 的一个引脚。因为两根差分线会布在一起,受到的干扰程度接近,所以此处引入 A/D 转换引脚的共模干扰[3],由于 ADC 内部电路使用两个引脚相减后进行 A/D 转换,因此降低了干扰。实际采集电路使用单端还是差分输入,取决于成本、对干扰的允许程度等。

通常在 A/D 转换编程时,把每一路模拟量称为一个通道(Channel),使用通道号(Channel Number)表示对应模拟量。这样,在单端输入情况下,通道号与一个引脚对应;在差分输入情况下,通道号与两个引脚对应。

3) 软件滤波问题

即使输入的模拟量保持不变,利用软件得到的 A/D 值也常常不一致,其原因可能是电磁干扰,也可能是模/数转换器本身转换有误差。但是,许多情况下,可以通过软件滤波(Filter)方法解决上述问题。

例如,可以采用中值滤波和均值滤波来提高采样稳定性。所谓中值滤波,就是将 M 次(奇数)连续采样值的 A/D 值按大小进行排序,取中间值作为实际 A/D 值。而均值滤波,是把 N 次采样结果值相加,除以采样次数 N,得到的平均值就是滤波后的结果。还可以联合使用几种滤波方法,进行综合滤波。若要得到更符合实际的 A/D 值,可以通过建立其他误差模型分析方式来实现。

【练习】 上网查找一下,有哪些常用的滤波方法?分别适用于什么场景?

4) 物理量回归问题

在实际应用中,得到稳定的 A/D 值以后,还需要把 A/D 值与实际物理量对应起来,这一步称为物理量回归(Regression)。A/D 转换的目的是把模拟信号转化为数字信号,供计算机进行处理,但必须知道 A/D 转换后的数值所代表的实际物理量的值,才有实际意义。

---

　　① 与二进制最低有效位相对应的是最高有效位(Most Significant Bit,MSB),12 位二进制数的最高有效位 MSB 代表 2048,而最低有效位代表 1/4096。不同位数的二进制中,MSB 和 LSB 代表的值不同。

　　② 电磁干扰总是存在的,空中存在着各种频率的电磁波,根据电磁效应,处于电磁场中的电路总会受到干扰,因此设计 A/D 采样电路以及 A/D 采样软件均要考虑如何减少电磁干扰问题。

　　③ 共模干扰往往是指同时加载在各个输入信号接口端的共有的信号干扰。采用屏蔽双绞线并有效接地、采用线性稳压电源或高品质的开关电源、使用差分式电路等方式可以有效地抑制共模干扰。

例如,利用 MCU 采集室内温度,A/D 转换后的数值是 126,实际它代表多少摄氏度呢? 如果当前室内温度是 25.1℃,则 A/D 值 126 代表实际温度 25.1℃,把 126 这个值"回归"到 25.1℃的过程就是 A/D 转换物理量回归的过程。

物理量回归与仪器仪表"标定(Calibration)"一词的基本内涵是一致的,但不涉及 A/D 转换概念,只是与标准仪表进行对应,使得待标定的仪表准确。而计算机中的物理量回归一词是指计算机获得的 A/D 采样值,要与实际物理量值对应起来,也需借助标准仪表,从这个意义上理解,它们的基本内涵一致。

A/D 转换物理量回归问题,可以转化为数学上的一元回归分析(Regression Analysis)问题,也就是给出一个自变量,一个因变量,寻找它们之间的逻辑关系。设 A/D 值为 x,实际物理量为 y,物理量回归需要寻找它们之间的函数关系: $y=f(x)$。若是线性关系,则 $y=ax+b$,通过两个样本点即可找到参数 a 和 b;许多情况下,这种关系是非线性的,人工神经网络可以较好地应用于这种非线性回归分析中[1]。本书电子资源补充阅读材料中给出了基于三层 BP 神经网络的 A/D 物理量回归实例,提供了一种 A/D 值与实际物理量的非线性回归方式。

3. 与 A/D 转换编程关联度较弱的技术指标

除上面叙述的转换精度、单端输入与差分输入、软件滤波、物理量回归等技术指标外,还有与 A/D 转换编程关联度较弱的技术指标,如量化误差、转换速度、A/D 参考电压等。

1) 量化误差

在把模拟量转换为数字量的过程中,要对模拟量进行采样和量化,使之转换成一定字长的数字量,量化误差(Quantization Error)就是模拟量量化过程产生的误差。例如,一个 12 位 ADC,输入模拟量为恒定的电压信号 1.68V,经过 A/D 转换,所得的数字量理论值应该是 2028,但编程获得的实际值却是 2026 与 2031 之间的随机值,它们与 2028 之间的差值就是量化误差。量化误差的大小是 A/D 转换器的性能指标之一。

理论上,量化误差为($\pm 1/2$)LSB。以 12 位 ADC 为例,设输入电压范围是 0~3V,即把 3V 分解成 4096 份,每份是 1 个最低有效位 LSB 代表的值,即为(1/4096) * 3V = 0.00073242V,也就是 A/D 转换器的理论精度。数字 0、1、2……分别对应 0V、0.00073242V、0.00048828V……若输入电压的值在 0.00073242~0.00048828 之间,按照靠近 1 或 2 的原则转换成 1 或 2,这样的误差,就是量化误差,可达($\pm 1/2$)LSB,即 0.00073242V/2 = 0.00036621。($\pm 1/2$)LSB 的量化误差属于理论原理性误差,不可消除。所以,一般来说,若用 ADC 位数表示转换精度,其实际精度要比理论精度至少减一位。再考虑到制造工艺误差,一般再减一位。这样,标准 16 位 ADC 的实际精度就变为 14 位了,作为实际应用选型参考。

2) 转换速度

转换速度通常用完成一次 A/D 转换所要花费的时间来表征。在软件层面上,A/D 的转换速度与转换精度、采样时间(Sampling Time)有关,可以通过降低转换精度来缩短转换时间。转换速度与 ADC 的硬件类型及制造工艺等因素密切相关,其特征值为纳秒级。ADC 的硬件类型主要有逐次逼近型、积分型、Σ-Δ 调制型,等等。对于普通用户,A/D 转换

---

① 王宜怀,王林. 基于人工神经网络的非线性回归[J]. 计算机工程与应用,2004,40(2):79-82.

的时间可以忽略。

3）A/D 参考电压

A/D 转换需要一个参考电平。比如，要把一个电压分成 1024 份，每一份的基准必须是稳定的，这个电平来自于基准电压，就是 A/D 参考电压。若对精度要求不高，A/D 参考电压使用给芯片功能供电的电源电压。若对精度要求高，A/D 参考电压使用单独电源，要求功率小（在毫瓦级即可）。但波动小（例如 0.1%），一般电源电压达不到这个精度，因为成本太高。

4. 最简单的 A/D 转换采样电路举例

以光敏/温度传感器为例，给出一个最简单的 A/D 转换采样电路。

光敏电阻器是利用半导体的光电效应制成的一种电阻值随入射光的强弱而改变的电阻器。入射光强，电阻减小；入射光弱，电阻增大。光敏电阻器一般用于光的测量、光的控制和光电转换（将光的变化转换为电的变化）。通常，光敏电阻器都制成薄片结构，以便吸收更多的光能。当它受到光的照射时，半导体片（光敏层）内就激发出电子-空穴对，参与导电，使电路中电流增强。一般光敏电阻器的结构如图 8-1(a) 所示。

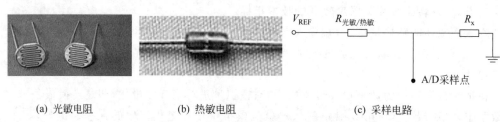

(a) 光敏电阻　　　　　　　(b) 热敏电阻　　　　　　　(c) 采样电路

图 8-1　光敏/热敏电阻及其采样电路

与光敏电阻类似，温度传感器是利用一些金属、半导体等材料与温度有关的特性制成的，这些特性包括热膨胀、电阻、电容、磁性、热电势、热噪声、弹性及光学特征。根据制造材料的不同，将温度传感器分为热敏电阻传感器、半导体热电偶传感器、PN 结温度传感器和集成温度传感器等类型。热敏电阻传感器是一种比较简单的温度传感器，其最基本的电气特性是自身阻值随着温度的变化而变化，图 8-1(b) 是热敏电阻器。

在实际应用中，将光敏或热敏电阻接入图 8-1(c) 的采样电路中，光敏或热敏电阻和一个特定阻值的电阻串联。由于光敏或热敏电阻会随着外界环境的变化而变化，因此 A/D 采样点的电压也会随之变化。A/D 采样点的电压为：

$$V_{A/D} = \frac{R_x}{R_{光敏} + R_x} \times V_{REF}$$

式中，R_x 是一特定阻值，根据实际光敏或热敏电阻的不同而选定。

以热敏电阻为例，假设热敏电阻阻值增大，采样点的电压就会减小，A/D 值也相应减小；反之，热敏电阻阻值减小，采样点的电压就会增大，A/D 值也相应增大。所以，采用这种方法，MCU 就会获知外界温度的变化。如果想知道外界的具体温度值，就需要进行物理量回归操作，也就是通过 A/D 采样值，根据采样电路及热敏电阻温度变化曲线，推算当前温度值。

灰度，简单来说就是色彩的深浅程度。灰度传感器也由光敏元件构成，包含两只二极管，一只是发白光的高亮度发光二极管，另一只是光敏探头。其主要工作原理是，使用发光管发出超强白光照射在物体上,遇到物体再反射回来落在光敏二极管上。光敏二极管的阻值在反射光线很弱(也就是物体为深色)时为几百千欧,一般光照度下为几千欧,在反射光线很强(也就是物体颜色很浅,几乎全反射时)为几十欧。这样就能检测到物体的颜色的灰度了。本书电子资源中的补充阅读材料给出了一种较为复杂的电阻型传感器采样电路设计。

8.2.2　基于构件的 ADC 编程方法

下面从构件要点分析、构件使用方法、构件的测试等方面来了解 ADC 驱动构件。

1. MSPM0L1306 芯片的 ADC 引脚

MSPM0L1306 芯片中的 ADC 模块可配置 12 位、10 位或 8 位采集精度,在本节的程序中,一律使用 12 位精度采样。在 12 位精度下,转换速率约为 1.45M/s,比这个采集精度小的转换速度快。对转换速度不敏感的应用系统,以采集精度为优先考量。

在 32 引脚封装的 MSPM0L1306 芯片中,ADC 只有一个模块,记为 ADC0。该模块有 16 个单端通道,其中有 5 个特殊通道,即通道 11～15,分别对应芯片温度传感器、OPA 的 0～1 输出、GPAMP[①] 输出及电源/电池监测器。ADC 通道号与引脚名对应关系如表 8-3 所示。

表 8-3　MSPM0L1306 微控制器 A/D 转换模块引脚

通道号	宏　定　义	MCU 引脚名	备　　注
0～6	ADC_CHANNEL_0～6	PTA27～20	
7	ADC_CHANNEL_7	PTA18	
8	ADC_CHANNEL_8	PTA16	
9	ADC_CHANNEL_9	PTA15	
10	ADC_CHANNEL_10	无	
11	ADC_CHANNEL_TEMPSENSOR	内部温度传感器	
12	ADC_CHANNEL_OPA0	OPA0 输出	
13	ADC_CHANNEL_OPA1	OPA1 输出	(参见第 10 章)
14	ADC_CHANNEL_GPAMP	GPAMP 输出	
15	ADC_CHANNEL_VBAT	监测电池/电源	监控芯片电源电压

2. ADC 构件的头文件

```
//=========================================================
//文件名称: adc.h
//框架提供: 苏大嵌入式(sumcu.suda.edu.cn)
//版本更新: 20230923
//功能描述: MSPM0L1306 芯片 AD 转换头文件
//=========================================================
#ifndef _ADC_H                          //防止重复定义(开头)
```

---

① 　OPA、GPAMP 的相关知识将在第 10 章中阐述。

```
#define _ADC_H
#include "string.h"
#include " mspm0l1306.h "                      //包含公共要素头文件


//通道号宏定义
#define ADC_CHANNEL_0        0               //通道 0
#define ADC_CHANNEL_1        1               //通道 1
...
#define ADC_CHANNEL_10       10              //通道 10
#define ADC_CHANNEL_TEMPSENSOR 11            //内部温度检测
#define ADC_CHANNEL_OPA0     12              //OPA0 输出
#define ADC_CHANNEL_OPA1     13              //OPA1 输出
#define ADC_CHANNEL_GPAMP    14              //GPAMP 输出
#define ADC_CHANNEL_VBAT     15              //电源监测


//引脚单端或差分选择
#define AD_DIFF    1                         //差分输入
#define AD_SINGLE 0                          //单端输入
//==================================================================
//函数名称：adc_init
//功能概要：初始化一个 A/D 通道号
//参数说明：Channel——通道号。可选范围：ADC_CHANNEL_x(0<=x<=15)
//         diff——差分选择。值为 1(AD_DIFF 1),差分;值为 0(AD_SINGLE),单端
//==================================================================
void adc_init(uint16_t Channel,uint8_t Diff)
//==================================================================
//函数名称：adc_read
//功能概要：将模拟量转换成数字量,并返回
//参数说明：Channel——通道号。可选范围：ADC_CHANNEL_x(0<=x<=10)
//                               ADC_CHANNEL_TEMPSENSOR(11)、
//                               ADC_CHANNEL_OPA0(12)、
//                               ADC_CHANNEL_OPA1(13)、
//                               ADC_CHANNEL_GPAMP(14)、
//                               ADC_CHANNEL_VBAT(15)
//==================================================================
uint16_t adc_read(uint8_t Channel);
//==================================================================
//函数名称：adc_mid
//功能概要：获取通道 channel 中值滤波后的 A/D 转换结果
//参数说明：channel——通道号
//函数返回：该通道中值滤波后的 A/D 转换结果
//内部调用：adc_read
//==================================================================
uint16_t adc_mid(uint16_t Channel);
//==================================================================
//函数名称：adc_ave
//功能概要：1 路 A/D 转换函数(均值滤波),通道 channel 进行 n 次中值滤波,求和再作
```

```
//              均值,得出均值滤波结果
//参数说明: channel = 通道号,n = 中值滤波次数
//函数返回: 该通道均值滤波后的 A/D 转换结果
//内部调用: adc_mid
//================================================================
uint16_t adc_ave(uint16_t Channel,uint8_t n);
//================================================================
//函数名称: adc_mcu_temp
//功能概要: 将读到的芯片内部 mcu 温度 AD 值转换为实际温度
//参数说明: mcu_temp_AD 为通过 adc_read 函数得到的 AD 值
//函数返回: 实际温度值
//================================================================
float adc_mcu_temp(uint16_t mcu_temp_AD);


#endif
```

3. 基于构件的 ADC 编程举例

ADC 驱动构件使用过程中,主要用到 adc.h 文件里的两个函数,分别是 ADC 初始化函数(adc_init)和读取通道数据函数(adc_read)。ADC 构件的测试工程位于电子资源..\03-Software\CH08 文件夹。现以测试 ADC 单端输入为例,介绍 ADC 构件的使用方法[①],步骤如下:

(1) ADC 初始化。使用 adc_init 函数,ADC_CHANNEL_TEMPSENSOR 表示 MCU 内部温度采集通道号;ADC_CHANNEL_6 表示开发板 GEC30 引脚,标识 PTA20。

```
adc_init(ADC_CHANNEL_TEMPSENSOR, AD_SINGLE);
adc_init(ADC_CHANNEL_6, AD_SINGLE);
```

(2) 使用 adc_read 函数读取 A/D 转换值,并将采集到的 A/D 值分别赋给 num_AD1。

```
num_AD1 = adc_read(ADC_CHANNEL_TEMPSENSOR);
num_AD2= adc_read(ADC_CHANNEL_6);
```

(3) 使用 printf 函数输出信息。将读取到的两路 A/D 值分别回归为温度值、电压值,并使用 printf 输出。

```
printf("芯片内部温度为: %.1f ℃\n",adc_mcu_temp(num_AD1));
printf("通道 6 的 A/D 值: %d\r\n\n",num_AD2);
```

(4) 测试观察。可以用手(不能潮湿)触摸 MCU 芯片(开发板上面积较大的那一块)的表面,可以在 PC 的开发环境信息提示框中看到芯片的温度在增加。若用杜邦线将 GEC30 引脚接 3.3V(GEC23 引脚)或 GND(GEC22 引脚),可观察通道 6 的转换情况。注意,不能接 GEC21 引脚,这个引脚是 5V,务必细心。

(5) 运行 PC 程序观察芯片温度曲线。运行..\03-Software\CH08\ADC-温度图形化界面 C#,采用类似前面 PC 程序的操作方式,可以获得芯片的温度曲线,如图 8-2 所示,由此进一步体会 A/D 转换的作用。

---

① ADC 差分输入例程详见第 10 章 OPA 模块实验。

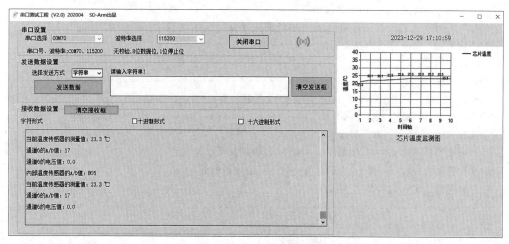

图 8-2　芯片温度曲线

8.2.3　ADC 构件的制作过程

1. ADC 模块寄存器概述

1）相关名称解释

MSPM0L1306 芯片的 ADC 有多个寄存器,要理解对这些寄存器的操作,首先需要了解一些比较重要的概念。

转换完成标志:指示一个 A/D 转换是否完成,仅当 A/D 转换完成后才能从寄存器中读取数据。

通道:ADC 模块有专门的 A/D 转换通道,分别对应芯片的不同引脚,读取相应引脚的数据相当于读取了通道的数据。

事件触发:靠 ADC 事件触发,当选择事件触发器作为源时,来自事件管理器的所选事件的上升沿将启动采样阶段,事件总是由边缘触发的。

软件触发:靠软件编程的方式触发启动。一旦程序编写好了,触发启动是自动的、有规律的,除非修改程序,否则无法根据自己的意愿随意触发。

2）ADC 寄存器概述

ADC 寄存器主要对 A/D 转换过程中各个具体的功能进行控制和配置,包括 ADC 控制寄存器、ADC 配置寄存器、ADC 采样时间寄存器、ADC 中断和状态寄存器、ADC 常规序列寄存器等。

ADC 寄存器的基地址可采用与前述 Flash 同样的两种方法查找,可得知寄存器地址范围为 0x4055A000~0x4055B000,其中,ADC 寄存器的基地址为 0x4055A000。ADC 寄存器的功能简述如表 8-4 所示,其中,事件模式寄存器、模块描述寄存器的复位值分别是 0x00000009、0x26110010,其他寄存器的复位值均为 0x00000000。

2. ADC 构件接口函数原型分析

ADC 构件接口函数主要有:初始化函数及读取一次模/数转换值函数。

（1）初始化函数 adc_init()。该函数中需要使用两个参数:通道号 Channel 和单端与差分输入的模式选择 Diff。在 adc.h 中定义了通道号宏常数以便使用;Diff 模式在 adc.h 中定义了两个对应的宏常数供选择：AD_DIFF(差分模式)、AD_SINGLE(单端模式)。

表 8-4　ADC 寄存器功能简表

偏移量	寄 存 器 名	R/W	功 能 简 述
0x400	通用事件订阅者配置寄存器(FSUB_0)	R/W	订阅通过通用事件路由通道发布到事件结构的事件
0x444	发布者配置寄存器(FPUB_1)	R/W	配置使用哪个通用路由通道来广播事件
0x800	使能寄存器(PWREN)	R/W	使能 ADC
0x804	ADC 复位控制寄存器(RSTCTL)	W	控制重置断言和撤销断言
0x808	ADC 时钟配置寄存器(CLKCFG)	R/W	配置 ADC 时钟
0x814	ADC 状态寄存器(STAT)	R	使能设备和重置状态
0x1020	中断 INT_EVENT0 的索引寄存器(IIDX)	R	提供最高优先级的中断索引
0x1028	中断屏蔽(IMASK)	R/W	如果设置了某个比特位,则解除对应的中断屏蔽
0x1030	原始中断状态(RIS)	R	反映所有挂起的中断,不管是否屏蔽
0x1038	屏蔽中断状态(MIS)	R	这是 IMASK 和 RIS 寄存器的 AND
0x1040	中断设置(ISET)	W	允许中断由软件设置
0x1048	中断清除(ICLR)	W	清除相应的中断
0x1050	中断 INT_EVENT1 的索引寄存器(IIDX)	R	提供最高优先级的中断索引
0x1058	中断屏蔽(IMASK)	R/W	如果设置了某个比特位,则解除对应的中断屏蔽
0x1060	原始中断状态(RIS)	R	反映所有挂起的中断,不管是否屏蔽
0x1078	屏蔽中断状态(MIS)	R	这是 IMASK 和 RIS 寄存器的 AND
0x1070	中断设置(ISET)	W	允许中断由软件设置
0x1078	中断清除(ICLR)	W	清除相应的中断
0x1080	中断 INT_EVENT2 的索引寄存器(IIDX)	R	提供最高优先级的中断索引
0x1088	中断屏蔽(IMASK)	R/W	如果设置了某个比特位,则解除对应的中断屏蔽
0x1090	原始中断状态(RIS)	R	反映所有挂起的中断,不管是否屏蔽
0x1098	屏蔽中断状态(MIS)	R	这是 IMASK 和 RIS 寄存器的 AND
0x10A0	中断设置(ISET)	W	允许中断由软件设置
0x10A8	中断清除(ICLR)	W	清除相应的中断
0x10E0	事件模式寄存器(EVT_MODE)	R	选择在软件模式(软件清除 RIS)或硬件模式(硬件清除 RIS)下每行是否禁用
0x10FC	模块描述寄存器(DESC)	R	标识外设及其确切的版本
0x1100	控制寄存器 0(CTL0)	R/W	配置采样时钟和断电方式,使能转换

偏移量	寄 存 器 名	R/W	功 能 简 述
0x1104	控制寄存器 1(CTL1)	R/W	配置硬件平分分母、硬件平分分子、采样模式、转换模式和采样触发源,并且开始一个转换
0x1108	控制寄存器 2(CTL2)	R/W	配置顺序转换的起始和结束地址、DMA 触发器上传输的 ADC 转换采样数、ADC 转换结果分辨率和数据回读格式,并且使能基于 FIFO 操作和 DMA 触发器进行数据传输
0x110c	控制寄存器 3(CTL3)	R/W	配置 ASC 的参考电压、采样时间比较寄存器和 ASC 通道
0x1110	采样时钟频率范围寄存器(CLKFREQ)	R/W	选择采样时钟频率范围
0x1114	采样时间比较 0 寄存器(SCOMP0)	R/W	指定采样时间,以 ADC 采样时钟周期数表示
0x1118	采样时间比较 1 寄存器(SCOMP1)	R/W	指定采样时间,以 ADC 采样时钟周期数表示
0x111c	参考缓冲区配置寄存器(REFECF)	R/W	配置和使能参考缓冲区
0x1148	窗口比较器低阈值寄存器(WCLOW)	R/W	用于读写 WCLOW 的数据格式,取决于 CTL2 寄存器中 DF 位的值
0x1150	窗口比较器高阈值寄存器(WCHIGH)	R/W	用于读写 WCHIGH 的数据格式,取决于 CTL2 寄存器中 DF 位的值
0x1160	FIFO 数据寄存器(FIFODATA)	R	这是一个虚拟寄存器,用于从 FIFO 读取数据
0x1170	ASC 结果寄存器(ASCRES)	R	存储 ADC ad-hoc 单次转换结果
0x1180	转换存储控制寄存器(MEMCTL)	R/W	转换存储控制,偏移量 = 0x1180 + (y * 0x4);(y=0~17)
0x1280	内存结果寄存器(MEMRES)	R	存储转换结果,偏移量 = 0x1280 + (y * 0x4);(y=0~17)
0x1340	状态寄存器(STATUS)	R	显示 ADC 状态

```
void adc_init(uint16_t Channel,uint8_t Diff);
```

(2) 读取一次模/数转换值函数 adc_read()。该函数使用参数通道号 Channel。要注意的是,使用这个函数之前,需调用初始化函数 adc_init()对相应通道进行初始化。

```
uint16_t adc_read(uint8_t Channel);
```

3. ADC 构件部分函数源码

```
//==============================================================
//文件名称: adc.c
//框架提供: 苏大嵌入式(sumcu.suda.edu.cn)
//版本更新: 20230923
//功能描述: 见本工程的<01_Doc>文件夹下的 Readme.txt 文件
//==============================================================
#include "adc.h"
//==============================================================
```

```
//函数名称: adc_init
//功能概要: 初始化一个 A/D 通道号
//参数说明: Channel——通道号。可选范围: ADC_CHANNEL_x(0<=x<=15)
//          diff——差分选择。值为 1(AD_DIFF 1),差分;值为 0(AD_SINGLE0),单端
//================================================================
void adc_init(uint16_t Channel,uint8_t Diff)
{
    //(1)定义变量
    int32_t tmp;
    uint16_t num = Channel %4;
    //(2)重置 ADC12 外设,复位
    ADC0->ULLMEM.GPRCM.RSTCTL =(ADC12_RSTCTL_KEY_UNLOCK_W
                                 | ADC12_RSTCTL_RESETSTKYCLR_CLR
                                 | ADC12_RSTCTL_RESETASSERT_ASSERT);
    //(3) ADC12 模块上电
ADC0->ULLMEM.GPRCM.PWREN =   (ADC12_PWREN_KEY_UNLOCK_W
                                 | ADC12_PWREN_ENABLE_ENABLE);
    //(4)配置 ADC 采样时钟源为 SYSOSC
    tmp = ADC0->ULLMEM.GPRCM.CLKCFG;
    tmp = tmp & ~(ADC12_CLKCFG_KEY_MASK
              | ADC12_CLKCFG_SAMPCLK_MASK);
    ADC0->ULLMEM.GPRCM.CLKCFG = tmp | ((ADC12_CLKCFG_KEY_UNLOCK_W
                                 | ADC12_CLKCFG_SAMPCLK_SYSOSC)
                                 &(ADC12_CLKCFG_KEY_MASK
                                 | ADC12_CLKCFG_SAMPCLK_MASK));
    //(5)对时钟源进行 8 分频
    tmp = ADC0->ULLMEM.CTL0;
    tmp = tmp & ~ADC12_CTL0_SCLKDIV_MASK;
    ADC0->ULLMEM.CTL0 = tmp | ((ADC12_CLKCFG_KEY_UNLOCK_W |
                              ADC12_CTL0_SCLKDIV_DIV_BY_8)
                              & ADC12_CTL0_SCLKDIV_MASK);
    //(6)设置采样时钟频率范围为 24~32
    ADC0->ULLMEM.CLKFREQ = ADC12_CLKFREQ_FRANGE_RANGE24TO32;
    //(7)配置断电模式,只要通过软件启用 ADC,ADC 就一直保持通电
    tmp = ADC0->ULLMEM.CTL0;
    tmp = tmp & ~ADC12_CTL0_SCLKDIV_MASK;
    ADC0->ULLMEM.CTL0 = tmp | (ADC12_CTL0_PWRDN_MANUAL &ADC12_CTL0_PWRDN_MASK);
    //(8)设置采样时间
    ADC0->ULLMEM.SCOMP0 = (26);
}
...
```

8.3 DAC

利用程序把微型计算机内部的数字量转化为从微型计算机引脚输出的模拟量,是微型计算机控制外围设备的重要途径之一。

8.3.1 DAC 的通用基础知识

一些情况下,不仅需要将模拟量转化成数字量,也有将数字量转化成模拟量的需求,以

便通过计算机程序实现对输出设备某种状态的连续变化控制,如数字化方法控制音量的大小等。MCU 内部承担将数字量转换成模拟量任务的电路称为数/模转换器(Digital-to-Analog Converter,DAC),它将微型计算机内部的二进制数字量形式的离散信号转换成以参考电压为基准的模拟量,一般以电压形式输出。

设 MCU 内部的任何一个数字量可以表示为 N 位二进制数 $d_{N-1}d_{N-2}\cdots d_1 d_0$,其中,$d_{N-1}$ 为最高有效位(Most Significant Bit,MSB),d_0 为最低有效位(Least Significant Bit,LSB)。DAC 将输入的每一位二进制代码按其权值大小转换成相应的模拟量,然后将代表各位的模拟量相加,所得的总模拟量就与数字量成正比,实现了从数字量到模拟量的转换,如图 8-3 所示。

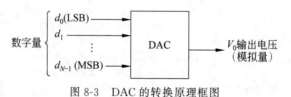

图 8-3　DAC 的转换原理框图

与编程相关的 DAC 主要技术指标是分辨率。一般情况下,分辨率使用 DAC 位数来表示,如 12 位 DAC、16 位 DAC 等,也可以认为 12 位 DAC 的分辨率为 $1/(2^{12}-1)=1/4095$。

8.3.2　基于构件的 DAC 编程方法

本小节给出基于构件的 DAC 编程方法举例,DAC 构件的源码参见样例工程。

1. MSPM0L1306 芯片 DAC 引脚

大部分 MCU 芯片的 DAC 引脚不多,这是因为 DAC 的功能大多可以用 PWM 替代,PWM 波的电压平均值可以作为直流电压使用,只有真正要求电压变化十分平稳的直流电源才使用 DAC 模块。32 引脚封装的 MSPM0L1306 芯片内部含有 2 路 8 位 DAC,具体的通道号及引脚名如表 8-5 所示。

表 8-5　MSPM0L1306 的 DAC 引脚

通　道　号	宏　定　义	MCU 引脚名	GEC 引脚号
0	DAC_PIN0	PTA22	32
1	DAC_PIN1	PTA16	26

2. DAC 构件的头文件

```
//==============================================================
//文件名称: dac.h
//功能概要: DAC 底层驱动构件头文件
//框架提供: 苏大嵌入式(sumcu.suda.edu.cn)
//版本更新: 20230925-20231215
//芯片类型: MSPM0L1306
//==============================================================
#ifndef _DAC_H_        //防止重复定义(开头)
#define _DAC_H_
```

```
#include "string.h"
#include "mspm0l1306.h"   //包含公共要素头文件


//通道号定义
#define DAC_PIN0 0        //PTA22
#define DAC_PIN1 1        //PTA16


//=================================================================
//函数名称: dac_init
//功能概要: 初始化 DAC 模块设定
//参数说明: port_pin 为 DAC 引脚,可选择 DAC_PIN0 代表通道 0,选择 DAC_PIN1 代表通道 1
//=================================================================
void dac_init(uint16_t port_pin);


//=================================================================
//函数名称: dac_convert
//功能概要: 执行 DAC 转换
//参数说明: port_pin 为 DAC 引脚,可选择 DAC_PIN0 代表通道 0,选择 DAC_PIN1 代表通道 1
//         data 为需要转换成模拟量的数字量,范围 0~255
//=================================================================
void dac_convert(uint16_t port_pin,uint16_t data);


#endif
```

3. 基于构件的 DAC 编程举例

由于在 AHL-MSPM0L1306 开发板上 PTA22 引脚已经通过 1kΩ 电阻连接到绿色发光二极管的负极,而发光二极管的正极被接到了 3.3V,因此,可以利用这个硬件进行 DAC 实验,而无需借助其他工具。编程使 PTA22 引脚输出 DA 转换后的模拟量。

(1) 初始化 DAC 模块。

```
dac_init(DAC_PIN0);
```

(2) 在主循环中,使用函数 dac_convert 设置输出电压。

```
dac_convert(DAC_PIN0,0);
...
dac_convert(DAC_PIN0,255);
```

DAC 构件的测试工程位于 .. \03-Software\CH08\DAC 文件夹。

(3) 测试观察。给通道 DAC_PIN0 分别赋值 0 和 255,使引脚 PTA22 分别输出不同电压,观察二极管闪烁情况。也可以实验探索,当数字量为多少时,发光二极管处于亮暗的临界状态。

8.4　实验四　ADC 实验

ADC 模块即模/数转换模块,其功能是将电压信号转换为相应的数字信号。实际应用中,这个电压信号可能由温度、湿度、压力等实际物理量经过传感器和相应的变换电路转化而来。经过 A/D 转换后,MCU 就可以处理这些物理量。

1. 实验目的

（1）掌握 ADC 构件的使用。

（3）掌握 ADC 的技术指标。

（3）基本理解构件的制作过程。

2. 实验准备

（1）软硬件工具：与实验一相同。

（2）运行并理解"..\03-Software\CH08"中的几个程序。

3. 参考样例

参照..\03-Software\CH08\ADC 工程，该程序实现了 ADC 热敏电阻的模拟量输出。

4. 实验过程或要求

1）验证性实验

参照实验二的验证性实验方法，验证本章电子资源中的样例程序，体会基本编程原理与过程。在实验过程中，建议复制样例程序后修改程序，更换差分输入通道，重新编译下载，体会观察到的现象，进一步理解单端和差分两种输入方式的区别。

2）设计性实验

复制 MCU 样例程序(..\03-Software\CH08\ADC)，用该程序框架：对 GEC 板载热敏电阻进行采集、滤波，使之更加稳定。复制 PC 样例程序"ADC-温度图形化界面"，增加语音功能，优化曲线显示等。

3）进阶实验★

自行购买一种常见类型的传感器，制作其驱动构件，进行 A/D 转换编程，完成 MCU 方及 PC 方曲线显示等基本功能。

5. 实验报告要求

（1）用适当的文字和图表描述实验过程。

（2）用 200～300 字写出实验体会。

（3）在实验报告中完成实践性问答题。

6. 实践性问答题

（1）A/D 转换有哪些主要技术指标？

（2）A/D 采集的软件滤波有哪些主要方法？

（3）若 A/D 值与实际物理量并非线性关系，A/D 值回归成实际物理量值有哪些非线性回归方法？

（4）A/D 转换的量化误差可以消除吗？为什么？

本章小结

本章给出 Flash、ADC 模块和 DAC 模块的编程方法，并给出 Flash 构件和 ADC 构件制作过程的基本要点。

1. 关于 Flash 存储器在线编程

Flash 存储器可在线编程，基本取代电可擦除可编程只读存储器，用于保存运行过程中失电后不丢失的数据。MSPM0L1306 芯片的 Flash 起始地址为 0x0000_0000～0x0000_

FFFF,扇区大小为 1KB,共 64 扇区。Flash 构件封装了初始化、擦除、写入等基本接口函数。

2. 关于 ADC 模块

ADC 将模拟量转换为数字量,计算机通过这个数字量间接对应实际模拟量进行运行与处理。与 A/D 转换编程直接相关的技术指标主要有转换精度、是单端输入还是差分输入、转换速度等。MSPM0L1306 芯片内部含有一个 12 位 ADC 模块,共有 16 个单端输入通道。

3. 关于 DAC 模块

DAC 将数字量转换为模拟量,计算机通过这个模拟量控制实际的音量、温度等模拟量输出。与编程相关的 DAC 主要技术指标是分辨率,一般用 DAC 位数来表示。MSPM0L1306 芯片内部含有一个 8 位 DAC 模块,共有 2 个输入通道。

习题

1. 简要阐述 Flash 在线编程的基本含义及用途。

2. 给出 Flash 构件的基本函数及接口参数。

3. 编制程序,将自己的一寸照片存入 Flash 中的适当区域,重新上电复位后再读出到 PC 屏幕显示。

4. 若 ADC 的参考电压为 3.3V,要能区分 0.05mV 的电压,则采样位数至少为多少位?

5. 将 DAC 引脚作为输出,编程使其输出模拟量,并利用杜邦线将其接到一个 A/D 转换引脚,编程获得该引脚的模拟量,进行比较。

6. 阅读课外文献资料,用列表方式给出常用的软件滤波算法名称、内容概要、主要应用场合。

第 9 章

SPI、I2C 与 DMA

本章导读

本章阐述 SPI、I2C、DMA 的基本编程方法。串行外设接口(Serial Peripheral Interface,SPI)通常是三线制串行通信方式,集成电路互联总线(Inter-Integrated Circuit,I2C)是二线制串行通信方式,常用于 MCU 与其他外部器件的通信。直接存储器存取(Direct Memory Access,DMA)可实现存储器与外设之间的大量数据传输且不占 CPU 时间,用于语音、视频等传输过程。

9.1 串行外设接口模块

9.1.1 串行外设接口的通用基础知识

1. SPI 的基本概念

串行外设接口是原摩托罗拉公司于 1979 年左右推出的一种同步串行通信接口,用于微处理器和外围扩展芯片之间的串行连接,已经发展成为一种工业标准。目前,各半导体公司推出了大量带有 SPI 的芯片,如 A/D 转换器、D/A 转换器、LCD 显示驱动器等。SPI 一般使用 4 条线:串行时钟线(SCK)、主机输入/从机输出数据线(Master In/Slave Out,MISO)、主机输出/从机输入数据线(Master Out/Slave In,MOSI)和从机选择线(NSS($\overline{\text{SS}}$)),如图 9-1 所示,图中略去了 NSS 线。

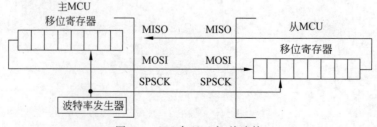

图 9-1 SPI 全双工主-从连接

1）主机与从机的概念

SPI 是一个全双工连接，即收发各用一条线，是典型的主机-从机（Master-Slave）系统。一个 SPI 系统由一个主机和一个或多个从机构成，主机启动一个与从机的同步通信，从而完成数据的交换。提供 SPI 串行时钟的 SPI 设备称为 SPI 主机或主设备（Master），其他设备则称为 SPI 从机或从设备（Slave）。在 MCU 扩展外设结构中，仍使用主机-从机概念，此时 MCU 必须工作于主机方式，外设工作于从机方式。

2）主出从入引脚与主入从出引脚

主出从入引脚是主机输出、从机输入数据线。当 MCU 被设置为主机方式时，主机送往从机的数据从该引脚输出。当 MCU 被设置为从机方式时，来自主机的数据从该引脚输入。

主入从出引脚是主机输入、从机输出数据线。当 MCU 被设置为主机方式时，来自从机的数据从该引脚输入主机。当 MCU 被设置为从机方式时，送往主机的数据从该引脚输出。

3）SPI 串行时钟引脚

SCK 是 SPI 主器件的串行时钟输出引脚以及 SPI 从器件的串行时钟输入引脚，用于控制主机与从机之间的数据传输。串行时钟信号由主机的内部总线时钟分频获得，主机的 SCK 输出到从机的 SCK，控制整个数据的传输速度。在主机启动一次传送的过程中，从 SCK 输出自动产生的 8 个时钟周期信号，SCK 信号的一个跳变进行一位数据移位传输。

4）时钟极性与时钟相位

时钟极性表示时钟信号在空闲时是高电平还是低电平。时钟相位表示时钟信号 SCK 的第一个边沿出现在第一位数据传输周期的开始位置还是中央位置。

5）从机选择引脚

一些芯片带有从机选择引脚，也称为片选引脚。若一个 MCU 的 SPI 工作于主机方式，则该 MCU 的 NSS 为高电平。若一个 MCU 的 SPI 工作于从机方式，当 NSS 为低电平时表示主机选中了该从机，反之则表示未选中该从机。对单主单从（One Master and One Slave）系统，可以采用图 9-1 的接法。对于一个主 MCU 带多个从属 MCU 的系统，主机 MCU 的 NSS 接高电平，每一个从机 MCU 的 NSS 接主机的 I/O 输出线，由主机控制其电平高低，以便主机选中该从机。需要注意的是，在 SPI 的三线模式中，该引脚不被使用。

2. SPI 的数据传输原理

在图 9-1 中，移位寄存器为 8 位，所以每一个工作过程传送 8 位数据。具体传输过程如下：

（1）主机 CPU 发出启动传输信号，将要传送的数据装入 8 位移位寄存器。

（2）产生 8 个时钟信号，依次从 SCK 送出。

（3）在 SCK 信号的控制下，主机的 8 位移位寄存器中的数据依次从主机的 MOSI 送出至从机的 MOSI，并送入从机的 8 位移位寄存器。

在此过程中，从机的数据也可通过 MISO 传送到主机中。所以，该过程称为全双工主-从连接（Full-Duplex Master-Slave Connections）。其数据的传输格式是高位（MSB）在前，低位（LSB）在后。

图 9-1 是一个主 MCU 和一个从 MCU 的连接，也可以是一个主 MCU 与多个从 MCU 连接形成一个主机多个从机的系统；还可以是多个 MCU 互联构成多主机系统；另外也可以是一个 MCU 挂接多个从属外设。但是，SPI 系统最常见的应用是利用一个 MCU 作为主

机,其他 MCU 处于从机地位。这样,主机程序启动并控制数据的传送和流向,在主机的控制下,从属设备从主机读取数据或向主机发送数据。至于传送速度、何时移入移出数据、一次移动完成是否中断和如何定义主机与从机等问题,可通过对寄存器编程来解决。

3. SPI 的时序

SPI 的数据传输是在时钟信号 SCK(同步信号)的控制下完成的。数据传输过程涉及时钟极性与时钟相位设置问题,用 CPOL 描述时钟极性,用 CPHA 描述时钟相位。主机和从机必须使用同样的时钟极性与时钟相位,才能正常通信。对发送方编程必须明确三点:接收方要求的时钟空闲电平是高电平还是低电平;接收方在时钟的上升沿取数还是下降沿取数;采样数据是在第 1 个时钟边沿还是第 2 个时钟边沿。总体要求是:确保发送数据在 1 个周期开始的时刻上线,接收方在 1/2 周期的时刻从线上取数。这样是最稳定的通信方式。据此,设置时钟极性与时钟相位。只有正确地配置时钟极性和时钟相位,数据才能够被准确接收。因此,必须严格对照从机 SPI 接口的要求来正确配置主从机的时钟极性和时钟相位。

关于时钟极性与时钟相位的选择,有四种可能情况,如图 9-2 所示。

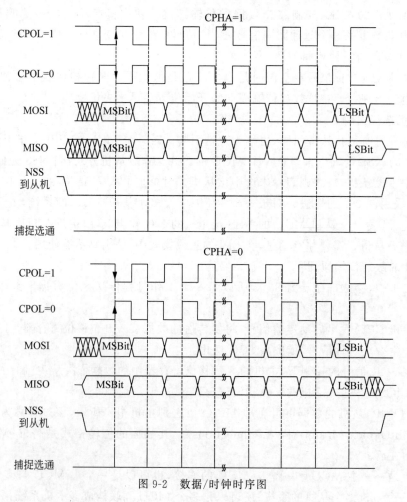

图 9-2　数据/时钟时序图

　　1）下降沿取数,空闲电平为低电平,CPHA＝1,CPOL＝0

　　若空闲电平为低电平,则接收方在时钟的下降沿取数,从第二个时钟边沿开始取数。在时钟信号的一个周期结束后(下降沿),时钟信号又达低电平,下一位数据又开始上线,再重复上述过程,直到一个字节的 8 位信号传输结束。用 CPHA＝1 表示从第二个时钟边沿开始取数,CPHA＝0 表示在第一个时钟边沿开始取数;用 CPOL＝0 表示空闲电平为低电平,CPOL＝1 表示空闲电平为高电平。

　　2）上升沿取数,空闲电平为高电平,CPHA＝1,CPOL＝1

　　若空闲电平为高电平,则接收方在同步时钟信号的上升沿时取数,且从第二个时钟边沿开始取数。

　　3）上升沿取数,空闲电平为低电平,CPHA＝0,CPOL＝0

　　若空闲电平为低电平,则接收方在时钟的上升沿取数,在第一个时钟边沿开始取数。

　　4）下降沿取数,空闲电平为高电平,CPHA＝0,CPOL＝1

　　若空闲电平为高电平,则接收方在时钟的下降沿取数,在第一个时钟边沿开始取数。

9.1.2　基于构件的 SPI 通信编程方法

1. MSPM0L1306 芯片的 SPI 对外引脚

　　MSPM0L1306 芯片内部具有一个 SPI 模块,即 SPI0。表 9-1 给出了 SPI 模块使用的引脚。该芯片的 SPI 功能引脚定义与上文所介绍的 SPI 通用缩写有所不同：主入从出 MISO 对应 POCI,主出从入 MOSI 对应 PICO,CS 对应 NSS。引脚之间不存在分组,SPI 所使用的 SCK、MISO、MOSI 和 NSS 四个引脚可从表 9-1 中对应选择,但只能有一组。为了数据传输稳定,建议使用相邻的引脚且走线不宜过长。

表 9-1　SPI 实际使用的引脚名

GEC 引脚号	MCU 引脚名	SPI 作用	本 书 使 用
6	PTA2	SPI0_CS0	
7	PTA3	SPI0_CS1	从机选择 NSS(CS1)
8	PTA4	SPI0_POCI	主入从出 MISO
9	PTA5	SPI0_PICO	主出从入 MOSI
10	PTA6	SPI0_SCK	时钟 SCK
12	PTA8	SPI0_CS0	
13	PTA9	SPI0_PICO	
14	PTA10	SPI0_POCI	
15	PTA11	SPI0_SCK	
19	PTA15	SPI0_CS2	
20	PTA16	SPI0_POCI	
21	PTA17	SPI0_SCK/ SPI0_CS1	
22	PTA18	SPI0_PICO	

续表

GEC 引脚号	MCU 引脚名	SPI 作用	本书使用
23	PTA19	SPI0_POCI	
27	PTA23	SPI0_CS3	
28	PTA24	SPI0_CS2	
29	PTA25	SPI0_PICO	
30	PTA26	SPI0_POCI	
31	PTA27	SPI0_CS3	

2. SPI 构件头文件

本书给出的 SPI 构件使用 PTA6、PTA4、PTA5、PTA3 分别作为 SPI 的时钟、主入从出、主出从入、从机选择引脚。SPI 构件头文件 spi.h 在工程的"\03_MCU\MCU_drivers"文件夹中,这里给出部分 API 接口函数的使用说明及函数声明,函数源码参见样例工程。

```
//=============================================================
//文件名称: spi.h
//功能概要: spi 底层驱动构件源文件
//框架提供: 苏大嵌入式(sumcu.suda.edu.cn)
//版本更新: 20230925
//芯片类型: MSPM0L1306
//=============================================================
#ifndef _SPI_H              //防止重复定义(开头)
#define _SPI_H
#include "string.h"
#include "gec.h"
#include "uart.h"
#define SPI_0     0         //PTA6、PTA5、PTA4、PTA3=SPI 的(SCK、MISO、MOSI、NSS)

#define SPI_MASTER  1
#define SPI_SLAVE     0
//=============================================================
//函数名称: spi_init
//功能说明: SPI 初始化
//函数参数: No——模块号。可用宏定义常数
//         MSTR——SPI 主从机选择。0 选择为从机,1 选择为主机
//         BaudRate——波特率(单位: bps),可取值 32000、16000...
//         CPOL=0: 时钟平时为低。CPOL=1: 时钟平时为高
//         CPHA=0: 相位为 0。CPHA=1: 相位为 1
//函数返回: 无
//说明: 设波特率为 y,可取 y = (32000000/(x+1) * 2 (x=1,2,3...)),单位: bps
//=============================================================
void spi_init(uint8_t No, uint8_t MSTR, uint32_t BaudRate, uint8_t CPOL, uint8_t
CPHA);

//=============================================================
```

```
//函数名称: spi_send1
//功能说明: SPI 发送 1 字节数据
//函数参数: No——模块号。可用宏定义常数
//          data——需要发送的 1 字节数据
//函数返回: 0——发送失败;1——发送成功
//================================================================
uint8_t spi_send1(uint8_t No,uint8_t data);


//================================================================
//函数名称: spi_sendN
//功能说明: SPI 发送数据
//函数参数: No——模块号。可用宏定义常数
//          n——要发送的字节个数,范围为 1~255
//          data[]——所发数组的首地址
//函数返回: 无
//================================================================
uint8_t spi_sendN(uint8_t No,uint8_t n,uint8_t data[]);


//================================================================
//函数名称: spi_receive1
//功能说明: SPI 接收 1 个字节的数据
//函数参数: No——模块号。可用宏定义常数
//函数返回: 接收到的数据
//================================================================
uint8_t spi_receive1(uint8_t No);


//================================================================
//函数名称: spi_receiveN
//功能说明: SPI 接收 N 个字节数据
//函数参数: No——模块号。可用宏定义常数
//          n——要接收的字节个数。范围为 1~255
//          data[]——接收到的数据存放的首地址
//函数返回: 1——接收成功;其他情况——失败
//================================================================
uint8_t spi_receiveN(uint8_t No,uint8_t n,uint8_t data[]);


//================================================================
//函数名称: spi_enable_re_int
//功能说明: 打开 SPI 接收中断
//函数参数: No——模块号。可用宏定义常数
//函数返回: 无
//================================================================
void spi_enable_re_int(uint8_t No);


//================================================================
//函数名称: spi_disable_re_int
//功能说明: 关闭 SPI 接收中断
//函数参数: No——模块号。可用宏定义常数
```

```
//函数返回: 无
//================================================================
void spi_disable_re_int(uint8_t No);


#endif          //防止重复定义(结尾)
```

3. 基于构件的 SPI 编程方法

为了表达 SPI 中的主从关系以及多机通信模式,以三个 AHL-MSPM0L1306 开发板的 SPI_0 之间的通信为例,介绍 SPI 构件的使用方法。

1) 硬件连接

需要三个开发板,其中一个作为 SPI 主机(开发板 1),另外两个作为从机(开发板 2 和开发板 3)。应用阶段,主机的 User 串口通过 Type-C 数据线接 PC。

主机被初始化为三线模式(无 NSS 信号线),从机被初始化为四线模式,因此在单主双从系统中,主机除 SCK、MISO、MOSI(分别对应 PTA6、PTA5、PTA4)外,还需连接两个从机选择引脚。本书选用 PTA12 与 PTA13 两个 GPIO 引脚作为从机选择引脚。先将三个开发板的 PTA6、PTA5、PTA4 对应连接起来,再将两个从机的选择引脚 PTA3 分别连接到主机的 PTA12 与 PTA13 上。

2) 基本编程过程

开发板 1 作为主机,开发板 2、3 作为从机。开发板 1 先选中与自身 PTA12 相连的开发板 2,向其发送数据后放开,再选中与自身 PTA13 相连的开发板 3,向其发送数据后放开,循环往复、交替给两从机发送数据。

两从机在接收到数据后会将数据回传给主机,主机会在 User 串口中将接收到的数据打印出来。

(1) 在主函数 main 中,初始化 SPI 模块,具体的参数包括 SPI 所用的模块号、主从机模式、波特率、时钟极性和时钟相位。这里将一个开发板 SPI_0 初始化为主机,将另两个开发板 SPI_0 初始化为从机。

```
//开发板 1
//SPI0 为主机,波特率为 32000,时钟极性和相位都为 1
gpio_init(SPI_CHIP_SELECT_PIN_1,GPIO_OUTPUT,SPI_CHIP_UNSELECTED);
//初始化 PTA7 片选引脚
gpio_init(SPI_CHIP_SELECT_PIN_2,GPIO_OUTPUT,SPI_CHIP_UNSELECTED);
//初始化 PTA8 片选引脚
spi_init(SPI_0,SPI_MASTER,32000,1,1);
//开发板 2
//SPI0 为从机,波特率为 32000,时钟极性和相位都为 1
spi_init(SPI_0,SPI_SLAVE,32000,1,1);
//开发板 3
//SPI0 为从机,波特率为 32000,时钟极性和相位都为 1
spi_init(SPI_0,SPI_SLAVE,32000,1,1);
```

(2) 开启开发板 2、3 的 SPI_0 的接收中断。因为这两块开发板被初始化为从机,所以需要开接收中断,用于接收从主机发送来的数据。

```
spi_enable_re_int(SPI_0);          //使能从机 SPI_0 的接收中断
```

(3) 在主机主循环中,先通过 GPIO 引脚进行从机片选,再利用 spi_sendN 函数,把 12

字节数据通过主机发送出去。由于主机用 GPIO 引脚模拟片选信号,而 SPI 的发送需要时间,因此需要使用单字节发送,并且在发送后还要加入时延以延长片选信号,以保证数据的正常发送。

```
uint8_t send_data1[12] = {'S', 'P', 'I', '-', 'C', 'H', 'I', 'P', '1', '\r', '\n',0};
//SPI 发送数据
uint8_t send_data2[12] = {'S', 'P', 'I', '-', 'C', 'H', 'I', 'P', '2', '\r', '\n',0};
//SPI 发送数据
if(sendFlag == 0){
    printf("SPI 发送开始! \r\n");
    printf("正在给从机 1 发送数据\r\n");
    //选中从机 1
    gpio_set(SPI_CHIP_SELECT_PIN_1,SPI_CHIP_SELECTED);
    for(i = 0; i < 12; i++)
    {
        //单字节发送
        spi_send1(SPI_0, send_data1[i]);
        //片选信号时延
        Delay_spi();
    }
    //放开从机 1
    gpio_set(SPI_CHIP_SELECT_PIN_1,SPI_CHIP_UNSELECTED);
    printf("SPI 发送结束! \r\n\n");
    sendFlag = 1;
}else{
    printf("SPI 发送开始! \r\n");
    printf("正在给从机 2 发送数据\r\n");
    //选中从机 2
    gpio_set(SPI_CHIP_SELECT_PIN_2,SPI_CHIP_SELECTED);
    for(i = 0; i < 12; i++)
    {
        //单字节发送
        spi_send1(SPI_0, send_data2[i]);
        //片选信号时延
        Delay_spi();
    }
    //放开从机 2
    gpio_set(SPI_CHIP_SELECT_PIN_2,SPI_CHIP_UNSELECTED);
    printf("SPI 发送结束! \r\n\n");
    sendFlag = 0;
}
```

其中,send_data1、send_data2 为要发送的字节数组,Delay_spi()为根据当前 SPI 时钟频率设计好的系统时延函数。

(4) 在中断函数服务例程中,通过 SPI_0 接收中断服务例程,接收主机发送过来的字节数据,并通过 User 串口转发到 PC。注意,本例程只为演示基本 SPI 功能而设计,但由于 SPI 从机不能主动发送数据,需要在主机与其通信时将准备好的数据发送出去,因此这种单字节回发方式的最后一个发送字符,会在主机下一轮发送时作为第一个字节被发送回主机。

```
uint8_t ch;
```

```
ch=spi_receive1(SPI_0);              //接收主机发送过来的一个字节数据
uart_send1(UART_User,ch);            //通过 User 串口转发数据到 PC
```

3）工程测试

为使读者直观地了解 SPI 模块之间传输数据的过程，SPI 构件测试实例将三个开发板 SPI 模块之间传输的数据通过用户串口 UART_User 输出显示。测试工程见电子资源"..\03-Software\CH09\SPI"，硬件连接见工程文档。测试工程功能如下：

（1）使用 User 串口通信，波特率为 115200，无校验。

（2）初始化开发板 1 作为主机，开发板 2、3 作为从机，同时使能开发板 2、3 的接收中断。

（3）为保证数据稳定，将三块开发板同时上电。

（4）主机 SPI 分别向两从机的 SPI 发送数据，SPI 在接收中断中将接收到的数据通过 User 串口发送到 PC。

（5）在 PC 打开串口工具，观察 User 串口输出 SPI-CHIP1 与 SPI-CHIP2 字符。

9.2　集成电路互联总线模块

9.2.1　集成电路互联总线的通用基础知识

I2C 可翻译为"集成电路互联总线"，有的文献缩写为 I^2C、IIC，本书一律使用 I2C。I2C 主要用于同一电路板内各集成电路模块（Integrated Circuit，IC）之间的连接。I2C 采用双向二线制串行数据传输方式，支持所有 IC 制造工艺，简化 IC 间的通信连接。I2C 由 PHILIPS 公司于 20 世纪 80 年代初推出，其后 PHILIPS 和其他厂商提供了种类丰富的 I2C 兼容芯片。目前，I2C 标准已经成为世界性的工业标准。

1. I2C 的历史概况与特点

1992 年，PHILIPS 首次发布 I2C 规范 Version 1.0。1998 年发布 I2C 规范 Version 2.0，标准模式传输速率为 100kbps，快速模式 400kbps，I2C 也由 7 位寻址发展到 10 位寻址。2001 年发布了 I2C 规范 Version 2.1，传输速率可达 3.4Mbps。I2C 始终和先进技术保持同步，但仍然保持向下兼容。

在硬件结构上，I2C 采用数据和时钟两根线来完成数据的传输及外围器件的扩展，数据和时钟都是开漏的，通过一个上拉电阻接到正电源，因此在不需要的时候仍保持高电平。任何具有 I2C 接口的外围器件，不论其功能差别有多大，都具有相同的电气接口，都可以挂接在总线上，甚至可在总线工作状态下撤除或挂上，连接方式十分简单。对各器件的寻址是软寻址方式，因此节点上没有必需的片选线，器件地址的给定完全取决于器件类型与单元结构，这也简化了 I2C 系统的硬件连接。另外，I2C 能在总线竞争过程中进行总线控制权的仲裁和时钟同步，不会造成数据丢失，因此由 I2C 连接的多机系统可以是一个多主机系统。

I2C 主要有四个特点：

（1）在硬件上，二线制的 I2C 串行总线使得各 IC 只需最简单的连接，而且总线接口都集成在 IC 中，不需另加总线接口电路。电路的简化省去了电路板上的大量走线，减少了电路板的面积，提高了可靠性，降低了成本。在 I2C 上，各 IC 除了个别中断引线外，相互之间没有其他连线，用户常用的 IC 基本上与系统电路无关，故极易形成用户自己的标准化、模块化设计。

（2）I2C 还支持多主控（Multi-mastering），如果两个或更多主机同时初始化数据传输，可以通过冲突检测和仲裁防止数据被破坏。其中任何能够进行发送和接收的设备都可以成为主机。一个主机能够控制信号的传输和时钟频率。当然在任何时间点上只能有一个主机。

（3）串行的 8 位双向数据传输位速率在标准模式下可达 100kbps，快速模式下可达 400kbps，高速模式下可达 3.4Mbps。

（4）连接到相同总线的 IC 数量只受到总线最大电容（400pF）的限制。但如果在总线中加上 82B715 总线远程驱动器可以把总线电容限制扩展 10 倍，传输距离可增加到 15m。

2. I2C 硬件相关术语与典型硬件电路

在理解 I2C 的过程中，涉及以下术语。

（1）主机（主控器）：在 I2C 中，提供时钟信号，对总线时序进行控制的器件。主机负责总线上各设备信息的传输控制，检测并协调数据的发送和接收。主机对整个数据传输具有绝对的控制权，其他设备只对主机发送的控制信息做出响应。如果在 I2C 系统中只有一个 MCU，那么通常由 MCU 担任主机。

（2）从机（被控器）：在 I2C 系统中，除主机外的其他设备均为从机。主机通过从机地址访问从机，对应的从机作出响应，与主机通信。从机之间无法通信，任何数据传输都必须通过主机进行。

（3）地址：每个 I2C 器件都有自己的地址，以供自身在从机模式下使用。在标准的 I2C 中，从机地址被定义成 7 位（扩展 I2C 允许 10 位地址）。地址 0000000 一般用于发出总线广播。

（4）发送器与接收器：发送数据到总线的器件被称为发送器。从总线接收数据的器件被称为接收器。

（5）SDA 与 SCL：串行数据线 SDA（Serial DAta），串行时钟线 SCL（Serial CLock）。

I2C 的典型硬件电路如图 9-3 所示，这是一个 MCU 作为主机，通过 I2C 带 3 个从机的单主机 I2C 硬件系统。这是最常用、最典型的 I2C 连接方式。注意，连接时需要共地。

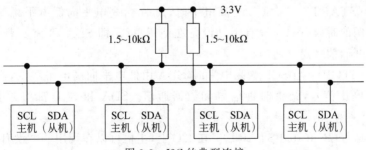

图 9-3　I2C 的典型连接

在物理结构上，I2C 系统由一条串行数据线 SDA 和一条串行时钟线 SCL 组成。SDA 和 SCL 管脚都是漏极开路输出结构，因此在实际使用时，SDA 和 SCL 信号线都必须要加上拉电阻 R_p（Pull-Up Resistor）。上拉电阻一般取值 1.5～10kΩ，接 3.3V 电源即可与 3.3V 逻辑器件接口相连。主机按一定的通信协议向从机寻址并进行信息传输。在数据传输时，由主机初始化一次数据传输,主机使数据在 SDA 线上传输的同时还通过 SCL 线传输时钟。信息传输的对象和方向以及信息传输的开始和终止均由主机决定。

每个器件都有唯一的地址,且可以是单接收的器件(例如 LCD 驱动器),或者是可以接收也可以发送的器件(例如存储器)。发送器或接收器可在主从机模式下操作。

3. I2C 数据通信协议概要

1) I2C 上数据的有效性

I2C 以串行方式传输数据,从数据字节的最高位开始传送,每个数据位在 SCL 上都有一个时钟脉冲相对应。在一个时钟周期内,当时钟信号为高电平时,数据线上必须保持稳定的逻辑电平状态,高电平为数据 1,低电平为数据 0。当时钟信号为低电平时,才允许数据线上的电平状态变化,如图 9-4 所示。

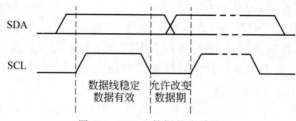

图 9-4　I2C 上数据的有效性

2) I2C 上的信号类型

I2C 在传送数据过程中共有 4 种类型的信号,分别是开始信号、停止信号、重新开始信号和应答信号,如图 9-5 所示。

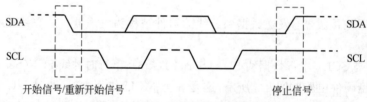

图 9-5　开始、重新开始和停止信号

开始信号(START):当 SCL 为高电平时,SDA 由高电平向低电平跳变,产生开始信号。当总线空闲的时候(例如,没有主动设备在使用总线,即 SDA 和 SCL 都处于高电平),主机通过发送开始信号建立通信。

停止信号(STOP):当 SCL 为高电平时,SDA 由低电平向高电平跳变,产生停止信号。主机通过发送停止信号,结束时钟信号和数据通信。SDA 和 SCL 都将被复位为高电平状态。

重新开始信号(Repeated START):在 I2C 上,主机可以在调用一个没有产生停止信号的命令后,产生一个开始信号。主机通过使用一个重复开始信号和另一个从机或者同一个从机的不同模式通信。由主机发送一个开始信号启动一次通信后,在首次发送停止信号之前,主机通过发送重新开始信号,可以转换与当前从机的通信模式,或是切换到与另一个从机通信。当 SCL 为高电平时,SDA 由高电平向低电平跳变,产生重新开始信号,该信号本质上就是一个开始信号。

应答信号（A）：接收数据的 IC 在接收到 8 位数据后，向发送数据的主机 IC 发出的特定的低电平脉冲。每一个字节数据后面都要跟一位应答信号，表示已收到数据。应答信号是发送了 8 个数据位后，在第 9 个时钟周期出现的。这时，发送器必须在这一时钟位上释放数据线，由接收设备拉低 SDA 电平来产生应答信号，或者由接收设备保持 SDA 的高电平来产生非应答信号，如图 9-6 所示。所以一个完整的字节数据传输需要 9 个时钟脉冲。如果从机作为接收方向主机发送非应答信号，主机方就认为此次数据传输失败；如果主机作为接收方，在从机发送器发送完一个字节数据后发送了非应答信号，就表示数据传输结束，并释放 SDA 线。以上两种情况都会终止数据传输，这时主机或是产生停止信号释放总线，或是产生重新开始信号，从而开始一次新的通信。

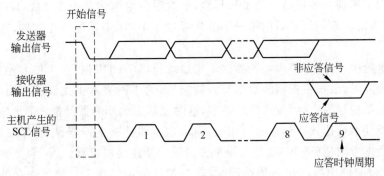

图 9-6   I2C 的应答信号

开始、重新开始和停止信号都由主控制器产生，应答信号由接收器产生，总线上带有 I2C 接口的器件很容易检测到这些信号。但是对于不具备这些硬件接口的 MCU 来说，为了能准确地检测到这些信号，必须保证在 I2C 的一个时钟周期内对数据线至少进行两次采样。

3）I2C 上数据传输格式

一般情况下，一次标准的 I2C 通信由 4 部分组成：开始信号、从机地址传输、数据传输和结束信号，如图 9-7 所示。由主机发送一个开始信号，启动一次 I2C 通信，主机对从机寻址，然后在总线上传输数据。I2C 上传送的每一个字节均为 8 位，首先发送的数据位为最高位，每传送一个字节后都必须跟随一个应答位，每次通信的数据字节数是没有限制的；在全部数据传送结束后，由主机发送停止信号，结束通信。

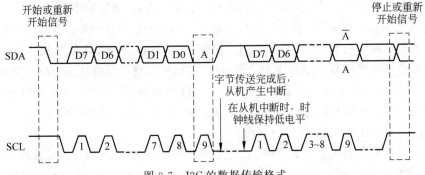

图 9-7   I2C 的数据传输格式

时钟线为低电平时,数据传送将停止进行。这种设定可以在接收器接收到 1 字节数据后要进行一些其他工作而无法立即接收下个数据时,迫使总线进入等待状态;直到接收器准备好接收新数据时,接收器再释放时钟线使数据传送得以继续正常进行。例如,接收器接收完主控制器的一个字节数据后,产生中断信号并进行中断处理,中断处理完毕才能接收下一个字节数据,这时,接收器在中断处理时将控制 SCL 为低电平,直到中断处理完毕才释放 SCL。

4. I2C 寻址约定

I2C 上的器件一般有两个地址:受控地址和通用广播地址。每个器件有唯一的受控地址用于定点通信,而相同的通用广播地址则用于主控方向时对所有器件进行访问。为了消除 I2C 系统中主控器与被控器的地址选择线,最大限度地简化总线连接线,I2C 采用了独特的寻址约定,规定了起始信号后的第一字节为寻址字节,用来寻址被控器件,并规定数据传送方向。

在 I2C 系统中,寻址字节由被控器的 7 位地址位(D7~D1 位)和 1 位方向位(D0 位)组成。方向位为 0 时,表示主控器将数据写入被控器,为 1 时表示主控器从被控器读取数据。主控器发送起始信号后,立即发送寻址字节,这时总线上的所有器件都将寻址字节中的 7 位地址与自己器件地址比较。如果两者相同,则认为该器件被主控器寻址,并发送应答信号,被控器根据数据方向位(R/W)确定自身是作为发送器还是接收器。

MCU 类型的外围器件作为被控器时,其 7 位从机地址在 I2C 地址寄存器中设定。而非 MCU 类型的外围器件地址完全由器件类型与引脚电平给定。I2C 系统中,没有两个从机的地址是相同的。

通用广播地址用来寻址连接到 I2C 上的每个器件,通常在多个 MCU 之间用 I2C 进行通信时使用,可用来同时寻址所有连接到 I2C 上的设备。如果一个设备在广播地址时不需要数据,它可以不产生应答,被主机忽略。如果一个设备从通用广播地址请求数据,它可以应答并当作一个从接收器。当一个或多个设备响应时,主机并不知道有多少个设备应答。每一个可以处理这个数据的从接收器可以响应第二字节。从机不处理这些字节的话,可以响应非应答信号。如果一个或多个从机响应,主机就无法看到非应答信号。通用广播地址的含义一般在第二字节中指明。

5. 主机向从机读/写 1 字节数据的过程

1) 主机向从机写 1 字节数据的过程

主机要向从机写 1 字节数据时,主机首先产生开始信号,然后紧跟着发送一个从机地址(7 位),查询相应的从机;紧接着的第 8 位是数据方向位(R/W),0 表示主机发送数据(写),这时主机等待从机的应答信号(ACK);当主机收到应答信号时,发送给从机一个位置参数,主机的数据在从机接收数组中存放的位置告诉从机,然后继续等待从机的应答信号;当主机收到应答信号时,发送 1 字节的数据,继续等待从机的响应信号;当主机再次收到应答信号时,产生停止信号,结束传送过程。主机向从机写数据的过程如图 9-8 所示。

2) 主机从从机读 1 字节数据的过程

当主机要从从机读 1 字节数据时,主机首先产生开始信号,然后紧跟着发送一个从机地址,查询相应的从机。注意,此时该地址的第 8 位为 0,表明是向从机写命令。这时,主机等待从机的应答信号(ACK),当主机收到应答信号时,发送给从机一个位置参数,把主机的数

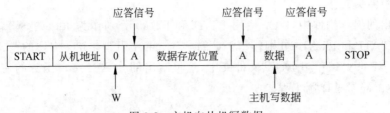

图 9-8　主机向从机写数据

据在从机接收数组中存放的位置告诉从机,继续等待从机的应答信号。主机收到应答信号后,主机要改变通信模式(主机将由发送模式变为接收模式,从机将由接收模式变为发送模式),所以主机发送重新开始信号,然后紧跟着发送一个从机地址。注意,此时该地址的第 8 位为 1,表明将主机设置成接收模式开始读取数据,这时,主机等待从机的应答信号,当主机收到应答信号时,就可以接收 1 字节的数据。接收完成后,主机发送非应答信号,表示不再接收数据,主机进而产生停止信号,结束传送过程。主机从从机读数据的过程如图 9-9 所示。

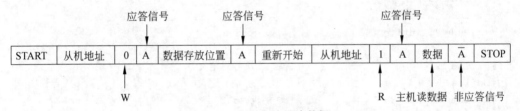

图 9-9　主机向从机读数据

9.2.2　基于构件的 I2C 通信编程方法

1. MSPM0L1306 芯片的 I2C 对外引脚

32 引脚的 MSPM0L1306 芯片共有 10 个引脚可以配置为 I2C 引脚,具体的引脚复用功能如表 9-2 所示。为通信稳定,尽量选择相邻的 SDA、SCL 引脚作为一组。

表 9-2　I2C 模块实际使用的引脚名

GEC 引脚号	MCU 引脚名	第一功能	组
7	PTA0	I2C0_SDA	1
8	PTA1	I2C0_SCL	
17	PTA10	I2C0_SDA	2
18	PTA11	I2C0_SCL	
25	PTA15	I2C1_SCL	1
26	PTA16	I2C1_SDA	
27	PTA17	I2C1_SCL	2
28	PTA18	I2C1_SDA	
29	PTA19	I2C1_SDA	3
30	PTA20	I2C1_SCL	

2. I2C 构件头文件

本书给出的 I2C 构件中，I2C0 使用 PTA1 和 PTA0 分别作为 I2C 的 SCL、SDA 引脚；
I2C1 使用 PTA17 和 PTA18 分别作为 I2C 的 SCL、SDA 引脚。I2C 构件的头文件 i2c.h 在
工程的"\03_MCU\MCU_drivers"文件夹中，这里给出部分 API 接口函数的使用说明及函
数声明，函数源码参见样例工程。

```
//=================================================================
//文件名称：i2c.h
//功能概要：i2c 底层驱动构件头文件
//框架提供：苏大嵌入式(sumcu.suda.edu.cn)
//更新记录：20231211
//适用芯片：MSPM0L1306
//=================================================================

#ifndef I2C_H_
#define I2C_H_
#include "gec.h"
#include "mcu.h"
#include "printf.h"

#define I2C_0 0                 //I2C0 模块号宏定义
#define I2C_1 1                 //I2C1 模块号宏定义
#define I2C_MASTER 0            //I2C 主机模式宏定义
#define I2C_SLAVE 1            //I2C 从机模式宏定义
#define I2C_MAX_PACK_SIZE 16   //I2C 传输数据包最大大小定义
...
//=================================================================
//函数名称：i2c_init
//函数功能：初始化
//函数参数：I2C_No——I2C 号；mode——模式；slaveAddress——从机地址；frequence——频率
//函数说明：slaveAddress 地址范围为 0~127。frequence 取值：10kHz、100kHz、400kHz
//=================================================================
void i2c_init(uint8_t I2C_No, uint8_t mode, uint8_t slaveAddress, uint16_t
frequence);


//=================================================================
//函数名称：i2c_master_send
//函数功能：主机向从机写入数据
//函数参数：I2C_No——I2C 号；slaveAddress——从机地址；data——待写入数据首地址
//函数说明：slaveAddress 地址范围为 0~127
uint8_t i2c_master_send(uint8_t I2C_No, uint8_t slaveAddress, uint8_t * data);


//=================================================================
//函数名称：i2c_master_receive
//函数功能：主机向从机读取数据
//函数参数：I2C_No——I2C 号；slaveAddress——从机地址；data——数据存储区
//函数说明：slaveAddress 地址范围为 0~127
//=================================================================
```

```
uint8_t i2c_master_receive(uint8_t I2C_No,uint8_t slaveAddress,uint8_t * data);


//===============================================================
//函数名称: i2c_slave_send
//函数功能: 从机向主机发送数据
//函数参数: I2C_No——I2C号;data——数据存储区
//函数说明: slaveAddress 地址范围为 0~127
//===============================================================
uint8_t i2c_slave_send(uint8_t I2C_No,uint8_t * data);


//===============================================================
//函数名称: i2c_slave_receive
//函数功能: 从机接收主机发送的数据
//函数参数: I2C_No——I2C号;data——数据存储区
//函数说明: slaveAddress 地址范围为 0~127
//===============================================================
uint8_t i2c_slave_receive(uint8_t I2C_No,uint8_t * data);


//===============================================================
//函数名称: i2c_R_enableInterput
//函数功能: 开启接收中断
//函数参数: I2C_No——I2C号
//函数说明: 无
//===============================================================
void i2c_R_enableInterput(uint8_t I2C_No);


//===============================================================
//函数名称: i2c_R_disableInterput
//函数功能: 禁止接收中断
//函数参数: I2C_No——I2C号
//函数说明: 无
//===============================================================
void i2c_R_disableInterput(uint8_t I2C_No);


//===============================================================
//函数名称: i2c_T_enableInterput
//函数功能: 开启发送中断
//函数参数: I2C_No——I2C号
//函数说明: 无
//===============================================================
void i2c_T_enableInterput(uint8_t I2C_No);


//===============================================================
//函数名称: i2c_disableInterput
//函数功能: 禁止发送中断
//函数参数: I2C_No——I2C号
//函数说明: 无
//===============================================================
```

```
void i2c_T_disableInterput(uint8_t I2C_No);


//============================================================
//函数名称：i2c_slave_wait_rx
//函数功能：从机等待接收完成
//函数参数：I2C_No——I2C 号
//函数说明：无
//============================================================
void i2c_slave_wait_rx(uint8_t I2C_No);


#endif /* I2C_H_ */
```

3. 基于构件的 I2C 编程方法

本例程需要两块开发板,第一块开发板将 PA0~1 复用为 I2C0 模块引脚,作为主机端;第二块开发板 PA0~1 复用为 I2C0 模块引脚,作为从机端 1;将 PA15~16 复用为 I2C1 模块,作为从机端 2。连接开发板之间对应引脚并将 SDA 与 SCL 接入上拉电阻(参考图 9-3),实现三个模块间的通信。分别将第一块板子上的 PA0(I2C0_SDA)、PA1(I2C0_SCL)与第二块板子的 PA0(I2C0_SDA)、PA1(I2C0_SCL),PA18(I2C1_SDA)与 PA17(I2C1_SCL)引脚相连。编程步骤如下。

1) 主机开发板

在主函数 main 中,初始化 I2C 模块。第一个参数为 I2C 的模块号,第二个参数为主机,第三个参数为本模块初始化地址,第四个参数为波特率。

```
i2c_init(I2C_0, I2C_MASTER, 0, 400);        //主机初始化第四个参数为波特率,单位为 kbps
```

声明两个数组,用于储存向两个从机发送的数据,并赋值。

```
//主机存放数据数组
uint8_t sendPack1[I2C_MAX_PACK_SIZE];
uint8_t sendPack2[I2C_MAX_PACK_SIZE];
//给数组赋值
memcpy(sendPack1,(void*)"Test For 0x11: A",sizeof(uint8_t) * I2C_MAX_PACK_SIZE);
memcpy(sendPack2,(void*)"Test For 0x22: B",sizeof(uint8_t) * I2C_MAX_PACK_SIZE);
```

在主循环中,主机向两个从机依次发送一组数据并接收从机返回的数据。

```
/* (2.4) I2C 发送接收部分  */
//(2.4.1)主机向地址为 0x11 的从机发送数据包
printf("--------------------------------------------------\n");
printf("I2C 主机向地址为 0x11 的从机发送数据包\n");
i2c_master_send(I2C_0, 0x11, sendPack1);
Delay_ms(2000);
//(2.4.2)向 0x11 从机发送接收数据命令
i2c_master_receive(I2C_0, 0x11, receive);
//(2.4.3)打印主机收到的数据
printf("I2C 主机收到数据: \n");
for(int i = 0; i < I2C_MAX_PACK_SIZE; i++)
{
    printf("%c", receive[i]);
```

```
}
printf("\n");

//(2.4.4)主机向地址为 0x22 的从机发送数据包
printf("--------------------------------------------------\n");
printf("I2C 主机向地址为 0x22 的从机发送数据包\n");
i2c_master_send(I2C_0, 0x22, sendPack2);
Delay_ms(2000);
//(2.4.5)向从机 0x22 发送接收数据命令
i2c_master_receive(I2C_0, 0x22, receive);
//(2.4.6)打印主机收到的数据
printf("I2C 主机收到数据: \n");
for(int i = 0; i < I2C_MAX_PACK_SIZE; i++)
{
    printf("%c", receive[i]);
}
printf("\n");
printf("--------------------------------------------------\n");
```

2) 从机开发板

在主函数 main 中,初始化 I2C 模块。第一个参数为 I2C 的模块号,第二个参数是从机,第三个参数为本模块初始化地址,第四个为波特率。

```
i2c_init(I2C_0, I2C_SLAVE, 0x11, 400);        //初始化 I2C0 为从机,地址为 0x11
i2c_init(I2C_1, I2C_SLAVE, 0x22, 400);        //初始化 I2C1 为从机,地址为 0x22
```

声明一个数组来接收主机发过来的数据。

```
uint8_t receive[16];                          //从机存放数据数组
```

在中断中,从机接收主机发送过来的数据,并且在 main 函数中打印出来,然后回发给主机。

```
/* (2.1)I2C0 从机功能部分 */
//(2.1.1)I2C0 等待主机发送数据完成
i2c_slave_wait_rx(I2C_0);
//(2.1.2)I2C0 接收数据
i2c_slave_receive(I2C_0, receive);
//(2.1.3)打印 I2C0 接收到的数据
printf("--------------------------------------------------\n");
printf("I2C0 从机接收到: \n");
for(int i = 0; i < gI2cRxCount[0]; i++)
{
    printf("%c", receive[i]);
}
printf("\n");
//(2.1.4)从机向主机发送数据
printf("I2C0 从机回发中...\n");
i2c_slave_send(I2C_0, receive);
printf("I2C0 从机回发完成\n");
```

```
Delay_ms(100);

/* (2.2)I2C1 从机功能部分 */
//(2.2.1)I2C1 等待主机发送数据完成
i2c_slave_wait_rx(I2C_1);
//(2.2.2)I2C1 接收数据
i2c_slave_receive(I2C_1, receive);
//(2.2.3)打印 I2C1 接收到的数据
printf("------------------------------------------------\n");
printf("I2C1 从机接收到：\n");
for(int i = 0; i < gI2cRxCount[0]; i++)
{
    printf("%c", receive[i]);
}
printf("\n");
//(2.4.4)从机向主机发送数据
printf("I2C1 从机回发中...\n");
i2c_slave_send(I2C_1, receive);
printf("I2C1 从机回发完成\n");
Delay_ms(100);
printf("------------------------------------------------\n");
```

3）工程测试

为直观了解 I2C 模块之间传输数据的过程，I2C 驱动构件测试实例使用串口将主机、从机模块之间传输的数据显示在 PC 上。测试工程见电子资源"..\CH09\I2C-MSPM0L1306"，硬件连接见工程文档。测试工程功能如下：

（1）两块板子使用 Debug 串口与外界通信，波特率为 115200，1 位停止位，无校验。

（2）初始化第一块板子 I2C_0 作为主机，初始化第二块板子 I2C_0、I2C_1 作为从机，二者地址分别为 0x11 与 0x22。

（3）为保证数据稳定，将三块开发板同时上电。

（4）将主机接收到的数据通过 Debug 串口发送到 PC 显示字符串：I2C_0 为"Test For 0x11：A"，I2C_1 为"Test For 0x22：B"。

9.3　直接存储器存取

9.3.1　DMA 的通用基础知识

1. DMA 的含义

为了提高 CPU 的使用效率，人们提出了许多减轻 CPU 负担的方法。直接存储器存取是一种数据传输方式，该方式可以使数据不经过 CPU，直接在存储器与 I/O 设备之间、不同存储器之间进行传输。这样的好处是传输速度快，且不占用 CPU 的时间。

DMA 是所有现代微控制器的重要特色，它实现存储器与不同速度的外设硬件之间的数据传输，而不需要 CPU 过多介入。否则，CPU 就需从外设把数据复制到 CPU 内部的寄存器，然后由 CPU 内部寄存器再将它们写到新的地方。在这段时间内，CPU 无法做其他工作。

利用 DMA 机制进行数据传输，由 DMA 控制器将数据从一个地址空间复制到另外一个地址空间。例如，可以用 DMA 方式将存储器中的一段数据从串口发送出去，MCU 初始化 DMA 后，可以继续处理其他的工作。DMA 负责器件之间的数据传输，传输完成后发出一个中断，MCU 可以响应该中断。DMA 传输常用于具有音频、视频等功能的嵌入式系统。

2. DMA 控制器

MCU 内部的 DMA 控制器是一种能够通过专用总线将存储器与具有 DMA 能力的外设连接起来的控制器。一般而言，DMA 控制器含有地址总线、数据总线和控制寄存器。高效率的 DMA 控制器将具有访问其所需要的任意资源的能力，而无须处理器本身的介入。它必须能产生中断，还必须能在控制器内部计算出地址。在实现 DMA 传输时，由 DMA 控制器直接掌管总线，因此，存在总线控制权转移的问题，即 DMA 传输前，MCU 要把总线控制权交给 DMA 控制器；在结束 DMA 传输后，DMA 控制器应立即把总线控制权再交回给 MCU。

在 MCU 语境中，DMA 控制器属于一种特殊的外设。之所以把它也称之为外设，是因为它是在处理器的编程控制下执行传输的。值得注意的是，通常只有数据流量较大的外设才需要支持 DMA，例如视频、音频和网络等接口。

3. DMA 的一般操作流程

这里以 RAM 与 I/O 接口之间通过 DMA 的数据传输为例来说明一个完整的 DMA 传输过程，一般需经过"请求、响应、传输、结束"4 个步骤。

(1) CPU 向 DMA 发出请求。CPU 完成对 DMA 控制器的初始化，并且向 I/O 接口发出操作命令，I/O 接口向 DMA 控制器提出请求。

(2) DMA 响应。DMA 控制器对 DMA 请求判别优先级及屏蔽，向总线裁决逻辑提出总线请求。当 CPU 执行完当前总线周期，即可释放总线控制权。此时，总线裁决逻辑输出总线应答，表示 DMA 已经响应，通过 DMA 控制器通知 I/O 接口开始 DMA 传输。

(3) DMA 传输。DMA 控制器获得总线控制权后，CPU 即刻挂起或只执行内部操作，由 DMA 控制器输出读写命令，直接控制 RAM 与 I/O 接口进行 DMA 传输。

(4) DMA 结束。完成规定的成批数据传送后，DMA 控制器即释放总线控制权，并向 I/O 接口发出结束信号。I/O 接口收到结束信号后，一方面停止 I/O 设备的工作，另一方面向 CPU 发出中断请求，使 CPU 从不介入的状态中解脱，并执行一段检查本次 DMA 传输操作正确性的代码。最后，带着本次操作结果及状态继续执行原来的程序。

由此可见，DMA 传输方式无需 CPU 直接控制传输，也没有中断处理方式那样保留现场和恢复现场的过程。它通过硬件为 RAM 与 I/O 设备开辟一条直接传送数据的通路，使 CPU 的效率大为提高。

9.3.2 基于构件的 DMA 编程方法

1. MSPM0L1306 芯片 DMA 模块的通道源

MSPM0L1306 中的 DMA 模块可以实现外设到存储器、存储器到外设、存储器到存储器以及外设到外设的数据传输，并支持外设与存储器之间的双向传输，也可以访问片上存储器映射的器件,例如 Flash、SRAM、UART 等外设。MSPM0L1306 中有一个 DMA 模块,该模块有 3 个通道,常用的外设源有 UART、I2C、SPI。

2. DMA 构件头文件

DMA 构件的文件 dma.h 在工程的"\03_MCU\MCU_drivers"文件夹中,下面给出部分 API 接口函数的使用说明及函数声明,包括初始化、DMA 发送、使能/失能 DMA 中断。DMA 构件的源程序函数参见样例工程。

```
//============================================================
//函数名称: dma_uart_init
//函数返回: 无
//参数说明: dmaNo——DMA 通道号,uartNo——串口号
//功能概要: 初始化 DMA 和 UART,用于进行外设到内存的数据传输
//============================================================
void dma_uart_init(uint8_t dmaNo,uint8_t uartNo);


//============================================================
//函数名称: dma_uart_send
//函数返回: 无
//参数说明: dmaNo——使用的 DMA 通道号
//          uartNo——串口号
//          SrcAddr——数据传输的源地址
//          Length——传输数据长度
//功能概要: 使能 DMA 通道,通过 DMA 调用实现数据直接传输到串口进行输出
//============================================================
void dma_uart_send(uint8_t dmaNo,uint8_t uartNo,
                               uint32_t SrcAddr, uint32_t Length);


//============================================================
//函数名称: dma_enable_re_init
//参数说明: dmaNo——通道号,取值 0、1、2
//函数返回: 无
//功能概要: DMA 通道中断使能
//============================================================
void dma_enable_re_int(uint8_t dmaNo);


//============================================================
//函数名称: dma_disable_re_init
//参数说明: dmaNo——通道号,取值 0、1、2
//函数返回: 无
//功能概要: DMA 通道中断除能
//============================================================
void dma_disable_re_int(uint8_t dmaNo);


//============================================================
//函数名称: dma_deinit
//函数返回: 无
//参数说明: dmaNo——通道号,uartNo——串口号
//功能概要: 禁用 DMA 实现的内存与串口间的数据传输
```

```
//===========================================================
void dma_uart_deinit(uint8_t dmaNo, uint8_t uartNo);
```

3. 基于构件的 DMA 编程举例

本节以 DMA 与 UART2 之间的数据传输为例,将 DMA 的通道 0 配置成 UART2 发送,测试工程见电子资源"..\04-Software\CH8\DMA-MSPM0L1306"。

DMA 头文件中给出了 DMA 中 3 个最主要的基本构件函数,包括初始化函数 dma_uart_init()、发送函数 dma_uart_send()、使能中断函数 dma_enable_re_init()。下面以测试 DMA 与内存和 UART 之间的数据传输为例,给出 DMA 构件的使用方法。

(1) 初始化 DMA 模块以及使能 DMA 模块传输完成中断。dmaNo 表示进行内存传输数据到串口的通道,UART_User 表示进行数据传输的串口号。数据传输完成后会触发对应的 DMA 中断。

```
dma_uart_init(dmaNo, UART_User);
dma_enable_re_int(dmaNo);
```

(2) DMA 传输数据到 UART。dmaNo 表示使用的 DMA 通道号,UART_User 表示进行数据接收的串口,str1 表示要进行数据发送的内存地址,60 表示传输的数据长度。函数执行完成后,会将 str1 为首地址的 60 个字节的数据传输到 UART_User 的数据寄存器中,并通过串口进行输出。

```
dma_uart_send(dmaNo, UART_User, (uint32_t)&str1, 60);
```

9.4 实验五 SPI 通信实验

串行外设接口(Serial Peripheral Interface,SPI)是原摩托罗拉公司推出的一种同步串行通信接口,用于微处理器和外围扩展芯片之间的串行连接,已经发展成为一种工业标准。目前,各半导体公司推出了大量带有 SPI 接口的芯片,如 RAM、EEPROM、ADC、DAC、LCD 显示驱动器等。

1. 实验目的

通过编程实现 SPI 主从机之间的通信过程,体会 SPI 的作用以及使用流程,可扩展连接 SPI 接口的传感器。主要目的如下:

(1) 理解 SPI 总线的基本概念、协议、连线的电路原理。

(2) 理解 SPI 总线的主机与从机的数据发送、接收过程。

(3) 理解 SPI 模块的基本工作原理。

2. 实验准备

(1) 软硬件工具:与实验一相同。

(2) 运行并理解"..\03-Software\CH09"中的几个程序。

3. 参考样例

样例程序见电子资源"..\03-Software\CH09\SPI"。该程序使用 SPI 构件,实现 SPI 模块之间的通信:将"SPI-CHIP1""SPI-CHIP2"字符串通过主机 SPI 发送给从机 SPI,从机 SPI 接收该字符串后,将该字符串回发给主机,主机通过 printf 语句输出。

4. 实验过程或要求

1）验证性实验

参照实验二的验证性实验方法,验证本章电子资源中的样例程序,体会基本编程原理与过程。验证 SPI 样例程序,实现主机 SPI 向从机 SPI 发送字符,从机 SPI 通过中断接收到字符并送串口 UART 打印显示。实验中使用一套开发套件的两个 SPI 模块,分别作为主机 SPI 和从机 SPI 进行测试,也可以与同学一起使用两个开发板进行实验,注意正确接线。

2）设计性实验

（1）复制样例程序（SPI）,利用该程序框架实现 SPI 的读写操作,完成主机向从机写字符串"Hello",主机到从机中读取字符串"Hello",并通过串口调试工具或"C♯串口测试程序"显示读取到的字符串。

（2）复制样例程序（SPI）,利用该程序框架实现:通过两块开发板实现主机和从机相互通信。主机 SPI 通过串口调试工具或"C♯串口测试程序"获取待发送的字符串,并将字符串向从机 SPI 发送,从机接收到主机发送来的数据后,发送到 PC 机串口调试工具显示。

3）进阶实验★

（1）复制样例程序（SPI）,利用该程序框架实现:通过两块开发板实现 SPI 通信聊天,两块开发板通过 UART 与 PC 机连接,两块开发板通过 SPI 相互通信,其中一块开发板的 SPI 通过 C♯界面向另一块开发板的 SPI 发送字符串并送 PC 机显示。（提醒:两块开发板是对等的,无主从机之分）。

（2）利用 GPIO 模拟实现 SPI 通信。提示:参考电子资源中的本章补充阅读材料。

5. 实验报告要求

（1）用适当的文字、图表描述实验过程。

（2）用 200～300 字写出实验体会。

（3）在实验报告中完成实践性问答题。

6. 实践性问答题

（1）绘制以下三种时钟极性与相位选择情况下的时序图:空闲电平为低电平,下降沿取数——CPOL＝0,CPHA＝1;空闲电平为高电平,下降沿取数——CPOL＝1,CPHA＝0;空闲电平为高电平,上升沿取数——CPOL＝1,CPHA＝1。

（2）请修改程序,在连续发送数据位都为 1 或 0 的情况下,用万用表测试 SPI 的 MOSI 引脚输出的电平,记录万用表的读数。

（3）试比较 SPI 模块和 I2C 模块的异同。

本章小结

本章给出 SPI、I2C 与 DMA 的编程方法,并给出 SPI、I2C 及 DMA 制作过程的基本要点。

1. 关于 SPI 模块

SPI 是四线制主从设备双工同步通信,4 条线分别是串行时钟线、主机输入/从机输出数据线、主机输出/从机输入数据线和从机选择线。编程时注意,主机和从机必须使用同样的时钟极性与时钟相位才能正常通信。时钟极性与时钟相位的设置要做到:确保发送数据在 1 个周期开始的时刻上线,接收方在 1/2 周期的时刻从线上取数。这样是最稳定的通信方式。

2. 关于 I2C 模块

I2C 的字面意思是集成电路互联总线,主要用于同一块电路板内集成电路模块之间的连接和数据传输。I2C 采用双向二线制(SDA、SCL)串行数据传输方式,简化了硬件连接。注意,二线均需接 $1.5 \sim 10\text{k}\Omega$ 的上拉电阻,接入总线的设备必须共地。一般情况下,I2C 设备使用 7 位地址;地址 0000000 一般用于发出总线广播。

3. 关于 DMA

DMA 是可以使数据不经过 CPU,直接在存储器与 I/O 设备之间、不同存储器之间进行传输的一种方式,一般用于比较深入的编程中,可以节约 CPU 的占用时间。例如,要把内存中的 2000 个字节送入串口发送出去,可以使用 DMA 编程方式,让 DMA 去做这件事,完成之后产生一个中断,CPU 就知道已经传输完毕。在 DMA 传输期间,CPU 可以做别的事情。

习题

1. 举例说明同步通信与异步通信的主要区别。
2. 简述 SPI 数据传输过程,说明在 SPI 通信中,如何设定时钟极性与相位。
3. 简述 I2C 的数据传输过程。
4. 编程:实现 2 个 SPI 设备之间的发送与接收,功能自定。
5. 编程:实现 2 个以上 I2C 设备之间的发送与接收,功能自定。
6. 阐述 DMA 的基本含义。何种情况下会用到 DMA? 举例说明 DMA 的用法。

第10章

系统时钟与其他功能模块

本章导读

本章介绍 MSPM0L1306 的基本功能模块之外的其他功能模块,10.1 节讲解系统时钟模块;10.2 节给出复位与看门狗模块;10.3 节介绍电源控制与 CRC 校验模块;10.4 节介绍比较器、运算放大器和通用运算放大器模块。把时钟模块放到这里进行阐述,是因为它比较复杂,若一开始就讲解,比较难以理解。前面的所有程序在启动过程中均用到时钟模块,这里给出时钟初始化的基本编程过程。而复位、看门狗、电源控制等也是嵌入式学习中必不可少的内容。

10.1 时钟系统

时钟系统是微控制器的一个重要部分,它产生的时钟信号要用于 CPU、总线及挂接在总线上的各个外设模块。MSPM0L1306 芯片提供基于两个内部晶体振荡器产生的多个时钟源选择,每个模块可以根据自己的需求选择对应时钟源。

10.1.1 时钟系统概述

1. 时钟源

MSPM0L1306 时钟系统框图如图 10-1 所示。包含两个晶体振荡器,内部系统晶体振荡器(SYSOSC)可产生 4、8、16、32MHz 时钟频率(一般最高使用 32MHz),这四种频率通过系统晶振配置寄存器(SYSOSCCFG)的 FREQ 域的 2 位进行选择。用户设置的频率需要通过用户配置寄存器(SYSOSCTRIMUSER)进行配置。内部低频晶体振荡器(LFOSC)能产生精准的 32.768KHz 的频率,这个晶体振荡器在芯片启动后默认开启。由这两个晶体振荡器产生的时钟经过分频、同步,得到可供 CPU 和外设使用的多个时钟信号,包括主时钟(MCLK)、中频精准时钟(MFPCLK)、中频时钟(MFCLK)、低频时钟(LFCLK)、低功耗外设时钟(ULPCLK)、ADC 采样时钟(ADCCLK)等。

2. 各部件时钟

(1) 主时钟。通过对内部系统晶体振荡器产生的时钟信号进行分频得到主时钟,该时钟通常是系统中最高频率的时钟,因此一般情况下选择该时钟信号作为 CPU 时钟和总线

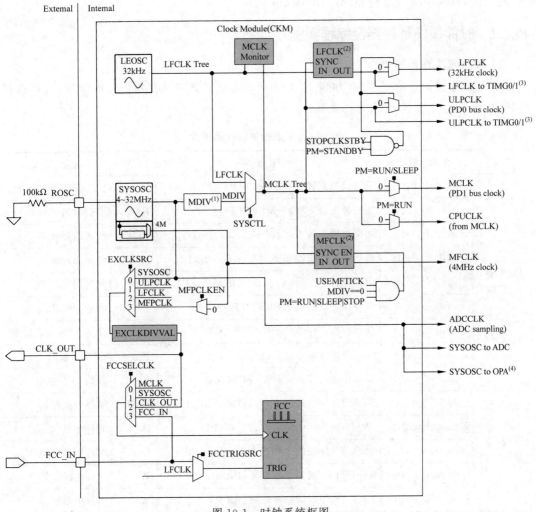

图 10-1　时钟系统框图

工作时钟。AHL-MSPM0L1306 的 BIOS 将其配置为 32MHz。

（2）中频精准时钟和中频时钟。中频精准时钟由内部系统晶体振荡器内部直接分频输出，在更改系统晶体振荡器频率时，其内部分频值同时变化，使得中频精准时钟频率始终为 4MHz，该时钟信号可以通过时钟输出模块进行输出。中频时钟由中频精准时钟经过与主时钟树的同步产生，其频率也为稳定的 4MHz，可供其他设备模块使用。

（3）低频时钟。由内部低频晶体振荡器产生并与主时钟树同步。可以通过配置 MCLKCFG 寄存器选择该时钟信号为主时钟树时钟，通常供定时器使用。

（4）低功耗外设时钟。当芯片处于 SLEEP 或 STOP 模式时，低功耗外设时钟可以为零号电源域（PD0）的外设提供总线时钟，该时钟信号来自主时钟树。

（5）ADC 采样时钟。ADC 采样时钟用于设置 ADC 采样周期，该时钟信号从时钟模块直接进入 ADC 模块。当 ADC 设备配置完成的时候，该时钟信号的选择就确定了下来。该时钟可以由内部系统晶体振荡器直接输入。

MSPM0L1306 的时钟系统还包含时钟输出（CLK_OUT）和时钟测试与校准（FCC 模

块)的功能,以及主时钟监视器(MCLK Monitor)。

10.1.2 时钟模块寄存器及编程实例

1. 时钟模块寄存器简介

系统时钟包括 9 个寄存器,如表 10-1 所示。通过对其中寄存器信息的读写,可以选择时钟源,配置时钟频率,开启时钟中断。

表 10-1　系统时钟寄存器简介

类型	绝对地址	寄存器名	R/W	功能简述
配置寄存器	0x400B_0100	系统晶振配置寄存器(SYSOSCCFG)	R/W	SYSOSC 频率设置
	0x400B_0104	主时钟配置寄存器(MCLKCFG)	R/W	主时钟树时钟选择
	0x400B_0138	通用时钟配置寄存器(GENCLKCFG)	R/W	配置时钟模块
	0x400B_013C	通用时钟使能控制寄存器(GENCLKEN)	R/W	使能时钟模块
	0x400B_0170	用户配置寄存器(SYSOSCTRIMUSER)	R/W	配置用户频率
	0x400B_0204	时钟状态寄存器(CLKSTATUS)	R	时钟同步状态
	0x400B_0310	频率校准寄存器(SYSOSCFCLCTL)	W	使能 SYSOSC 校准
	0x400B_0150	频率时钟计数寄存器(FCC)	R	FCC 计数值
	0x400B_032C	频率计数器捕捉寄存器(FCCCMD)	W	开始 FCC 捕获
中断控制寄存器	0x400B_0028	SYSCTL 中断掩码寄存器(IMASK)	R/W	时钟中断掩码
	0x400B_0030	SYSCTL 原始中断状态寄存器(RIS)	R	时钟中断状态
	0x400B_0038	SYSCTL 屏蔽的中断状态寄存器(MIS)	R	时钟中断屏蔽状态
	0x400B_0040	SYSCTL 中断置位寄存器(ISET)	W	时钟中断设置
	0x400B_0048	SYSCTL 中断清除寄存器(ICLR)	W	时钟中断清零

在时钟系统模块中经常使用到的寄存器有系统晶振配置寄存器、主时钟配置寄存器、用户配置寄存器、通用时钟配置寄存器、通用时钟使能控制寄存器等。通过配置这些寄存器可以配置时钟源,从而获得所需要的时钟信号。寄存器的详细内容可查阅《MSPM0L 系列MCU 参考手册》2.6.1 节。

2. SOCLOCK 模块寄存器结构体类型

实际工程中,SOCLOCK 模块结构体类型为 SYSCTL_SOCLOCK_Regs,保存在工程文件夹的芯片头文件("..\03_MCU\startup\mspm0l1306.h")中。实际编程时,需要理解这些寄存器的基本含义。代码如下。

```
typedef struct {
    uint32_t RESERVED0[8];
    __I uint32_t IIDX;              /* SYSCTL interrupt index */
    uint32_t RESERVED1;
    __IO uint32_t IMASK;            /* SYSCTL interrupt mask */
    uint32_t RESERVED2;
```

```
    __I uint32_t RIS;              /* SYSCTL raw interrupt status */
      uint32_t RESERVED3;
    __I uint32_t MIS;              /* SYSCTL masked interrupt status */
      uint32_t RESERVED4;
    __O uint32_t ISET;             /* SYSCTL interrupt set */
      uint32_t RESERVED5;
    __O uint32_t ICLR;             /* SYSCTL interrupt clear */
      uint32_t RESERVED6;
    __I uint32_t NMIIIDX;          /* NMI interrupt index */
      uint32_t RESERVED7[3];
    __I uint32_t NMIRIS;           /* NMI raw interrupt status */
      uint32_t RESERVED8[3];
    __O uint32_t NMIISET;          /* NMI interrupt set */
      uint32_t RESERVED9;
    __O uint32_t NMIICLR;          /* NMI interrupt clear */
      uint32_t RESERVED10[33];
    __IO uint32_t SYSOSCCFG;       /* SYSOSC configuration */
    __IO uint32_t MCLKCFG;         /* Main clock (MCLK) configuration */
      uint32_t RESERVED11[12];
    __IO uint32_t GENCLKCFG;       /* General clock configuration */
    __IO uint32_t GENCLKEN;        /* General clock enable control */
    __IO uint32_t PMODECFG;        /* Power mode configuration */
      uint32_t RESERVED12[3];
    __I uint32_t FCC;              /* Frequency clock counter (FCC) count */
      uint32_t RESERVED13[7];
    __IO uint32_t SYSOSCTRIMUSER;  /* SYSOSC user-specified trim */
      uint32_t RESERVED14;
    __IO uint32_t SRAMBOUNDARY;    /* SRAM Write Boundary */
      uint32_t RESERVED15;
    __IO uint32_t SYSTEMCFG;       /* System configuration */
      uint32_t RESERVED16[31];
    __IO uint32_t WRITELOCK;       /* SYSCTL register write lockout */
    __I uint32_t CLKSTATUS;        /* Clock module (CKM) status */
    __I uint32_t SYSSTATUS;        /* System status information */
      uint32_t RESERVED17[5];
    __I uint32_t RSTCAUSE;         /* Reset cause */
      uint32_t RESERVED18[55];
    __IO uint32_t RESETLEVEL;      /* Reset level for application-triggered reset
                                      command */
    __O uint32_t RESETCMD;         /* Execute an application-triggered reset
                                      command */
    __IO uint32_t BORTHRESHOLD;    /* BOR threshold selection */
    __O uint32_t BORCLRCMD;        /* Set the BOR threshold */
    __O uint32_t SYSOSCFCLCTL;     /* SYSOSC frequency correction loop (FCL)
                                      ROSC enable */
      uint32_t RESERVED19[2];
    __O uint32_t SHDNIOREL;        /* SHUTDOWN IO release control */
    __O uint32_t EXRSTPIN;         /* Disable the reset function of the NRST pin */
```

```
    __O uint32_t SYSSTATUSCLR;        /* Clear sticky bits of SYSSTATUS */
    __O uint32_t SWDCFG;              /* Disable the SWD function on the SWD pins */
    __O uint32_t FCCCMD;              /* Frequency clock counter start capture */
       uint32_t RESERVED20[20];
    __IO uint32_t PMUOPAMP;           /* GPAMP control */
       uint32_t RESERVED21[31];
    __IO uint32_t SHUTDNSTORE0;       /* Shutdown storage memory (byte 0) */
    __IO uint32_t SHUTDNSTORE1;       /* Shutdown storage memory (byte 1) */
    __IO uint32_t SHUTDNSTORE2;       /* Shutdown storage memory (byte 2) */
    __IO uint32_t SHUTDNSTORE3;       /* Shutdown storage memory (byte 3) */
} SYSCTL_SOCLOCK_Regs;
```

3. 时钟模块编程实例

由于芯片出厂已校准内部晶体振荡器频率,因此用户只需配置寄存器选择使用的频率、时钟源、分频数即可完成时钟的基本设置。

芯片上电复位后,默认使用 SYSOSC(32MHz)作为主时钟树的时钟源初始化系统时钟。可以通过系统晶振配置寄存器设置内部系统晶体振荡器输出的时钟频率,通过主时钟配置寄存器设置主时钟树的时钟源和分频数。系统时钟初始化函数 SystemInit 可在工程的"..\03_MCU\startup\system_mspm0l1306.c"中查看。

本节实例以 SYSOSC 时钟作为主时钟树的时钟源,设置后的系统时钟频率为 32MHz,步骤如下。

(1) 设置内部系统晶振配置寄存器中的 FREQ 域(bit[1:0])为 0b00,将 SYSOSC 频率设置为 32MHz。

(2) 设置主时钟配置寄存器中的 MDIV 域(bit[7:0])为 0x0,表示不分频。

初始化过程中的 SYSOSC 时钟频率设置和分频器设置方法如下所示。

```
//============================================================
//文件名称: system_mspm0l1306.h
//功能概要: MSPM0L1306 芯片系统初始化程序,初始化总线频率为 32MHz
//版权所有: 苏大嵌入式(sumcu.suda.edu.cn)
//版本更新: 20231128
//芯片类型: MSPM0L1306
//============================================================
#include <mspm0l1306.h>
void SystemInit(void)
{
    uint32_t tmp;   //声明保存寄存器值的临时变量
    //复位 GPIO 模块
    GPIOA->GPRCM.RSTCTL = (GPIO_RSTCTL_KEY_UNLOCK_W
                          | GPIO_RSTCTL_RESETSTKYCLR_CLR
                          | GPIO_RSTCTL_RESETASSERT_ASSERT);
    //使能 GPIO 电源
    GPIOA->GPRCM.PWREN = (GPIO_PWREN_KEY_UNLOCK_W
                          | GPIO_PWREN_ENABLE_ENABLE);
    //配置内部系统晶振(SYSOSC),其中 FREQ 域(bit[1:0])为 0b00,表示使用 32MHz 时钟
    tmp = SYSCTL->SOCLOCK.SYSOSCCFG;
```

```
tmp = tmp & ~SYSCTL_SYSOSCCFG_FREQ_MASK;
SYSCTL->SOCLOCK.SYSOSCCFG = tmp | (0x00000000U
                                    & SYSCTL_SYSOSCCFG_FREQ_MASK);
//配置主分频器(MDIV)分频值,其中 MDIV 域(bit[7:0])为 0x0,表示不分频
tmp = SYSCTL->SOCLOCK.MCLKCFG;
tmp = tmp & ~SYSCTL_MCLKCFG_MDIV_MASK;
SYSCTL->SOCLOCK.SYSOSCCFG = tmp | (0x00000000U
                                    & SYSCTL_MCLKCFG_MDIV_MASK);
//设置最小 BOR 门槛(掉电保护电位,电压低于该门槛即触发一次掉电复位行为)
SYSCTL->SOCLOCK.BORTHRESHOLD = (uint32_t)0x00000000U;
}
```

实际上,在改变 SYSOSC 频率前应先确保主时钟使用的是 SYSOSC 而不是 LFOSC,且切换到任何频率前 SYSOSC 都必须先处于 32MHz 的默认工作模式。虽然在上电启动过程中默认使用的就是 SYSOSC 并且已处于 32MHz 的频率,但是为编程的统一性及稳妥起见,系统时钟初始化还是必要的。这里给出例子的另一个目的是让读者基本理解芯片系统时钟的编程方法。

10.2 复位与看门狗模块

复位意味着程序重新开始运行,有上电复位、复位引脚引起的复位、看门狗复位等。学习这个模块,要求读者了解复位的条件、复位后计算机的状态、掌握不同复位后的特殊编程方法。

10.2.1 复位

芯片被正确地写入程序后,经复位或重新上电后才可启动并执行写入的程序。程序出现异常时,也可通过复位的方式重置芯片状态,对系统进行保护。不同的复位方式会复位不同的寄存器,或保留部分寄存器的状态。在实际的应用开发、代码调试和程序执行期间,需要选择不同的复位方式来控制设备,这样在重置芯片的同时又可以按照需要保存部分数据。

1. 复位的条件

MSPM0L1306 有五种不同类型的复位,分别为:①上电复位(Power-on Reset,POR);②欠压复位(Brownout reset,BOR);③启动复位(BOOTRST);④系统复位(SYSRST);⑤CPU 复位(CPURST)。

引起复位的主要条件有:①芯片冷启动导致上电复位,将芯片完全重置;②芯片供电电压降低至欠压复位阈值,触发欠压复位;③关键模块校验错误或时钟模块发生错误,触发欠压复位或启动复位;④引导程序(BootStrap Loader,BSL)执行前后或包含错误检查和纠正(Error Check and Correct,ECC)功能的闪存校验错误,触发系统复位;⑤软件触发复位,即通过系统控制寄存器组的复位等级寄存器(RESETLEVEL)和复位命令寄存器(RESETCMD)设置并触发复位,软件复位可以设置多个不同等级的复位;⑥NRST 引脚复位(外部复位),NRST 引脚电压被拉低时,依据拉低时长触发启动复位或上电复位;⑦看门狗复位。详细的复位条件可参考《MSPM0L 系列 MCU 参考手册》2.4.1 节。

在一般应用中,用户只需着重考虑上电复位、外部引脚复位、看门狗复位、软件复位这几

种复位方式。

2. 不同复位的影响

MSPM0L1306 不同复位行为对资源影响情况见表 10-2。

表 10-2　MSPM0L1306 不同复位行为对资源影响情况

影响的资源＼复位类型	POR	BOR	BOOTRST	SYSRST	CPURST
NRST/SWD 禁用	RST				
关断存储器	RST				
内核稳压器	RST	RST			
调试子系统	RST	RST			
LFCLK 状态	RST	RST	RST①		
SRAM	RST	RST	RST		
引导配置例程执行	RST	RST	RST	RST②	
IOMUX 模块	RST	RST③	RST	RST	
EVENT、DMA、FLASHCTL 模块	RST	RST	RST	RST	
外设	RST	RST	RST	RST	
CPU	RST	RST	RST	RST	RST

3. 冷复位与热复位

一般情况下,用户可以将复位分为热复位和冷复位两种。以是否复位 SRAM 为标志,如果在复位过程中重置了 SRAM(包括 POR、BOR、BOOTRST)即为冷复位。这种情况下往往无法获取复位之前程序运行时各变量的状态,因此需要用户软件在使用变量之前对变量进行初始化。若复位过程中 SRAM 数据保存下来(包括 SYSRST、CPURST)即为热复位。在热复位后,用户可以继续使用复位前保存的全局变量。在 MSPM0L1306 芯片中,上电复位、外部引脚复位、看门狗复位属于冷复位,软件复位属于热复位。

MSPM0L1306 有 4 个关机存储器(SHUTDNSTOREx),位于 SYSCTL 寄存器组的 SOCLOCK 寄存器组中,可用于判定冷热复位。

4. 软件触发冷热复位举例

电子资源中给出了 MSPM0L1306 微控制器的一个冷热复位应用举例..\03-Software\CH10\RESET,该程序运行时读取了关机存储器和一个未赋初值的全局变量(全局变量位于 SRAM 中,BSS 段)。若上一次复位是 POR 复位,则关机存储器中的值为 0。此时给全局变量和关机存储器赋相同的值。

若发生了上电复位,则关机存储器中的值被清空,且 SRAM 中的值也无法保存。若发

---

① BOOTRST 复位等级仅在非 PMU 模块校验错误和发生致命时钟故障时复位 LFCLK 状态。

② SYSRST 复位等级仅在 BSL 进入和 BSL 退出的时候执行 BCR。

③ 在退出 SHUTDOWN 模式引起 BOR 复位时,IOMUX 会复位,但 I/O 管脚的值会被锁存,直到用户清除 SYSCTL SHDNIOREL 寄存器中的 RELEASE 位为止。

生了除 POR 以外的冷复位,则关机存储器中的值保留,而 SRAM 中全局变量的值无法保留。若发生了热复位,则关机存储器中的值和全局变量的值均可以保留。

通过该测试实例,利用相应的构件,用户可以按照需求触发冷复位和热复位以重置芯片全部或部分工作状态,并选择合适的存储方式保存关键数据。

10.2.2　看门狗

1. 看门狗的含义

看门狗定时器(Watchdog Timer)具有监视系统的功能,在程序跑飞或系统中发生时钟错误引起严重后果的情形下,CPU 无法回到正常的程序上运行,看门狗会通过复位系统的方式,将系统带到正常的状态。看门狗通过与软件的定期通信来监视系统的执行过程,清看门狗定时器,即定期喂看门狗。如果应用程序跑飞,未能在看门狗定时器超时之前清看门狗定时器,则看门狗模块将产生一个复位信号,强制将系统恢复到一个已知的起点。

2. MSPM0L1306 中看门狗模块的功能

MSPM0L1306 含有一个窗口看门狗定时器(Window Watchdog Timer, WWDT):窗口看门狗需要在看门狗计数到一定的数值范围时进行清看门狗定时器操作,在窗口外的操作会触发一个错误信号,未清看门狗定时器也会触发一次系统复位操作。当将窗口看门狗的窗口占比设置为 0% 时,该窗口看门狗与独立看门狗的使用效果相同。例如,设置看门狗定时器计数 256 次超时,如果窗口占比为 50%,在定时器计数到第 127 次和 255 次之间进行"喂狗"可以成功清看门狗定时器,在定时器计数到 127 次之前"喂狗"是无效的。当窗口占比为 0% 时,在任意时间清看门狗定时器均可以成功"喂狗"。

看门狗模块的时钟由经过与主时钟树同步的 LFCLK 时钟(32.768kHz)提供,通过可配置的时间窗口来检测应用程序提前或延迟的"喂狗"操作,一次初始化可以设置两个窗口并随时切换。WWDT 适合那些要求看门狗在精确计时窗口内响应的应用程序。

3. 看门狗构件及使用方法

看门狗构件,简称 wdog 构件,仅包含三个函数:void wdog_start(uint32_t timeout),用于设置看门狗时间;void wdog_feed(),用于"喂狗";void wdog_stop(),用于停止看门狗定时器。为了保证用户代码的可移植性,看门狗定时器窗口占比固定为 0%,即将其作为普通独立看门狗使用。若用户需要修改窗口占比,可通过修改 wdog 构件完成。

测试实例见电子资源..\03-Software\CH10\WDOG。在本测试实例中,在主循环里若不注释掉 wdog_feed()函数,则程序可以持续运行。若注释掉该函数,则在一段时间后看门狗定时器溢出,触发复位,可以在 Debug 串口上看到输出程序启动时的信息。

看门狗构件的制作涉及控制寄存器 0、控制寄存器 1、计数器复位寄存器、状态寄存器等,限于篇幅,本书略去这些内容。看门狗构件的源码可参见样例工程。

10.3　电源控制模块与 CRC 校验模块

10.3.1　电源控制模块

电源控制指可以通过编程使 MCU 处于不同的功耗模式,以使系统在确保性能的前提下,有更低的功耗。MSPM0L1306 芯片被划分为 2 个电源域(Power Domain):PD0 和 PD1。PD1 在 RUN 和 SLEEP 模式下始终通电,但在所有其他模式下会被禁用。PD0 在 RUN、SLEEP、STOP 和 STANDBY 模式下始终通电。在 SHUTDOWN 模式下,PD1 和 PD0 都会被禁用。

1. 电源模式控制

默认情况下,系统复位或上电复位后,微控制器进入运行模式,MSPM0L1306 提供了五种功耗模式,可在 CPU 不需要运行时(例如等待外部事件时)节省功耗。由用户根据具体应用需求编程进入具体的低功耗模式,以在低功耗、短启动时间和可用唤醒源之间寻求最佳平衡。

1) 运行模式

运行模式(RUN),即正常工作模式。在运行模式下,CPU 正常执行指令并且可以启用任何外设,可通过对预分频寄存器的编程来降低系统时钟频率,以便降低功耗。运行模式有三个策略选项:RUN0、RUN1 和 RUN2。

(1) RUN0:MCLK 和 CPUCLK 通过快速时钟源(SYSOSC)运行。

(2) RUN1:MCLK 和 CPUCLK 通过 LFCLK(32kHz)运行以降低功耗,但 SYSOSC 会保持启用的状态以用于 ADC、OPA 或 COMP 等模拟模块(在高速模式下)。

(3) RUN2:MCLK 和 CPUCLK 通过 LFCLK(32kHz)运行,并且会完全禁用 SYSOSC 以节能。这是 CPU 运行时的最低功耗状态。

2) 睡眠模式

在睡眠模式(SLEEP)下,所有 I/O 引脚的状态与运行模式下相同。即器件配置与 RUN 下相同,但禁用 CPU(时钟)。睡眠模式有三个策略选项:SLEEP0、SLEEP1 和 SLEEP2。进入睡眠模式时使用的策略与进入睡眠模式前运行模式使用的策略一一对应。

3) 停止模式

在停止模式(STOP)下,CPU、SRAM 和位于 PD1 的外设被禁用并保留。PD0 外设由 ULPCLK 提供时钟,最高频率为 4MHz。SYSOSC 可以在更高的频率下运行以支持 ADC、OPA 或高速 COMP 模块的运行(但该时钟信号不经过主时钟树)。ULPCLK 将被 SYSCTL 自动限制为 4MHz SYSOSC 输出。DMA 可被触发,DMA 触发器可以唤醒 PD1 电源域,以使 SRAM 和 DMA 可用于处理 DMA 传输,并以 MCLK 和 ULPCLK 的当前速率处理 DMA 传输。传输完成后,SRAM 恢复为保留状态,并会自动禁用 PD1。停止模式是支持 ADC、OPA 和高速 COMP 运行的最低功耗模式。停止模式有三个策略选项:STOP0、STOP1 和 STOP2。

(1) STOP0:当进入停止模式时,SYSOSC 保持在当前频率下运行(32MHz、24MHz、16MHz 或 4MHz)。ULPCLK 始终由硬件自动限制为 4MHz,但 SYSOSC 不会受到干扰,可支持 ADC、OPA 或 COMP 等模拟外设继续运行。当从 RUN1 或 RUN2 模式进入 STOP0 模式(SYSOSC 启用,但 MCLK 来自 LFCLK)的时候,SYSOSC 启用或禁用的状态不会改变,ULPCLK 保持在 32kHz。

(2) STOP1:在 SYSOSC 处于运行状态的停止模式下,SYSOSC 会从其当前频率换挡至 4MHz 以实现最低功耗。SYSOSC 和 ULPCLK 均以 4MHz 频率运行。

(3) STOP2:SYSOSC 被禁用,ULPCLK 来自 LFCLK,频率为 32kHz。这是停止模式

下的最低功耗状态。

4）待机模式

在待机模式（STANDBY）下，CPU、SRAM 和 PD1 外设被禁用并保留。除了 ADC 和 OPA 外，PD0 外设的最高 ULPCLK 频率为 32kHz，SYSOSC 被禁用。DMA 可被触发，DMA 触发器可以唤醒 PD1 电源域，使 SRAM 和 DMA 可用于处理 DMA 传输，并以当前 MCLK 和 ULPCLK 速率（32kHz）处理 DMA 传输。传输完成后，SRAM 恢复为保留状态，并会自动禁用 PD1。在 STANDBY 模式下不支持 ADC、OPA 和高速 COMP 运行。待机模式式有 2 个策略选项：STANDBY0 和 STANDBY1。

（1）STANDBY0：所有 PD0 外设都选通 ULPCLK 和 LFCLK 时钟保持运行。

（2）STANDBY1：只有 TIMG0 和 TIMG1 选通 ULPCLK 或 LFCLK。STANDBY1 中的 TIMG0 或 TIMG1 中断或 ADC 触发器始终会触发异步快速时钟请求以唤醒系统。其他 PD0 外设（例如 UART、I2C、GPIO 和 COMP）也可以在发生外部事件时通过异步快速时钟请求来唤醒系统，但不会在 STANDBY1 中主动为这些外设提供时钟。

5）关断模式

在关断模式（SHUTDOWN）下，没有可用的时钟。内核稳压器被完全禁用，并且所有 SRAM 和寄存器内容都丢失，但 SYSCTL 中可用于存储状态信息的关断寄存器除外。BOR 和带隙电路被禁用。该器件可通过支持唤醒功能的 I/O、调试连接或 NRST 唤醒。SHUTDOWN 的电流消耗是所有工作模式中最低的。退出 SHUTDOWN 会触发 BOR。

2. 低功耗设计实例

在应用控制下可进行多种电源模式之间的转换，从而为给定的应用场景提供最佳的电源性能，优化功耗。当芯片处于 STOP 和 STANDBY 模式时，由于 PD1 被关断，因此只有 PD0（包含 UART、I2C、WWDT）中产生的 IRQ 能够唤醒芯片。当芯片处于 SHUTDOWN 模式时，由于 CPU 完全不工作，因此只有通过预先设置好的外部管脚或复位管脚触发 BOR 或 POR 复位，使芯片重新启动。

使用电子资源工程"..\03-Soft\CH10\SLEEP"测试，MCU 使用 3.3V 电源，RUN0 状态下待机约使用 1.3mA 电流。在 SLEEP0 模式下，使用约 1.5μA 电流。参考芯片技术手册，该芯片最低可以运行在 1.62V 电压下，消耗 1μA 电流。

该测试工程使用 PWR 构件，在该构件中包含多种切换芯片运行模式的函数。当芯片处于 SLEEP 模式时，任何 IRQ 中断都可以唤醒芯片。该工程注册了外部管脚 PA17 的 IRQ 中断，使用该中断可以唤醒 CPU 并执行程序进入下一个电源模式。

10.3.2　CRC 校验模块

在数据传输过程中，差错的发生总是不可避免的，这些差错可能会破坏传输的数据，使接收方接收到错误的数据。为了保证接收方接收数据的准确性，必须对要接收的数据进行检测，循环冗余校验（Cyclic Redundancy Check，CRC）是一种常用校验方法。通常用纯软件实现 CRC，MSPM0L1306 内部给出了硬件实现 CRC，可以更快速地计算 CRC 码。

1. MSPM0L1306 微控制器的 CRC 模块概述

1）CRC16

CRC 模块支持 CRC16-CCITT 与 CRC32-ISO3309 两种 CRC 函数。对于 CRC16-

CCITT 来说，CRC 标识由以下 16 位 CCITT 标准多项式生成：

$$f(x) = x^{16} + x^{12} + x^5 + 1$$

对于 CRC32-ISO3309 来说，CRC 标识由以下 ISO3309 以太网标准多项式生成：

$$f(x) = x^{32} + x^{26} + x^{23} + x^{22} + x^{16} + x^{12} + x^{11} + x^{10} + x^8 +$$
$$x^7 + x^5 + x^4 + x^2 + x + 1$$

对于给定的 CRC 函数，当用固定的值初始化 CRC 时，相同的输入数据序列会产生相同的标识，而不同的输入数据序列通常产生不同的标识。

2）CRC 模块功能

CRC 计算单元有两个 32 位数据寄存器，分别为只写数据输入寄存器（CRCIN）和只读数据输出寄存器（CRCOUT），它们分别用于写入新数据和保存 CRC 的计算结果。MSPM0L1306 支持快速单周期计算，无等待状态。

输出数据的顺序可交换，用以管理各种数据存放方式。可对 16 位和 32 位输入数据执行反转操作，具体取决于 CRCCTRL 中的 OUTPUT_BYTESWAP 位。例如，我们使用 B0、B1、B2 和 B3 来识别 Byte0、Byte1、Byte2 和 Byte3 的数据。在输出数据以半字方式被访问时，B1 以 B0 的值被读取，B0 以 B1 的值被读取；在输出数据以字方式被访问时，B3 以 B0 的值被读取，B2 以 B1 的值被读取，B1 以 B2 的值被读取，B0 以 B3 的值被读取。即交换了字节的先后顺序。

输出数据的比特顺序可以翻转，通过配置 CRCCTRL 中的 OUTPUT_BYTESWAP 位实现，0 不翻转，1 翻转。

输入数据可按照大端小端的不同存储方式被计算，配置 CRCCTRL 中的 INPUT_ENDIANNESS 位即可，可为不同存储方式系统之间的计算提供便利。

3）CRC 模块的寄存器

CRC 模块的基地址为 0x4044_0000U，含有 10 个寄存器，如表 10-3 所示，详细介绍可查阅芯片参考手册或电子资源的补充阅读材料。

表 10-3　CRC 模块寄存器概述

地址偏移	寄存器名	R/W	功能简述
0x800	电源使能寄存器（PWREN）	R/W	用于控制 CRC 模块电源
0x804	复位控制寄存器（RSTCTL）	R/W	控制 CRC 复位
0x814	状态寄存器（STAT）	R	指示复位后状态
0x1004	时钟源选择（CLKSEL）	R/W	选择 CRC 所选用的时钟源
0x10FC	外设版本寄存器（DESC）	R	用于指示外设版本
0x1100	CRC 控制寄存器（CRCCTRL）	R/W	控制 CRC 模块具体功能
0x1104	CRC 种子寄存器（CRCSEED）	W	使用 SEED 值初始化 CRC 结果
0x1108	CRC 输入数据寄存器（CRCIN）	W	写入后将立即计算结果
0x110C	CRC 输出结果寄存器（CRCOUT）	R	用于存储当前 CRC 计算的结果
0x1800	CRCIN 的映射（CRCIN_IDX_y）	W	CRCIN 的映射，可用 memcpy 访问

【练习】　在任何一个样例工程的 mspm0l1306.h 文件中及芯片参考手册中找出 CRC 模块基地址及各寄存器地址。

2. 基于构件的 CRC 编程举例

CRC 构件测试样例见电子资源..\03-Software\CH10\CRC,该样例先将待测试的数据存储在一个数组中,再使用 crc_get 函数获取该数据对应的 CRC 码。使用代码直接实现 CRC 的运算,并比较 CRC 模块的计算结果和代码计算结果是否一致,若一致则点亮 LED。

(1) 定义待测试的数据。

```
data32[0] = 0x3B4A5812;
data32[1] = 0x0C74FECA;
data32[2] = 0x0000842F;
```

(2) 在循环中,使用函数 crc_get 获取 data 数据对应的 CRC 码。

```
crcChecksum = crc_get(data32, 3, CRC_SEED);
```

(3) 用 printf 打印输出 data 数据对应的 CRC 码。若计算正确则点亮 LED。

```
printf("CRC 硬件模块计算结果为: %x\n", crcChecksum);
```

10.4　比较器与运算放大器模块

MSPM0L1306 内部包含了比较器与运算放大器,在一些特殊场合可能会用到,本节给出其简介。

10.4.1　比较器

1. MSPM0L1306 微控制器的比较器模块概述

1) 比较器的概念

比较器模块是具有通用比较器功能的模拟电压比较器,可用于电源电压监控和外部模拟信号监控。比较器对正(+)负(-)输入终端的模拟电压进行比较,如果正终端输入电压大于负终端,比较器将输出高电平。该逻辑极性可在 COMPx.CTL1 寄存器中通过配置 OUTPOL 位来更改。此外,比较器模块内部包含一个 8bit 的 DAC,可以用于在比较结果不同的时候输出设定的电压值,也可用作通用 DAC 直接输出电压值。

2) 比较器模块的通道选择

比较器正终端的通道选择需要配置 COMPx.CTL0 中的 IPEN 与 IPSEL 位,负终端的通道选择需要配置 IMEN 与 IMSEL 位。还可以通过配置 COMPx.CTL1 的 EXCH 位来交换正负终端,此时比较器的输出也会翻转。

3) 比较器模块的寄存器

表 10-4　比较器模块寄存器概述

地 址 偏 移	寄 存 器 名	R/W	功 能 简 述
0x800	电源使能寄存器(PWREN)	R/W	用于控制比较器模块电源

地 址 偏 移	寄 存 器 名	R/W	功 能 简 述
0x804	复位控制寄存器(RSTCTL)	R/W	控制比较器复位
0x814	状态寄存器(STAT)	R	指示复位后状态
0x1020~0x10E0	中断相关寄存器	R/W	使用中断时进行配置
0x10FC	外设版本寄存器(DESC)	R	用于指示外设版本
0x1100	控制寄存器 0(CTL0)	R/W	控制比较器模块具体功能
0x1104	控制寄存器 1(CTL1)	R/W	控制比较器模块具体功能
0x1108	控制寄存器 2(CTL2)	R/W	控制比较器模块具体功能
0x110C	控制寄存器 3(CTL3)	R/W	控制比较器模块具体功能
0x1120	比较器输出状态(STAT)	R	存放比较器输出

2. 比较器编程实例

比较器构件测试实例见电子资源"..\03-Software\CH10\COMP"。先初始化比较器模块,根据需要选择通道,设置比较器输出的极性(极性指当通道 0 电压大于通道 1 时,输出结果为 1 还是 0)。

```
comp_init(COMP_CHANNEL_0,COMP_CHANNEL_1, COMP_OUTPOL_INV_OFF);
```

使用 comp_read 读取比较结果:

```
result = comp_read()
```

10.4.2　运算放大器

1. 运算放大器的概念

运算放大器是具有很高放大倍数的电路单元。早期的运算放大器主要在模拟电路中实现加、减、乘、除、微积分等数学运算。现在,运算放大器除了在模拟电路中广泛使用以外,也具备周期振荡、滤波、缓冲、功率放大等用途。

理想的运算放大器具有无限大的输入阻抗、无限大的开路增益、无限大的共模抑制比、零输出阻抗、零温漂等特性。对于运算放大器电路的分析和设计,可以参考"虚短路"和"虚断路"原则。参考图 10-2,将运算放大器的两个输入端视为"虚短路",即电压都为接地电压 0V,则经过 R_1 的电流为 $(V_{in}-0)/R_1$。将运算放大器的两个输入端视为"虚断路",则经过 R_2 的电流等于经过 R_1 的电流,即 $(0-V_{out})/R_2=(V_{in}-0)/R_1$。由此可得 V_{out} 的电压为 $V_{out}=-\dfrac{R_2}{R_1}*V_{in}$。

2. MSPM0L1306 中的 OPA 与 GPAMP 简介

MSPM0L 系列芯片含有运算放大器(Operational Amplifier,OPA)模块与通用运算放大器(General Purpose Operational Amplifier,GPAMP)模块,均属于集成运算放大器范畴。

MSPM0L 系列芯片的运算放大器可直接用作模/数转换器的缓冲器,以实现更精确的电压测量;还可为 DAC(如果有)提供输出增益,提高带负载能力;也可以作为可编程的运算

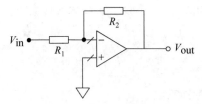

图 10-2　反向比例放大电路

放大器,实现电路控制等用途。需要注意的是,尽管 GPAMP 和 OPA 属于两个不同的模块,但 OPA1 和 GPAMP 共用一些外部管脚,因此这两个模块应避免同时使用。

OPA 模块包含一种具有可编程增益级的零漂移斩波稳定运算放大器。其被集成到 MSPM0L 系列 MCU 中,以方便用户在需要使用运算放大器的情况下简化电路设计。OPA 模块基于高性能运算放大器核心,并配有可编程增益级反馈回路、可配置输入多路复用器和用于监测传感器健康的电流源。该模块可以实现基本的电压输入跟随、同向或反向放大等功能,也可以级联实现差分输入、级联放大等功能,还可以配置成通用运算放大器供用户自行设计其他用途。该模块可以使用斩波的功能,斩波对输入信号进行调制,在经过运算放大后再进行解调。这样做可以降低放大过程中产生的干扰,提高在测量微小信号时的信噪比。

GPAMP 模块包含一种斩波稳定的通用运算放大器,具有轨对轨的输入和输出。该运算放大器可配置为电压跟随器,也可配置成通用运算放大器,与外围电路配合实现其他功能。

10.5　实验六　综合实验

嵌入式系统内容广泛,应用也十分广泛,有基础性内容,也有纵深内容。本书前面安排了五个模块性实验,本实验将在前面实验的基础上进行一定的综合。

1. 实验目的

把一些模块综合起来,完成一个具有一定综合度的嵌入式系统。

2. 实验准备

(1) 软硬件工具:与实验一相同。

(2) 实践及理解各章基本程序。

3. 参考样例

各种基本模块样例程序。

4. 实验过程或要求

功能自定,用一个程序基本涵盖所学习的各个模块,分为 MCU 程序及 PC 方程序。

(1) 要求 MCU 方程序涵盖知识要素全面,程序规范清晰,文档说明简洁明了,注释语言简明达意,输出提示反映基本要素。

(2) 要求 PC 方程序界面设计美观大方,人机交互友好,过程提示简明达意,涵盖文字、图形图像、声音等提示信息。

5. 实验报告要求

(1) 用适当的文字、图表描述实验过程。

（2）用 800～1000 字写出完整的实验总结及学习体会。

本章小结

1. 关于 MSPM0L1306 时钟系统

MSPM0L1306 的时钟系统包括两个时钟源，其中，SYSOSC 可以提供 4～32MHz 的时钟信号，供总线、CPU 和部分外设使用；LFOSC 提供 32kHz 时钟，可以为看门狗定时器等外设提供时钟源。在不同的电源模式下，SYSOSC 改变频率或关闭以降低功耗。本书例程将 MSPM0L1306 的内部系统晶体振荡器输出的时钟初始化为 32MHz，作为 MCU 运行的总线工作时钟。

2. 关于复位模块与看门狗模块

复位模块可以在出现异常时使芯片恢复到最初已知状态，以对系统进行保护，需要了解不同的复位源以及不同种类的复位发生的条件。关于看门狗模块，在应用系统研发阶段，一般先关闭看门狗功能，以避免不必要复位的发生。只有在系统开发完成，调试正常，准备投入使用时，才开启看门狗的功能。规范地使用看门狗可以有效防止程序跑飞。

3. 关于电源控制模块与 CRC 模块

MSPM0L1306 支持多种低功率模式，用户可以选择具体的低功率模式，以在低功率、短启动时间和可用唤醒源之间寻求最佳平衡。CRC 模块提供了一种单周期完成的硬件 CRC 计算方法。

4. 关于比较器模块

MSPM0L1306 提供了比较器模块，可用于电源电压监控和外部模拟信号监控。

5. 关于运算放大器模块

MSPM0L1306 提供了运算放大器模块，提供模拟电路运算、输入输出缓冲、差分输入等多种功能，也可作为通用运算放大器代替独立运算放大器处理电路中的模拟信号。

习题

1. 找一下 MSPM0L1306 系列芯片各个外设模块使用的时钟。

2. 在 10.2 节中给出了冷复位与热复位的概念。本章给出的各种复位情况，哪些属于冷复位？哪些属于热复位？

3. 如何给一个应用程序增加看门狗功能？什么阶段可以添加看门狗功能？

4. 看门狗复位属于热复位还是冷复位？冷热复位后在编程方面有何区别？

5. 编程进入一种低功耗模式，测量芯片功耗。给出一个低功耗唤醒条件，说明唤醒后程序的运行流程。

6. 如何实现主动复位？如何记录芯片热复位类型及复位次数？

第11章

实时操作系统初步

本章导读

在开发嵌入式应用产品时,根据项目需求、主控芯片的资源状况、软件可移植性等要求,可选用一种实时操作系统作为嵌入式软件设计基础。特别是随着嵌入式人工智能与物联网的发展,对嵌入式软件的可移植性要求不断增强,实时操作系统的应用也将更加普及。本章以国产 RT-Thread 实时操作系统为蓝本,从应用编程出发,在简要阐述基本概念的基础上,基于 AHL-MSPM0L1306 的有限资源,给出能体现 RTOS 基本知识要素的编程模板,从而达到利用 RTOS 服务于应用程序开发的目的。

11.1 无操作系统与实时操作系统

学习基于实时操作系统的编程技术可以从了解实时操作系统的基本含义与基本功能开始。本节首先简要阐述无操作系统时的程序运行路线与实时操作系统下程序运行路线的区别,由此初步了解实时操作系统的基本功能;随后介绍实时操作系统与非实时操作系统的基本差异。

11.1.1 无操作系统时的程序运行路线

在嵌入式系统中,其软件开发可以不使用操作系统,也可以根据资源情况,使用实时操作系统或非实时操作系统。

无操作系统(No Operating System,NOS)的嵌入式系统中,在系统复位后,首先进行系统时钟、堆栈、中断向量、内存变量、部分硬件模块的初始化工作;然后进入一个"无限循环",在这个无限循环中,中央处理器(Central Processing Unit,CPU)一般根据一些全局变量的值来决定执行各种功能程序(类似于后面将要给出的线程),这是第一条运行路线。若发生中断,则响应中断,执行中断服务例程(Interrupt Service Routines,ISR),这是第二条运行路线,执行完 ISR 后,返回中断处继续执行。从操作系统的调度视角来理解,NOS 中的主程序可以被简单地理解为"调度者",它类似于实时操作系统内核,这个内核负责调度其他"线程"。

11.1.2   实时操作系统下的程序运行路线

实时操作系统(Real Time Operation System,RTOS)是面向对实时性有较高要求的工业控制领域智能化产品的一种系统软件。从进程角度来说,它属于单进程多线程的系统,RTOS 内核负责线程调度。

基于 RTOS 的程序运行,也存在两条路线:一条是线程线,一条是中断线。在 RTOS 下编程,通常把一个较大工程分解成几个较小的工程(称为线程或任务),调度者(RTOS 内核)负责调度这些线程何时运行,这就是线程线。与 NOS 情况一致,若发生中断,将响应中断;执行完 ISR 后,返回中断处继续执行。

RTOS 的基本功能概括如下:RTOS 是一段包含在目标代码中的程序,系统复位后首先执行它,用户的其他应用程序(线程)都建立在 RTOS 之上。RTOS 为每个线程建立一个可执行的环境,在线程之间或者 ISR 与线程之间传递事件或消息,区分线程执行的优先级,管理内存,维护时钟及中断系统,并协调多个线程对同一个 I/O 设备的调用。简而言之就是:线程管理与调度、线程间的同步与通信、存储管理、时间管理、中断管理。

11.1.3   实时操作系统与非实时操作系统

操作系统(Operating System,OS)是一套用于管理计算机硬件与软件资源的程序,是计算机的系统软件。个人计算机(Personal Computer,PC)系统的硬件一般由主机、显示屏、键盘、鼠标等组成,操作系统则提供这些硬件设备的驱动管理以及用户软件进程管理、存储管理、文件系统、安全机制、网络通信及用户界面等功能。这类操作系统通常称为桌面操作系统,主要有 Windows、macOS、Linux 等。

嵌入式操作系统是一种工作在嵌入式微型计算机上的系统软件。一般情况下,它固化在用户板的非易失存储体中,具有一般操作系统最基本的功能,负责嵌入式系统的软硬件资源分配、线程调度、同步机制、中断处理等任务。

嵌入式操作系统有实时与非实时之分。一般情况下,资源较丰富的应用处理器使用的嵌入式操作系统对实时性要求不高,主要关心功能,应用于这类系统中的操作系统就是非实时操作系统,如 HarmonyOS、Android、iOS、Linux 等。而以微控制器为核心的嵌入式系统,如工业控制设备、军事设备、航空航天设备等,大多对实时性要求较高,期望能够在较短的确定时间内完成特定的系统功能或中断响应,应用于这类系统中的操作系统就是实时操作系统,如 RT-Thread、FreeRTOS、MQX、μC/OS 等。

与一般运行于 PC 或服务器上的通用操作系统相比,RTOS 的突出特点是"实时性",一般的通用操作系统(如 Windows、Linux 等)大都从"分时操作系统"发展而来。在单 CPU 条件下,分时操作系统的主要运行方式是:对于多个线程,CPU 的运行时间被分为多个时间段,并且这些时间段被平均分配给每个线程,轮流让每个线程运行一段时间,或者说每个线程独占 CPU 一段时间,如此循环,直至完成所有线程。这种操作系统注重所有线程的平均响应时间而较少关心单个线程的响应时间,对于单个线程来说,则是注重每次执行的平均响应时间而不关心某次特定执行的响应时间。而 RTOS 系统要求能"立即"响应外部事件的请求,这里的"立即"是相对于一般操作系统而言的,指在更短的时间内响应外部事件。与通用操作系统不同,RTOS 注重的不是系统的平均表现,而是要求每个实时线程在最坏情况下都要满足其实时性要求,也就是说,RTOS 注重的是个体表现,更准确地讲,是个体最坏情况表现。

11.2 RTOS 中的常用基本概念及线程的三要素

在 RTOS 基础上编程,芯片启动过程中先运行一段程序代码,开辟用户线程的运行环境,准备好对线程进行调度,这段程序代码就是 RTOS 的内核。RTOS 一般由内核与扩展部分组成,通常内核的最主要功能是线程调度,扩展部分的最主要功能是提供应用程序编程接口 API。

11.2.1 与线程相关的基本概念

1. 线程的基本含义

线程是 RTOS 中最重要的概念之一。在 RTOS 下,把一个复杂的嵌入式应用工程按一定规则分解成一个个功能清晰的小工程,然后设定各个小工程的运行规则,交给 RTOS 管理,这就是基于 RTOS 编程的基本思想。这一个个小工程称为线程(Thread),RTOS 管理这些线程,称为调度(Scheduling)。

要给 RTOS 中的线程下一个准确而完整的定义并不十分容易,可以从线程调度、软件设计、占用 CPU 等不同视角理解线程。

(1) 从线程调度视角理解,可以认为,RTOS 中的线程是一个功能清晰的小程序,是 RTOS 调度的基本单元。

(2) 从软件设计视角理解,在使用 RTOS 进行应用软件设计时,需要根据具体应用,划分出独立的、相互作用的程序集合,这样的程序集合就被称为线程,每个线程都被赋予一定的优先级。

(3) 从 CPU 运行视角理解,不严格地说,在单 CPU 下,任何一个时刻只能有一个线程占用 CPU,或者说,任何一个时刻 CPU 只能运行一个线程。RTOS 内核的关键功能,就是以合理的方式为系统中的每个线程分配时间(即调度),使之得以运行。

实际上,根据特定的 RTOS,线程可能被称为任务(Task),也可能使用其他名词,表述或许稍有差异,但本质不变,不必花过多精力追究其精确语义,因为学习 RTOS 的关键在于掌握线程设计方法,理解调度过程,提高编程鲁棒性,理解底层驱动原理,特别是提高程序规范性、可移植性与可复用性,提高嵌入式系统的实际开发能力等。要真正理解与掌握如何利用线程进行基于 RTOS 的嵌入式软件开发,需要从线程的状态、优先级、调度、同步等方面来学习。

2. 调度的基本含义

多线程系统中,RTOS 内核(Kernel)负责管理线程,即为每个线程分配 CPU 时间,并且负责线程间的通信。调度就是决定该轮到哪个线程运行了,它是内核最重要的职责。例如,一台晚会有小品、相声、唱歌、诗朗诵等节目,而舞台只有一个,在晚会过程中,导演会安排每个节目什么时间进行候场、什么时间上台进行表演、表演多长时间等,这个过程就可以看作对各个独立的节目进行调度。通过导演的调度,各个节目有序演出,观众就能看到一台精彩的晚会。

每个线程根据其重要程度不同,被赋予一定的优先级。不同的调度算法对 RTOS 的性能有较大影响,一般的 RTOS 大多基于优先级进行调度。优先级的调度算法的核心思想是：总是让处于就绪态的、优先级最高的线程先运行。

3. 线程的上下文及线程切换

线程的上下文是某一时间点 CPU 内部寄存器的内容。当多线程内核决定运行另外一个线程时,它需要把正在运行线程的上下文保存在线程自己的堆栈之中。入栈工作完成以后,就把下一个待运行线程的上下文,从其线程堆栈中重新装入 CPU 的寄存器,开始运行下一个线程,这个过程叫作线程切换或上下文切换。上下文的英文单词是 context,这个词具有场景、语境、来龙去脉的含义。举例来说,CPU 内部有个寄存器叫作程序计数器 PC,它存储的内容是待执行指令的地址。要从一个线程切换到另一个线程运行,现在的 PC 值就必须保存起来,从另一个线程的堆栈中,把那个线程暂停运行时所保存的 PC 读出,重新装入 CPU 的 PC 中。这样,CPU 就开始运行这个新的线程,实现了线程的切换。当然,CPU 中,堆栈寄存器、标志寄存器等也有类似的保存与恢复过程,以便线程的运行场景完全切换。

4. 线程优先级与线程间通信

在一个多线程系统中,每个线程都有一个优先级。RTOS 根据线程的优先级及时间片进行线程调度,一般情况下优先级高的线程先运行。

优先级驱动：在一个多线程系统中,正在运行的线程总是优先级最高的线程。在任何给定的时间内,总是把 CPU 分配给优先级最高的线程。

线程间通信指线程间的信息交换,其作用是实现线程间同步及数据传输。同步指根据线程间的合作关系,协调不同线程间的执行顺序。线程间通信的方式主要有事件、消息队列、信号量、互斥量等。

11.2.2 线程的三要素及四种状态

从源代码的形式来看,线程就是完成一定功能的函数,但并不是所有的函数都可以被称为线程。一个函数只有在给出其线程描述符及线程堆栈的情况下,才可以被称为线程,才能够被调度运行。线程有三个要素：线程函数、线程堆栈、线程描述符。线程有四种状态：终止态、阻塞态、就绪态和激活态。

1. 线程的三要素：线程函数、线程堆栈、线程描述符

从线程的存储结构上看,线程由三个部分组成：线程函数、线程堆栈、线程描述符。这就是线程的三要素。线程函数就是线程要完成具体功能的程序；每个线程拥有自己独立的线程堆栈空间,用于保存线程在被调度时的上下文信息及线程内部使用的局部变量；线程描述符是关联了线程属性的程序控制块,记录线程的各个属性。下面进一步阐述。

1) 线程函数

一个线程,形式上是可完成一定功能的线程函数的代码。从源程序角度来看,线程函数与一般函数并无区别,被编译链接生成机器码之后,一般存储在 Flash 区。但是从线程自身视角来看,它认为 CPU 就是属于它自己的,并不知道还有其他线程存在。线程函数不被其他函数直接调用运行,而是由 RTOS 内核调度运行的。要使线程函数能够被 RTOS 内核调度运行,必须将线程函数进行"登记",要给线程设定优先级,设置线程堆栈大小,给线程编号,否则当几个线程都要运行时,RTOS 内核就不知道哪个该先运行。由于任何时刻只能有一个线程在运行(处于激活态),当 RTOS 内核使一个线程运行时,之前运行的线程就会退出激活态,CPU 被处于激活态的线程所独占。从这个角度看,线程函数与无操作系统(NOS)中的 main 函数性质相近,一般被设计为"永久循环",认为线程一直在执行,永远独占处理器。但线程函数也有一些特殊性,将在后续章节中讨论。

2) 线程堆栈

线程堆栈是独立于线程函数之外的 RAM,是按照"先进后出"策略组织的一段连续存储空间,是 RTOS 中线程概念的重要组成部分。在 RTOS 中被创建的每个线程都有自己私有的堆栈空间,在线程运行过程中,线程堆栈用于线程程序运行过程中的局部变量、线程的上下文、该线程调用普通函数所需数据空间及返回地址等。

虽然前面已经简要描述过"线程的上下文"的概念,这里还要多说几句,以便读者充分认识线程堆栈如何保存线程的上下文。在多线程系统中,每个线程都认为 CPU 寄存器是自己的,利用 CPU 寄存器作为计算过程的中转空间。一个线程正在运行时,若 RTOS 内核决定不让当前线程运行,转去运行别的线程,就要把 CPU 内部寄存器的当前状态保存在属于该线程的线程堆栈中;当 RTOS 内核再次决定让其运行时,就从该线程的线程堆栈中恢复到 CPU 的对应寄存器中,就像未被暂停过一样。

在系统资源充裕的情况下,可分配尽量多的堆栈空间,可以是 K 数量级的(例如常用的1K);但若是系统资源受限,就得精打细算了,具体的数值要根据线程的执行内容才能确定。对线程堆栈的组织及使用由系统维护,用户只要在创建线程时指定其大小即可。

3) 线程描述符

线程被创建时,系统会为每个线程创建一个唯一的线程描述符(Task Descriptor,TD),它相当于线程在 RTOS 中的一个"身份证",RTOS 就是通过这些"身份证"来管理线程和查询线程信息的。这个概念在不同操作系统中名称不同,但含义相同,在 RT-Thread 中被称为线程控制块(Thread Control Block,TCB),在 μC/OS 中被称作任务控制块(Task Control Block,TCB),在 Linux 中被称为进程控制块(Process Control Block,PCB)。线程函数只有配备了相应的线程描述符才能被 RTOS 调度,未被配备线程描述符的、驻留在 Flash 区的线程函数代码就只是通常意义上的函数,是不会被 RTOS 内核调度的。

多个线程的线程描述符被组成链表,存储于 RAM 中。每个线程描述符中含有指向前一个节点的指针、指向后一个节点的指针、线程状态、线程优先级、线程堆栈指针、线程函数指针(指向线程函数)等字段,RTOS 内核通过线程描述符来执行线程。

在 RTOS 中,一般情况下使用列表来维护线程描述符。例如,在 RT-Thread 中,阻塞列表用于存放因等待某个信号而终止运行的线程,延时阻塞列表用于存放因调用延时函数而暂停运行的线程,就绪列表则按优先级的高低存放准备运行的线程。在 RTOS 内核调度线程时,可以通过就绪列表的头节点查找链表,获取就绪列表上所有线程描述符的信息。

2. 线程的四种状态:终止态、阻塞态、就绪态和激活态

RTOS 中的线程一般有四种状态,分别为终止态、阻塞态、就绪态和激活态。在线程被创建后任一时刻,线程所处的状态一定是这四种状态中的一种。

1) 线程状态的基本含义

(1) 终止态(Terminated,Inactive):线程已经完成或被删除,不再需要使用 CPU。

(2) 阻塞态(Blocked):又可称为"挂起态"。线程未准备好,不能被激活,因为该线程需要等待一段时间或等到某些情况发生；当等待时间到或等待的情况发生时，该线程才变为就绪态，处于阻塞态的线程描述符存放于等待列表或延时列表中。

（3）就绪态（Ready）：线程已经准备好，可以被激活，但未进入激活态，因为其优先级等于或低于当前的激活线程。线程一旦获取 CPU 的使用权就可以进入激活态，处于就绪态的线程描述符存放于就绪列表中。

（4）激活态（Active，Running）：又称"运行态"，该线程在运行中，线程拥有 CPU 使用权。

如果一个激活态的线程变为阻塞态，则 RTOS 将执行切换操作，从就绪列表中选择优先级最高的线程进入激活态。如果有多个具有相同优先级的线程处于就绪态，则就绪列表中的首个线程先被激活。也就是说，每个就绪列表中相同优先级的线程是按先进先出（First In First Out，FIFO）的策略进行调度的。

在一些操作系统中，还把线程分为"中断态"和"休眠态"。对于被中断的线程，RTOS 把它归为就绪态；休眠态是指该线程的相关资源虽然仍驻留在内存中，但并不被 RTOS 所调度，其实它就是一种终止的状态。

2）线程状态之间的转换

RTOS 线程的四种状态是动态转换的，有的转换由系统调度自动完成，有的转换由用户调用某个系统函数完成，有的转换在等待某个条件满足后完成。线程的四种状态转换关系如图 11-1 所示。

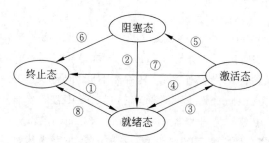

图 11-1　线程状态转换图

（1）阻塞态、激活态、就绪态转为终止态：如图 11-1 中的⑥、⑦、⑧所示。处于阻塞态、激活态和就绪态的线程，可以根据需要调用相关函数而直接进入终止态。例如，在 RT-Thread 中，调用 rt_thread_delete、rt_thread_detach、rt_thread_exit 函数可以转为终止态。

（2）终止态转为就绪态（①）：线程准备重新运行，根据线程优先级进入就绪态。例如在 RT-Thread 中，调用 rt_thread_init 或 rt_thread_create 函数再次创建线程，调用 rt_thread_startup 函数启动线程。

（3）阻塞态转为就绪态（②）：阻塞条件被解除，例如中断服务或其他线程运行时释放了线程等待的信号量，从而使线程再次进入就绪状态；又如，延时列表中的线程延时到达唤醒的时刻。在 RT-Thread 中，会自动调用 rt_thread_resume 函数。

（4）就绪态转为激活态（③）：就绪线程被调度而获得了 CPU 资源，进入运行；也可以直接调用函数进入激活态。例如在 RT-Thread 中，调用 rt_thread_yield 函数可以转为激活态。

（5）激活态转为就绪态、阻塞态（④、⑤）。其中，激活态转为就绪态（④）指正在执行的线程被高优先级线程抢占进入就绪列表;或使用时间片轮询调度策略时,时间片耗尽,正在执行的线程让出 CPU;或被外部事件中断。激活态转为阻塞态(⑤)指正在执行的线程等待信号量、等待事件或者等待 I/O 资源等,在 RT-Thread 中,调用 rt_thread_suspend 函数可以转为阻塞态。

3. RTOS 中的使用列表管理线程状态

在 RTOS 中,每一时刻总是有多个线程处于相同的状态,这就如同我们进入火车站一样,有多人在车站广场等待进入火车站,同时有多人在安检口排队等待安检,在广场的人和在安检口排队的人属于不同的队伍。操作系统会安排不同内存空间放置处于不同状态的线程标识,对应地,处于就绪状态的线程放置在就绪列表中,被延时函数阻塞的线程放置在延时阻塞列表中,因等待事件或消息等而被阻塞的线程放置在条件阻塞列表中。RTOS 会根据各个列表对线程进行管理与调度。

1)就绪列表

RTOS 中要运行的线程大多先放入就绪列表,即,就绪列表中的线程是即将运行的线程,随时准备被调度运行。至于何时被允许运行,则由内核调度策略决定。就绪列表中的线程按照优先级高低顺序及先进先出排列。内核调度器确认哪个线程运行后,将该线程状态标志由就绪态改为激活态,线程会从就绪列表中被取出并执行。

2)延时阻塞列表

延时阻塞列表按线程出来的时刻排列,先出来的排在前面。线程调用了延时函数之后,该线程就会被放入延时阻塞列表中,其状态由激活态转化为阻塞态。延时时间到,线程将被从延时阻塞列表移出并放入就绪列表中,线程状态被设置为就绪态,等待调度执行。

3)条件阻塞列表

当线程进入永久等待状态或在等待事件位、消息、信号量、互斥量时,其状态由激活态转换为阻塞态,线程就会被放到条件阻塞列表中。当等待的条件满足时,该线程状态由阻塞态转换为就绪态,线程会从相应的条件阻塞列表中移出,被放入到就绪列表中,由 RTOS 进行调度执行。

为了方便对线程进行分类管理,RTOS 会根据线程等待的事件位、消息、信号量、互斥量等条件,将线程放入到对应的条件阻塞列表中。根据线程等待的条件的不同,这些条件阻塞列表在 RTOS 中又可分为事件阻塞列表、消息阻塞列表、信号量阻塞列表、互斥量阻塞列表等。

11.2.3　线程的三种基本形式

线程函数一般分为两个部分:初始化部分和线程体部分。初始化部分实现对变量的定义、初始化变量以及设备的打开等;线程体部分负责完成该线程的基本功能。线程一般结构如下:

```
void thread_a (uint32_t initial_data)
{
    //初始化部分
    //线程体部分
}
```

线程的基本形式主要有单次执行线程、周期执行线程以及资源驱动线程三种,下面介绍其结构特点。

1. 单次执行线程

单次执行线程指线程在创建完之后只会被执行一次,执行完成后就会被销毁或阻塞,线程函数结构如下:

```
void thread_a (uint32_t initial_data)
{
    //初始化部分
    //线程体部分
    //线程函数销毁或阻塞
}
```

单次执行线程由三部分组成:线程函数初始化、线程函数执行以及线程函数销毁或阻塞。第一部分包括对变量的定义和赋值,打开需要使用的设备等;第二部分包括线程函数的执行,即该线程的基本功能实现;第三部分包括线程函数的销毁或阻塞,即调用线程销毁或者阻塞函数将自己从线程列表中删除。销毁与阻塞的区别在于销毁除了停止线程的运行之外,还将回收该线程所占用的所有资源,如堆栈空间等;而阻塞只是将线程描述符中的状态设置为阻塞态而已。

2. 周期执行线程

周期执行线程是需要按照一定周期执行的线程,线程函数结构如下:

```
void thread_a (uint32_t initial_data)
{
    //初始化部分
    ...
    //线程体部分
    while(1)
    {
        //循环体部分
    }
}
```

初始化部分同单次执行线程一样,实现对变量的定义和赋值,打开需要使用的设备等。与单次执行线程不一样的地方在于周期执行线程的函数体内存在永久循环部分,原因是该线程需要按照一定周期执行。

3. 资源驱动线程

除了上面介绍的两种线程类型之外,还有一种线程形式,就是资源驱动线程,这里的资源主要指事件、消息、信号量、互斥量等。这种类型的线程比较特殊,它是操作系统特有的线程类型,因为只有在操作系统下才存在资源的共享使用问题;同时也引出了操作系统中另一个主要的问题,那就是线程同步与通信。资源驱动线程与周期驱动线程的不同在于前者的执行时间不是确定的,只有在它所要等待的资源可用时,才会转入就绪态,否则就会因等待该资源而被放入等待列表中。资源驱动线程函数结构如下:

```
void thread_a (uint32_t initial_data)
{
```

```
//初始化部分
...
while(1)
{
    //调用等待资源函数
    //线程体部分
}
}
```

初始化部分和线程体部分与之前两个类型的线程类似,主要区别就是在线程体执行之前会调用等待资源函数,以等待资源实现线程体部分的功能。

以上就是三种线程基本形式的介绍,其中的周期执行线程和资源驱动线程从本质上来讲可以归结为一种,也就是资源驱动线程。这样分类的原因是,时间也是操作系统的一种资源,只不过较为特殊,特殊在时间是整个操作系统的实现基础。系统中大部分函数都是基于时间这一资源的,所以在分类中将周期执行线程单独作为一类。

11.3 RTOS 下编程框架

本书通过设计合适的样例,把 RTOS 下的编程实例化、模板化。若需要使用 RTOS 的某个要素为应用程序服务,可找到对应的模板,"照葫芦画瓢"地编程。

11.3.1 RT-Thread 下基本要素模板列表

本书 RTOS 使用的是国产实时操作系统 RT-Thread(Real Time-Thread),所有 RTOS 大同小异,使用方法基本相同。从应用开发角度,只要能够正确使用 RTOS 的五个基本要素,即延时函数、事件、消息队列、信号量、互斥量,就可以使用 RTOS 作为工具服务于应用程序开发。本书的目的是通过实例,让读者快速了解 RTOS 下的编程。对应 RTOS 的五个基本要素,设计五个实例,见表 11-1。所有实例基于硬件 AHL-MSPM0L1306,通过 AHL-GEC-IDE 编译后下载运行,下面逐一介绍这些实例。

表 11-1 RTOS 下编程实例列表

工 程 名	知识要素	程 序 功 能
..\CH11\RTOS01-Delay	延时函数	软件控制红、绿、蓝各灯分别每 5s、10s、20s 发生状态变化,对外表现为三色灯的合成色开始时为暗,依次变化为红、绿、黄(红+绿)、蓝、紫(红+蓝)、青(蓝+绿)、白(红+蓝+绿),周而复始
..\CH11\RTOS02-Event	事件	当串口接收到一帧数据(帧头 3A+四位数据+帧尾 0D 0A),即可控制红灯的亮暗
..\CH11\RTOS03-MessageQueue	消息队列	每当串口接收到一个字节,就将一条完整的消息放入消息队列中。消息成功放入队列后,消息队列接收线程(run_messagerecv)会通过串口(波特率设置为 115200)打印出消息,以及消息队列中消息的数量

续表

工　程　名	知识要素	程　序　功　能
..\CH11\RTOS04-Semaphore	信号量	当线程申请、等待和释放信号量时,串口都会输出相应的提示
..\CH11\RTOS05-Mutex	互斥量	说明如何通过互斥量来实现线程对资源的独占访问。RTOS01-Delay 的样例工程仍然实现红灯线程每 5s 闪烁一次、绿灯线程每 10s 闪烁一次、蓝灯线程每 20s 闪烁一次。在 RTOS01-Delay 的样例工程中,红灯线程、蓝灯线程和绿灯线程有时会同时亮(出现混合颜色),而本工程通过单色灯互斥量使得每一时刻只有一盏灯亮,不出现混合颜色情况

11.3.2　第一个样例程序功能及运行

1. 样例程序的功能

第一个样例程序见"..\CH11\RTOS01-Delay",硬件是红、绿、蓝三色一体的发光二极管(小灯),由三个 GPIO 引脚控制其亮暗。

软件控制红灯每 5s,绿灯每 10s,蓝灯每 20s 变化一次,对外表现为三色灯的合成色,经过分析,其实际效果如图 11-2 所示,即开始时为暗,依次变化为红、绿、黄(红+绿)、蓝、紫(红+蓝)、青(蓝+绿)、白(红+蓝+绿),周而复始。

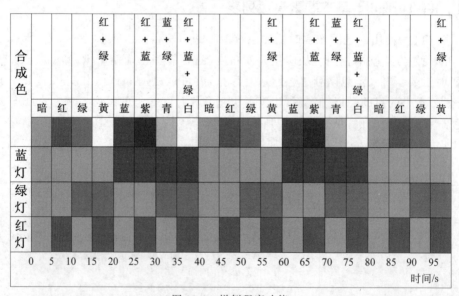

图 11-2　样例程序功能

2. 样例工程的运行测试

编译下载"..\CH11\RTOS01-Delay"工程,可以观察到三色灯随时间的变化,下载后的运行提示如图 11-3 所示。"..\CH11\"文件夹中还给出了 NOS 下三色灯程序的设计(NOS-Delay),运行效果一致,可以据此体会 NOS 下编程与 RTOS 下编程的异同点。至此,RTOS 可以作为工具服务于用户的程序设计。

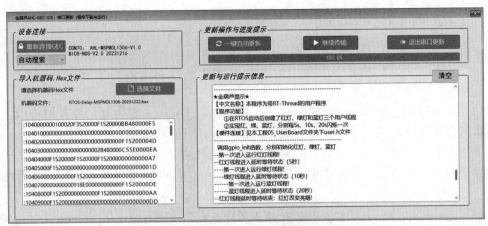

图 11-3　RT-Thread 样例工程测试结果

11.3.3　RT-Thread 工程框架

1. RT-Thread 工程框架的树形结构

RT-Thread 工程框架的树形结构与 NOS 工程框架的树形结构完全一致。以第一个样例程序（"..\CH11\RTOS01-Delay"）为例进行说明，不同之处在于：

（1）在工程的 05_UserBoard 文件夹中增加了 Os_Self_API.h、Os_United_API.h 两个头文件。其中，Os_Self_API.h 头文件给出了 RT-Thread 对外接口函数 API，如事件（rt_event）、消息队列（rt_messagequeue）、信号量（rt_semaphore）、互斥量（rt_mutex）等有关函数，实际函数代码可以驻留于 BIOS 中；Os_United_API.h 头文件给出了 RTOS 的统一对外接口 API，目的是使不同的 RTOS 应用程序可移植，可以涵盖 RTOS 基本要素函数。

本工程统一使用这个框架，01 文档文件夹相当于提供随工程的电子纸张，记录备忘；02 文件夹针对同一内核不再变动；03 文件夹内的面向芯片的驱动，在用到时放入 MCU_drivers 文件夹，在 05 文件夹的 User.h 中包含其头文件即可；04 文件夹为通用嵌入式计算机 GEC 而设置，实现 BIOS 与 User 独立编译与衔接；05 文件夹作为用户硬件接口而改变；06、07 文件夹能够做到在功能不变，资源满足的条件下，可以在各个芯片、不同环境下复制使用，达到可移植、可复用的目的。

（2）工程的 "..\07_AppPrg\includes.h" 文件中，给出了线程函数声明：

```
//线程函数声明
void  app_init(void);
void  thread_redlight();
void  thread_greenlight();
void  thread_bluelight();
```

（3）工程的 "..\07_AppPrg\main.c" 文件中，给出了操作系统的启动：

```
#define GLOBLE_VAR
#include "includes.h"
//-----------------------------------------------------------
//声明使用到的内部函数
//main.c 使用的内部函数声明处
```

```
//------------------------------------------------------------
//主函数,一般情况下可以认为程序从此开始运行
int  main(void)
{
OS_start(app_init);    //启动 RTOS 并执行主线程
}
```

(4) 工程的 07_AppPrg 文件夹中的 threadauto_appinit.c 是含有主线程的函数 app_init,该函数在 RTOS 启动过程中被变成了线程,作为上述 main 函数中调用的 OS_start 函数的入口参数。此时,app_init 线程也被称为自启动线程,也就是说,操作系统启动后立即运行这个线程。它的作用是将该文件夹中的其他三个文件中的函数变成线程,从而被调度运行。

(5) 工程的 07_AppPrg 文件夹中有三个功能性函数文件:thread_bluelight.c、thread_greenlight.c、thread_redlight.c。其内的函数由于被变成了线程,因此可分别称为蓝灯线程、绿灯线程、红灯线程,它们在内核调度下运行。至此,可以认为有三个独立的"主函数"在操作系统的调度下独立地运行,一个大工程变成了三个独立运行的小工程。

2. RT-Thread 的启动

样例工程"..\CH11\RTOS01-Delay"中,共创建了 5 个线程,如表 11-2 所示。

表 11-2　样例工程线程一览表

归属	线程名	执行函数	优先级	线程功能	中文含义
内核	main_thread	app_init	10	创建其他线程	主线程
	idle	idle	31	空闲线程	空闲线程
用户	thd_redlight	thread_redlight	15	红灯以 5s 为周期闪烁	红灯线程
	thd_greenlight	thread_greenlight	15	绿灯以 10s 为周期闪烁	绿灯线程
	thd_bluelight	thread_bluelight	15	蓝灯以 20s 为周期闪烁	蓝灯线程

执行 OS_start(app_init) 进行 RT-Thread 的启动,在启动过程中依次创建了主线程(main_thread,其线程函数是 app_init)和空闲线程(idle)。app_init 源码是在本工程中直接给出的,空闲线程 idle 被驻留在 BIOS 中,它的作用是在没有线程可运行时,保持 CPU 运行;一旦其他任何线程就绪,就会运行其他线程。

3. 主线程的执行过程

1) 主线程功能概要

主线程被内核调度首先运行,过程概要如下:

(1) 在主线程中依次创建蓝灯线程、绿灯线程和红灯线程,红灯线程实现红灯每 5s 闪烁一次,绿灯线程实现绿灯每 10s 闪烁一次,蓝灯线程实现蓝灯每 20s 闪烁一次。创建完这些用户线程之后,主线程被终止。

(2) 此时,在就绪列表中剩下红灯线程、绿灯线程、蓝灯线程和空闲线程这四个线程。

(3) 就绪列表优先级最高的第一个线程是红灯线程(thd_redlight),它优先得到激活运行。它的执行函数 thread_redlight 线程实现每隔 5s 控制一次红灯的亮暗状态。当红灯线程调用系统的延时函数 delay_ms 时,调度系统暂时剥夺该线程对 CPU 的使用权,将该线程

从就绪列表中移出,并将该线程的定时器放入延时列表中。

(4) 接着,系统开始依次调度执行蓝灯线程(thd_bluelight)和绿灯线程(thd_greenlight),根据延时时长将线程从就绪列表中移出,并将线程的定时器放到延时列表中。

(5) 最后,这三个线程的定时器都被放入延时列表后,就绪列表中就只剩下空闲线程。此时空闲线程会得到运行。

从工作原理角度来说,调度切换是基于每 1ms(时钟嘀嗒)的 SysTick 中断实现的。在 SysTick 中断服务例程中,查看延时列表中线程的延时时间是否到期,若有线程的延时时间到,则将该线程从延时列表移出放到就绪列表中。同时,由于到期线程的优先级大于空闲线程的优先级,会抢占空闲线程,获得 CPU 的使用权,通过上下文切换激活,再次得到运行。这些工作属于 RTOS 内核,应用层面只要了解即可。

因为蓝、绿、红三个小灯物理上对外表现是一盏灯,所以样例工程功能的对外表现应该达到图 11-3 的效果(与 NOS 样例工程运行效果相同)。

2) 主线程源码解析

主线程的运行函数 app_init 主要完成全局变量初始化、外设初始化、创建其他用户线程、启动用户线程等工作,它在 07_AppPrg\threadauto_appinit.c 中定义。

(1) 创建用户线程。在 threadauto_appinit.c 文件的 app_init 函数中,首先创建了三个用户线程,即红灯线程 thd_redlight、蓝灯线程 thd_bluelight 和绿灯线程 thd_greenlight,它们的堆栈空间设置为 512 字节,优先级都设置为 15[①],时间片设置为 10 个时钟嘀嗒。

```
thread_t  thd_redlight;
thread_t  thd_greenlight;
thread_t  thd_bluelight;
thread_redlight = thread_create("redlight ",      //线程名称
    (void *)thread_redlight,                       //线程入口函数
    0,                                             //线程参数
    250,                                           //线程栈空间
    15,                                            //线程优先级
    20);                                           //线程轮询调度的时间片
thd_greenlight = rt_thread_create("greenlight",(void *)thread_greenlight, 0,
250, 15, 20);
thd_bluelight = rt_thread_create("bluelight",(void *)thread_bluelight, 0, 250,
15, 20);
```

(2) 启动用户线程。在"07_AppPrg"文件夹下创建了 thread_redlight.c、thread_bluelight.c 和 thread_greenlight.c 三个文件,在这三个文件中分别定义了三个用户线程执行函数 thread_redlight、thread_bluelight 和 thread_greenlight。这三个用户线程执行函数在定义上与普通函数无差别,但是不作为子函数进行调用,而是由 RT-Thread 进行调度;并且这三个用户线程执行函数基本上是一个无限循环,在执行过程中由 RT-Thread 分配 CPU 使用权。

```
thread_startup(thd_redlight);           //启动红灯线程
thread_startup(thd_greenlight);         //启动绿灯线程
thread_startup(thd_bluelight);          //启动蓝灯线程
```

---

① RT-Thread 中优先级数值范围是 0～31,数值越小,所表示的优先级越高。

3) app_init 函数代码剖析

需要说明的是,在这段代码中,为了能够在 AHL-MSPM0L1306 这个只有 4KB 的数据存储器下运行,已经把线程堆栈空间开辟到最小值。若 RAM 空间较大,则线程堆栈空间设置得大一些为宜。

```
void app_init(void)
{
    printf("-------------------------------------------------\n");
    printf("★金葫芦提示★                                      \n");
    printf("【中文名称】本程序为带 RT-Thread 的用户程序          \n");
    printf("【程序功能】                                        \n");
printf("        ①在 RTOS 启动后创建了红灯、绿灯和蓝灯三个用户线程  \n");
printf("        ②实现红、绿、蓝灯分别每 5s、10s、20s 闪烁一次      \n");
printf("【硬件连接】见本工程 05_UserBoard 文件夹下 user.h 文件     \n");
printf("-------------------------------------------------\n");

//(1)======启动部分(开头)================================================
    //(1.1)声明 main 函数使用的局部变量
    thread_t    thd_redlight;
    thread_t    thd_greenlight;
    thread_t    thd_bluelight;
    //(1.2)【不变】BIOS 中 API 接口表首地址、用户中断服务例程名初始化
    //(1.3)【不变】关总中断
    DISABLE_INTERRUPTS;
    //(1.4)给主函数使用的局部变量赋初值
    //(1.5)给全局变量赋初值
    //(1.6)用户外设模块初始化
    printf("调用 gpio_init 函数,分别初始化红灯、绿灯、蓝灯\r\n");
    gpio_init(LIGHT_RED,GPIO_OUTPUT,LIGHT_OFF);
    gpio_init(LIGHT_GREEN,GPIO_OUTPUT,LIGHT_OFF);
    gpio_init(LIGHT_BLUE,GPIO_OUTPUT,LIGHT_OFF);
    //(1.7)使能模块中断
    //(1.8)【不变】开总中断
    ENABLE_INTERRUPTS;
    //(2)【根据实际需要增删】线程创建(不能放在步骤 1.1 与 1.8 之间)
    thd_redlight=thread_create("redlight",             //线程名称
                    (void *)thread_redlight,    //线程入口函数
                    0,                          //线程参数
                    250,                        //线程栈空间
                    15,                         //线程优先级
                    10);                        //线程轮询调度的时间片
    thd_greenlight=thread_create("greenlight",(void *)thread_greenlight, 0,
250, 15, 10);
    thd_bluelight=thread_create("bluelight",(void *)thread_bluelight, 0, 250,
15, 10);
    //(3)【根据实际需要增删】线程启动
    thread_startup(thd_redlight);                       //启动红灯线程
    thread_startup(thd_greenlight);                     //启动绿灯线程
```

```
        thread_startup(thd_bluelight);                              //启动蓝灯线程
   }
```

4. 红灯、绿灯、蓝灯线程函数

根据 RT-Thread 样例程序的功能,设计了红灯 thd_redlight、蓝灯 thd_bluelight 和绿灯 thd_greenlight 三个小灯闪烁线程,其执行函数分别定义在工程 07_AppPrg 文件夹下的 thread_redlight.c、thread_bluelight.c 和 thread_greenlight.c 这三个文件中。

小灯闪烁线程首先将小灯初始设置为暗,然后在 while(1)的永久循环体内通过 delay_ms()函数实现延时,每隔指定的时间间隔切换灯的亮暗一次。这里的 delay_ms()延时操作并非停止其他操作的空跑等待。在延时期间,这个线程被放入延时列表中,处于延时阻塞状态,RTOS 内核可以调度其他线程运行。延时时间到,RTOS 内核会将该线程从延时列表中移到就绪列表中,该线程从而被调度运行。此时,delay_ms()后面的语句得以运行,红灯循环继续。这就是在操作系统情况下,delay_ms()的作用。

下面给出红灯线程函数 thread_redlight 的具体实现代码,蓝灯线程函数 thread_bluelight 和绿灯线程函数 thread_greenlight 与红灯线程函数 thread_redlight 类似,请读者自行分析。

```
//==========================================================
//函数名称: thread_redlight
//函数返回:无
//参数说明:无
//功能概要:每 5s 红灯翻转
//内部调用:无
//==========================================================
void thread_redlight()
{
    printf("--第一次进入运行红灯线程!\r\n");
    gpio_init(LIGHT_RED,GPIO_OUTPUT,LIGHT_OFF);
    while (1)
    {
        printf("--红灯线程进入延时等待状态(5s)\r\n");
        delay_ms(5000);          //延时 5s
        printf("--红灯线程延时等待结束:红灯改变亮暗!\r\n");
        gpio_reverse(LIGHT_RED);
    }
}
```

11.4　RTOS 中同步与通信的编程方法

在 RTOS 中,每个线程作为独立的个体,接受内核调度器的调度运行。但是,线程之间不是完全不联系的,其联系的方式就是同步与通信。只有掌握同步与通信的编程方法,才能编写出较为完整的程序。RTOS 中主要的同步与通信手段有事件与消息队列,它们是 RTOS 提供给应用编程的重要工具,这部分内容是 RTOS 下进行应用程序开发需要重点掌握的内容之一。在多线程的工程中,还会涉及对共享资源的排他使用问题,RTOS 提供了信号量与互斥量来协调多线程下的共享资源的排他使用,它们也属于同步与通信范畴。本节从应用编程视角,给出事件、消息队列、信号量及互斥量的含义、应用场合、操作函数以及编程举例。

11.4.1　RTOS 中同步与通信基本概念

在百米比赛起点,运动员正在等待发令枪响。一旦发令枪响,运动员立即起跑,这就是一种同步。一个人采摘苹果放入篮子中,而另外一个人只要见到篮子中有苹果,就取出加工,这也是一种同步。RTOS 中也有类似的机制应用于线程之间,或者中断服务例程与线程之间。

1. 同步的含义与通信手段

为了实现各线程之间的合作,保证无冲突地运行,一个线程在运行过程中需要和其他线程进行配合,线程之间的配合过程称为同步。由于线程间的同步过程通常是由某种条件来触发的,因此又称为条件同步。在每一次同步的过程中,其中一个线程(或中断)为“控制方”,它使用 RTOS 提供的某种通信手段发出控制信息;另一个线程为“被控制方”,通过通信手段得到控制信息后,进入就绪列表,被 RTOS 调度执行。被控制方的状态受控制方发出的信息控制,即被控制方的状态由控制方发出的信息同步。

为了实现线程之间的同步,RTOS 提供了灵活多样的通信手段,如事件、消息队列、信号量、互斥量等,它们适用于不同的场合。

1) 从是否需要通信数据的角度

(1) 如果只发同步信号,不需要数据,可使用事件、信号量、互斥量。同步信号为多个信号的逻辑运算结果,一般使用事件作为同步手段。

(2) 如果既有同步功能,又能传输数据,可使用消息队列。

2) 从产生与使用数据速度的角度

若产生数据的速度快于处理速度,就会有未处理的数据堆积,这种情况下只能使用有缓冲功能的通信手段,如消息队列。但是,产生数据的总平均速度应该慢于处理速度,否则消息队列会溢出。

2. 同步类型

在 RTOS 中,有中断与线程之间的同步、两个线程之间的同步、两个以上线程同步一个线程、多个线程相互同步等同步类型。

1) 中断与线程之间的同步

一个线程与某一中断相关联时,在中断服务例程中产生同步信号,处于阻塞状态的线程等着这个信号。一旦这个信号发出,该线程就会从阻塞状态变为就绪状态,接受 RTOS 内核的调度。例如,一个小灯线程与一个串口接收中断相关联,小灯亮暗切换由串口接收的数据控制,这种情况可用事件方式实现中断和线程之间的同步。在串口接收中断的过程中,中断服务例程收到一个完整数据帧时,可发出一个事件信号,当处于阻塞状态的小灯线程收到这个事件信号时,就可以进行灯的亮暗切换。

2) 两个线程之间的同步

两个线程之间的同步分为单向同步和双向同步。

(1) 单向同步。若单向同步发生在两个线程之间,则实际同步效果与两个线程的优先级有很大关系,当控制方线程的优先级低于被控制方线程的优先级时,控制方线程发出信息使被控制方线程进入就绪状态,并立即发生线程切换;然后被控制方线程直接进入激活状态,瞬时同步效果较好。当控制方线程的优先级高于被控制方线程的优先级时,控制方线程发出信息虽然使被控制方线程进入就绪状态,但并不发生线程切换;只有当控制方再次调用系统服务函数(如延时函数)使自己挂起时,被控制方线程才有机会被调度运行,其瞬时同步效果较差。在单向同步过程中,必须保证消息的平均生产时间比消息的平均消费时间长,否则,再长的消息队列也会溢出。以采摘苹果与将苹果放入运输车为例,若有两个人(A、B),A 拿着篮子采摘苹果放入袋子中,每个袋子固定可装 8 个苹果,篮子里最多可以放下 10 袋苹果(每袋苹果就是一个消息),A 手中的篮子就是消息队列。应用编程讲的是,B 盯着 A 手中的篮子,只要篮子里有一袋苹果,他就"立即"将苹果取出放入运输车中。如果 A 采摘苹果的速度快于 B 将苹果放入运输车中的速度,篮子总有放不下的时候,所以要求消息堆积的数量不能大于消息队列可容纳的最大消息数,A 的总平均速度慢于 B 的总平均速度。

(2) 双向同步。单向同步中,要求消息的平均生产时间比消息的平均消费时间长,那么如何实现产销平衡呢? 可以通过协调生产者和消费者的关系来建立产销平衡的理想状态。通信的双方相互制约,生产者通过提供消息来同步消费者,消费者通过回复消息来同步生产者,生产者必须得到消费者的回复才能进行下一个消息的生产。这种运行方式称为双向同步,它使生产者的生产速度受到消费者的反向控制,达到产销平衡的理想状态。双向同步的优点是能确保每次通信均成功,没有遗漏。

3) 两个以上线程同步一个线程

当需要由两个以上线程来同步一个线程时,简单的通信方式难以实现,可令事件按"逻辑与"来实现,此时被同步线程的执行次数不超过各个同步线程中发出信号最少的线程的执行次数。只要被同步线程的执行速度足够快,被同步线程的执行次数就可以等于各个同步线程中发出信号最少的线程的执行次数。"逻辑与"的控制功能具有安全控制的特点,可用来保障重要线程万事俱备再执行。

4) 多个线程相互同步

多个线程相互同步可以将若干相关线程的运行频度保持一致。每个相关线程在运行到同步点时都必须等待其他线程,只有全部相关线程都到达同步点,才可以按优先级顺序依次离开同步点,从而使相关线程的运行频度保持一致。多个线程相互同步,保证了在任何情况下各个线程的有效执行次数都相同,而且等于运行速度最低的线程的执行次数。这种同步方式具有团队作战的特点,可用在需要多线程配合进行的循环作业中。

11.4.2　事件

在 RTOS 中,若需要协调中断与线程之间或者线程与线程之间同步,但又不需要传送数据,常采用事件作为同步手段。

1. 事件的含义及应用场合

当某个线程需要等待另一线程(或中断)的信号才能继续工作,或需要将两个或两个以上的信号进行某种逻辑运算,用逻辑运算的结果作为同步控制信号时,可采用"事件字"来实现,而这个信号或运算结果可以看作一个事件。例如,在串行中断服务例程中,将接收到的数据放入接收缓冲区;当缓冲区数据是一个完整的数据帧时,可以把数据帧放入全局变量区,随后使用一个事件来通知其他线程及时对该数据帧进行剖析。这样就把两件事情交由不同主体完成:中断服务例程负责接收数据,并负责初步识别,比较费时的数据处理交由线程函数完成。中断服务例程"短小精悍"是程序设计的基本要求。

一个事件用一位二进制数(0 或 1)表达,每一位称为一个事件位,在 RT-Thread 中,通常用一个字(如 32 位)来表达事件,这个字称为事件字(用变量 set 表示)①。事件字每一位可记录一个事件,且事件之间相互独立,互不干扰。

事件字可以实现多个线程(或中断)协同控制一个线程。各个相关线程(或中断)先后发出自己的信号后(使事件字的对应事件位有效),预定的逻辑运算结果有效,触发被控制的线程,使其脱离阻塞状态,进入就绪状态。

2. 事件的常用函数

事件的常用函数有创建事件函数 event_create、获取事件函数 event_recv、发送事件函数 event_send。

1) 创建事件函数 event_create

在使用事件之前,必须调用创建事件函数创建一个事件控制块结构体变量。

```
//============================================================
//函数名称: event_create
//功能概要:创建一个事件结构体指针变量
//参数说明: name——事件名称
//         flag——事件标志位,设置唤醒阻塞线程的模式,可选
//                IPC_FLAG_PRIO:优先级高的线程优先
//                IPC_FLAG_FIFO:先进先出顺序
//函数返回:返回一个事件结构体指针变量
//============================================================
event_t   event_create(const char * name, uint8_t flag);
```

2) 获取事件函数 event_recv

当调用事件获取函数时,线程进入阻塞状态。等待 32 位事件字指定的一位或几位完成置位,就退出阻塞状态。

```
//============================================================
//函数名称: event_recv
//功能概要:等待 32 位事件字的指定的一位或几位置位
//参数说明: event——指定的事件字
//         set——指定要等待的事件位,为 32 位中的一位或几位
//         option——接收选项,可选择
//            EVENT_FLAG_AND: 等待所有事件位
//            EVENT_FLAG_OR: 等待任一事件位
//            可与 EVENT_FLAG_CLEAR(清标志位)通过"|"操作符连接使用
//         timeout——设置等待的超时时间,一般为 WAITING_FOREVER(永久等待)
//         recved——用于保存接收的事件标志结果,可用于判断是否成功接收到事件
//函数返回:返回成功代码或错误代码
//============================================================
err_t event_recv(event_t event, uint32_t set, uint8_t option, int32_t timeout,
uint32_t * recved);
```

---

① 每个事件字可以表示 32 个单独事件,一般能满足一个中小型工程的需要。若所需事件多于 32 个,则可以根据需要创建多个事件字。

3）发送事件函数 event_send

发送事件函数用于发送事件字的指定事件位。该函数运行后（即事件位被置位后），因执行获取事件函数而进入阻塞列表的线程，会退出阻塞状态，进入就绪列表，接受调度。对于一般编程过程，可以认为在获取事件函数之后，语句开始执行。

```
//=============================================================
//函数名称：event_send
//功能概要：发送事件字的指定事件位
//参数说明：event——指定的事件字
//          set——指定要等待的事件位，为 32 位中的一位或几位
//函数返回：返回成功代码或错误代码
//=============================================================
err_t event_send(event_t event, uint32_t set);
```

3. 事件的编程实例

1）事件样例程序的功能

事件编程实例见".. \03-Software\CH11\RTOS02-Event-ISR"。该工程给出了利用事件进行中断与线程同步的实例，其功能为：

（1）用户串口中断收到一个字节产生中断，在"isr.c"文件的中断服务例程 UART_User_Handler 中，进行接收组帧。

（2）当串口接收到一个完整的数据帧（帧头 3A＋四位数据＋帧尾 0D 0A）时，发送一个事件（起名为红灯事件）。

（3）在红灯线程中，有等待红灯事件的语句。没有红灯事件时，该线程进入阻塞队列，一旦有红灯事件发生，运行随后的程序，红灯状态翻转。

2）准备阶段

（1）声明事件字全局变量并创建事件字。在使用事件之前，首先在 07_AppPrg 文件夹下的工程总头文件（includes.h 文件）中声明一个事件字全局变量 g_EventWord。

```
G_VAR_PREFIX event_t g_EventWord;            //声明事件字 g_EventWord
```

这一个事件字全局变量有 32 位，可以满足 32 个事件的需要，足够一般工程使用。

（2）确定要用的事件名称、使用事件字的哪一位。设事件位名称为红灯事件，英文名字 RED_LIGHT_EVENT，使用事件字的第 3 位（可使用任意一位，只要不冲突即可）。在样例工程总头文件 includes.h 的"全局使用的宏常数"处，按照下述方式进行宏定义即可。

```
#define RED_LIGHT_EVENT     (1<<3)          //定义红灯事件为事件字第 3 位
```

读者可以思考一下，为何这样进行宏定义？

（3）创建事件字实例。在 threadauto_appinit.c 文件的 app_init 函数中创建事件字实例。

```
g_EventWord=event_create("g_EventWord",IPC_FLAG_PRIO);      //创建事件字
```

3）应用阶段

（1）等待事件发生：这一步是在等待事件触发的线程中进行的，使用 event_recv 函数。等待事件位发生的有两种参数选项，一类是等待指定事件位"逻辑与"的选项，即等待屏蔽字中逻辑值为 1 的所有事件位都被置位，选项名为"EVENT_FLAG_AND"；另一类是等待事件位"逻辑或"的选项，即等待屏蔽字中逻辑值为 1 的任意一个事件位被置位，选项名为

"EVENT_FLAG_OR"。例如在本节样例程序中，在线程 thread_redlight 里等待"红灯事件位"置位，代码如下：

```
event_recv(g_EventWord,RED_LIGHT_EVENT,
        EVENT_FLAG_OR|EVENT_FLAG_CLEAR, WAITING_FOREVER,&recvedstate);
uart_send_string(UART_User,(void *)"在红灯线程中,收到红灯事件,红灯翻转\r\n");
    gpio_reverse(LIGHT_RED);                //翻转红灯
```

这段代码先撰写出来，主要目的是便于测试。下面一旦设置事件位，上面的 event_recv 函数之后的代码即被运行，这叫作"事件的触发功能"，利用事件对两处程序进行同步。RTOS 内核提供了此功能，服务于用户程序。

（2）设置事件位：这一步是在触发事件的线程中进行的（也可以在中断服务例程中进行），在线程的相应位置使用 event_send 函数对事件位置位，用来表示某个特定事件发生。例如，在本节样例程序中，在串行中断服务例程（UART_User_Handler）中，设置了"红灯闪烁事件"的事件位，代码如下：

```
event_send(g_EventWord,RED_LIGHT_EVENT);    //设置红灯闪烁事件
```

4）样例程序源码

数据帧可在工程的 01_Doc\readme.txt 文件中复制使用。

（1）红灯线程（事件等待线程）。

```
#include "includes.h"
//================================================================
//线程函数: thread_redlight
//功能概要: 等待红灯闪烁事件被触发,翻转红灯
//内部调用: 无
//================================================================
void thread_redlight()
{
    //(1)线程初始化部分
    uint32_t i;                              //临时变量
    printf("---第一次进入运行红灯线程!\r\n");
    gpio_init(LIGHT_RED,GPIO_OUTPUT,LIGHT_OFF);
    //(2)======主循环(开始)=================================
    while (1)
    {
    uart_send_string(UART_User,(void *)"在红灯线程中,等待红灯事件被触发\r\n");
    event_recv(g_EventWord,RED_LIGHT_EVENT,
EVENT_FLAG_OR|EVENT_FLAG_CLEAR,WAITING_FOREVER,&i);
    //RED_LIGHT_EVENT 产生后运行下述语句
    uart_send_string(UART_User,(void *)"在红灯线程中,收到红灯事件,红灯翻转\r\n");
    gpio_reverse(LIGHT_RED);                 //翻转红灯
    }//(2)======主循环(结束)=================================
}
```

（2）用户串口中断服务例程。

在用户串口中断服务例程（UART_User_Handler）中，当接收到一个完整数据帧时，将

发出一个事件。

```
#include "includes.h"
//===============================================================
//程序名称: UART_User_Handler 接收中断服务例程
//触发条件: UART_User_Handler 收到一个字节触发
//备注说明: 进入本程序后,可使用 uart_get_re_int 函数再进行中断标志判断
//          (1——有 UART 接收中断,0——没有 UART 接收中断)
//硬件连接: UART_User 的所接串口号参见 User.h
//===============================================================
void UART_User_Handler(void)
{
    uint8_t ch;
    uint8_t flag;
    DISABLE_INTERRUPTS;                     //关总中断
    //---------------------------------------------------------
    //接收一个字节
    ch = uart_re1(UART_User, &flag);        //调用接收一个字节的函数,清接收中断位
    if(flag)
    {
        //判断组帧是否成功
        if(CreateFrame(ch,g_recvDate))
        {
            //组帧成功,则设置红灯闪烁事件位
            uart_send_string(UART_User,(void *)"中断中,设置红灯闪烁事件位 A\r\n");
            event_send(g_EventWord,RED_LIGHT_EVENT);
        }
    }
    //---------------------------------------------------------
    ENABLE_INTERRUPTS;                      //开总中断
}
```

(3) 程序执行流程分析。

红灯线程初始运行后,遇到 **event_recv** 语句,因需要等待"红灯闪烁事件"而阻塞,即红灯线程的状态由激活态转化为阻塞态,**event_recv** 之后的语句不再运行;用户串口接收到一个完整的数据帧(帧头 3A + 4 位数据 + 帧尾 0D 0A)之后,设置红灯事件(事件字的第 3位),红灯线程从阻塞列表中移出,红灯线程状态由阻塞态转化为就绪态,并放入到就绪列表中,由 RTOS 内核进行调度运行;**event_recv** 语句之后的程序被运行,切换红灯亮暗状态。

5) 运行结果

样例程序操作方法: ①下载运行后,退出下载窗口; ②打开工程的 01_Doc 文件夹下的 readme.txt 文件; ③在 readme.txt 文件中复制"3A,01,02,03,04,0D,0A"; ④从顶部菜单进入工具→串口工具; ⑤打开用户串口,选择十六进制发送,粘贴上述数据,单击"发送数据"按钮。打开串口时,可以根据接收数据框信息判断是否是用户串口,若不是,更换一个串口打开即可。程序运行效果如图 11-4 所示,通过串口输出的数据可以清晰地看出,在中断中设置红灯事件,从而实现中断与线程之间的通信,实际效果是在发送完一帧数据后使红灯

的状态翻转。通过这个样例,在实际项目中,可以"照葫芦画瓢"地使用 RTOS 的事件,在应用程序中实现不同程序单元之间的同步。

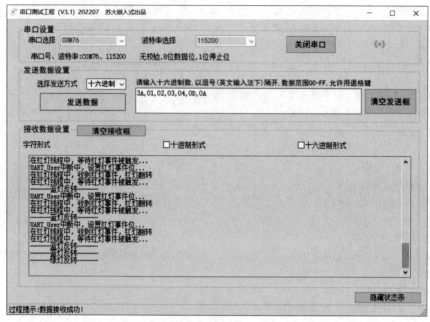

图 11-4　通过事件实现中断与线程的通信

11.4.3　消息队列

在 RTOS 中,如果需要在线程间或线程与中断间传送数据,就需要采用消息队列作为同步与通信手段。

1. 消息队列的含义及应用场合

消息(Message)是一种线程间数据传送的单位,它可以是只包含文本的字符串或数字,也可以更复杂,如结构体类型等。相比使用事件时传递的少量数据(1 位或 1 个字),消息可以传递更多、更复杂的数据,它的传送需要通过消息队列来实现。

消息队列(Message Queue)是在消息传输过程中保存消息的一种容器,是将消息从它的源头发送到目的地的"中转站"。它是能够实现线程之间同步和大量数据交换的一种通信机制。在该机制下,消息发送方在消息队列未满时将消息发往消息队列,接收方则在消息队列非空时将消息队列中的首个消息取出;而在消息队列满或者空时,消息发送方及接收方既可以等待消息队列满足条件,也可以不等待而直接继续后续操作。这样,只要消息的平均发送速度小于消息的平均接收速度,就可以实现线程间的同步数据交换,哪怕偶尔产生消息堆积,也可以在消息队列中获得缓冲,从而解决了消息的堆积问题。

11.4.1 节中给出了一个简明的比喻,这个例子主要用于说明同步概念,这里有必要再重复一下,以便读者更直观地体会消息队列的含义。两个人分别为 A、B,A 拿着篮子里采摘苹果放在袋子中,每个袋子固定装入 8 个苹果,篮子里最多可以放下 10 袋苹果(每袋苹果就是一个消息),A 手中的篮子就是消息队列。应用编程讲的是,B 盯着 A 手中的篮子,只要篮子里有一袋苹果,他就"立即"将苹果取出放入运输车中。如果 A 采摘苹果的速度快于 B

将苹果放入运输车中的速度,篮子总有放不下的时候,所以要求消息堆积的数量不能大于消息队列可容纳的最大消息数,A 的总平均速度慢于 B 的总平均速度。

消息队列作为具有行为同步和缓冲功能的数据通信手段,主要适用于以下两种情况:一种是消息的产生周期较短,处理周期较长;另一种是消息随机产生,消息的处理速度与消息内容有关,某些消息的处理时间有可能较长。这两种情况下,均可把产生与处理分在两个程序主体中进行编程,它们之间通过消息队列通信。

2. 消息队列的常用函数

1) 创建消息队列变量函数 mq_create

在使用消息队列之前,必须调用创建消息队列变量函数创建一个消息队列结构体指针变量,并分配一块内存空间给这个消息队列结构体指针变量。

```
//===============================================================
//函数名称：mq_create
//功能概要：创建一个消息队列结构体指针变量
//参数说明：name——消息队列名称
//         msgsize——消息大小,单位为字节
//         max_msgs——消息队列中最多能容纳的消息数
//         flag——消息队列标志位,设置消息队列的阻塞唤醒模式,可选择
//                  IPC_FLAG_PRIO：优先级高的线程优先
//                  IPC_FLAG_FIFO：先进先出顺序
//函数返回：返回一个消息队列结构体指针变量
//===============================================================
mq_t mq_create(const char * name,size_t msg_size, size_t max_msgs, uint8_t flag)
```

2) 发送消息函数 mq_send

此函数将消息放入消息队列。若消息阻塞队列中有等待消息的线程,RTOS 内核将其移出放入就绪队列,线程将被调度运行。

```
//===============================================================
//函数名称：mq_send
//功能概要：发送消息(即将消息放入消息队列)
//参数说明：mq——消息队列控制块
//         buffer——消息内容
//         size——消息的大小(即一条消息的字节数)
//函数返回：返回成功或错误代码
//===============================================================
err_t mq_send(mq_t mq, void * buffer, size_t size);
```

3) 获取消息函数 mq_recv

运行到此函数,若消息队列为空,则线程阻塞;等到消息队列中有消息,阻塞即解除,运行其后代码。

```
//===============================================================
//函数名称：mq_recv
//函数返回：状态代码值
//参数说明：mq——消息队列控制块
//         buffer——接收消息的地址
//         size——接收缓冲区的大小
//         timeout——设置等待的超时时间,一般为 WAITING_FOREVER(永久等待)
```

```
//功能概要：将消息从消息队列中取出
//===========================================================
err_t mq_recv(mq_t mq,void * buffer, size_t size, int32_t timeout)
```

3. 消息队列的编程实例

1）消息队列样例程序的功能

消息队列编程实例见"..\03-Software\CH11\RTOS03-MessageQueue"。该工程实现在中断服务例程与线程之间传递消息,其功能为:

(1) 用户串口中断收到一个字节产生中断,在"isr.c"文件的中断服务例程 UART_User _Handler 中,进行接收组帧。

(2) 当串口接收到一个完整的数据帧(帧头 3A＋8 字节数据＋帧尾 0D 0A)时,发送一个消息,每个消息就是数据帧中的 8 字节数据。注意,每个消息的字节数是在创建消息队列时确定的,且为定长。

(3) 在等待消息的线程(thread_message_recv)中,有等待消息的语句。若消息队列中没有消息,该线程进入消息阻塞队列;一旦消息队列中有消息,便运行随后的程序,通过串口(波特率为 115200)打印出消息,以及消息队列中剩余消息的个数。

2）准备阶段

(1) 声明消息队列变量。在使用消息队列之前,首先在 07_AppPrg 文件夹下的工程总头文件(includes.h 文件)中声明一个全局消息队列变量 g_mq。

```
G_VAR_PREFIX mq_t g_mq;        //声明一个全局消息变量
```

(2) 创建消息队列实例。在 threadauto_appinit.c 文件的 app_init 函数中创建消息队列实例。实参设置：消息变量名字为 g_mq,每个消息长 8 字节,最大消息个数为 4。

```
//创建消息队列,参数为：名字、单个消息字节数、消息个数、进出方式(先进先出)
g_mq=mq_create("g_mq",8,4,IPC_FLAG_FIFO);
```

3）应用阶段

(1) 等待消息。即通过 mq_recv 函数获取消息队列中存放的消息。例如,在本节样例程序中,thread_messagerecv.c 文件中有如下语句。该语句之后的程序将等待,直到消息队列中有消息时才会被运行。

```
mq_recv(g_mq,&temp,sizeof(temp),WAITING_FOREVER);
```

(2) 发送消息(将消息放入消息队列)。通过 mq_send 函数将消息放入消息队列中,若消息队列中存放的消息数已满,则会直接舍弃该条消息。例如,在本节样例程序的中断服务例程 UART_User_Handler 中,将收到的消息放入消息队列:

```
mq_send(g_mq,recv_data,sizeof(recv_data));
```

4）样例程序源码

(1) 等待消息的线程。

当消息队列中有消息时,可获取消息队列中的消息,并输出消息,具体代码如下:

```
//===========================================================
//线程函数：thread_message_recv
//功能概要：如果队列中有消息,则取出消息并打印取出的消息和队列中剩余的消息数量
//内部调用：无
```

```
//==========================================================
void thread_message_recv()
{
    printf("第一次进入消息接收线程!\r\n");
    gpio_init(LIGHT_RED,GPIO_OUTPUT,LIGHT_OFF);
    //(1)声明局部变量
    uint8_t temp[8];            //存放一个消息(每个消息为 8 字节)
    uint8_t mq_cnt_str[2];      //存放消息数转成的字符
    //(2)主循环(开始)================================
    while (1)
    {
    //(2.1)等待消息,参数:消息名、消息内容、消息的字节数、永久等待
    mq_recv(g_mq, &temp, sizeof(temp), WAITING_FOREVER);
    //(2.2)有消息时,会执行随后程序
    //      将剩余消息数转为字符串
    IntConvertToStr(g_mq->entry,mq_cnt_str);      //g_mq: 全局变量。entry: 剩余的消息数
    //      从用户串口输出
        uart_send_string(UART_User,(void*) "当前取出的消息=");
        uart_sendN(UART_User,8,temp);             //取出的消息内容
        uart_send_string(UART_User,(void *) "\r\n");
        uart_send_string(UART_User,(void*) "消息队列中剩余的消息数=");
        uart_send_string(UART_User,(uint8_t *)mq_cnt_str);
        uart_send_string(UART_User,(void *) "\r\n\r\n");
        delay_ms(1000);                           //延迟,为了演示消息堆积的情况
    }
    //(2)主循环(结束)================================
}
```

(2) 用户串口中断服务例程。

用户串口中断服务例程(UART_User_Handler)成功接收到一个完整帧时,将组成一条完整的消息,并放入消息队列中。

```
//==============================================================
//文件名称: isr.c(中断处理程序源文件)
//框架提供: 苏大嵌入式(sumcu.suda.edu.cn)
//版本更新: 201708-202306
//功能描述: 提供中断处理程序编程框架
//==============================================================
#include "includes.h"

//本文件内部函数声明处------------------------------------------
uint8_t CreateFrame(uint8_t Data,uint8_t * buffer);        //组帧函数
void ArrayCopy(uint8_t * dest,uint8_t * source,uint16_t len);   //数组复制

//==============================================================
//中断服务例程名称: UART_User_Handler
//触发条件: UART_User 串口收到一个字节触发
//基本功能: 串口收到一个字节后,进入本程序运行;本程序内部调用组帧函数
//          CreateFrame,组帧完成后,放入消息队列
//==============================================================
void UART_User_Handler(void)
```

```
{
    //局部变量
    uint8_t ch;
    uint8_t flag;
    uint8_t recv_data[8];
    static uint8_t recv_dateframe[11];              //串口接收字符数组
        uint8_t recv_data[8];
    DISABLE_INTERRUPTS;                             //关总中断
    //接收一个字节
    ch = uart_re1(UART_User,&flag);
    if(flag)                                        //若收到一帧数据
    {
        if(CreateFrame(ch,recv_dateframe))
        {
            //取出收到的数据,作为一个消息
            for(int i=0;i<8;i++)  recv_data[i] = recv_dateframe[1+i];
            //将该消息存放到消息队列中
            printf("发送消息\r\n");
            mq_send(g_mq,recv_data,sizeof(recv_data));
        }
    }
    //-------------------------------
    ENABLE_INTERRUPTS;                              //开总中断
}
```

（3）程序执行流程分析。

等待消息的线程 thread_message_recv 初始化运行后,由于消息队列中无消息而阻塞（因为开始消息队列中没有消息）,此时该线程的状态由激活态转化为阻塞态,mq_recv 之后的语句不再运行;当用户串口接收到一个完整的数据帧（帧头 3A＋8 位数据＋帧尾 0D 0A）时,mq_send 语句将 8 位数据作为一个消息放入消息队列,则会触发 thread_message_recv 线程中 mq_recv 语句的后续程序运行,这就是消息队列的触发机制。该机制不仅实现了同步,还实现了信息的传送。

每放入一个消息到消息队列,消息队列中的消息数量自动增 1,消息数量未满时,消息才可继续放入;若消息放入的速度快于消息取出的速度且消息满,再放入消息则被舍弃。

为了模拟消息堆积的情况,等待消息的线程 thread_message_recv 中使用了 1s 延时。这样,每隔 1s 从消息队列中获取消息,收到消息后输出消息内容,同时消息数量减 1;若无消息可获取,则消息接收线程会被放入消息阻塞列表中,直到有新的消息到来,才会从消息阻塞列表中移出,放入就绪列表中。

5）运行结果

样例程序操作方法：①下载运行后,退出下载窗口;②打开工程的 01_Doc 文件夹下的 readme.txt 文件;③在 readme.txt 文件中复制"3A,30,31,32,33,34,35,36,37,0D,0A";④从顶部菜单进入"工具"→"串口工具";⑤打开用户串口,选择十六进制发送,粘贴上述数据,单击"发送数据"按钮。打开串口时,可以根据接收数据框信息判断其是否为用户串口,若不是,更换一个串口即可。程序运行效果如图 11-5 所示,通过串口输出的数据可以清晰地看出剩余消息数、消息内容等信息。快速单击"发送数据"按钮,可以看到消息堆积与消息丢失的情况。根据这个样例,在实际项目中,可以"照葫芦画瓢"地使用 RTOS 的消息队列为应用程序同步和传送数据服务。

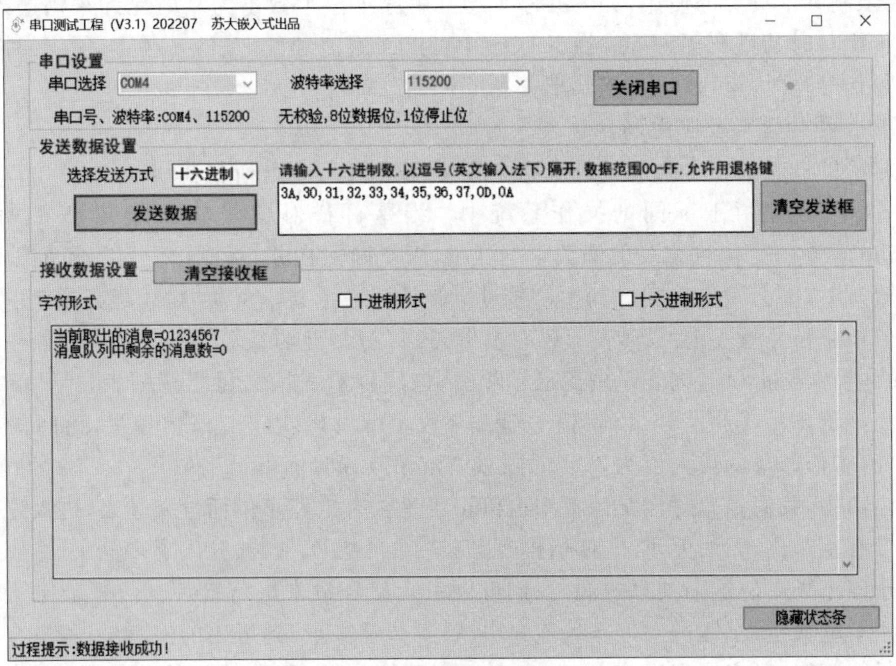

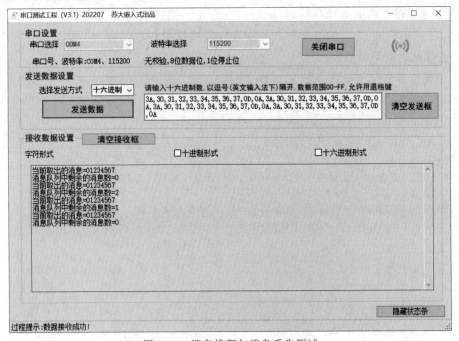

图 11-5   有一个消息

单击"发送数据"按钮,可以模拟消息堆积与消息丢失的情况,如图 11-6 所示。

图 11-6   消息堆积与消息丢失测试

11.4.4　信号量

共享资源指能被多人共同使用的资源,如现实生活中的公共停车场。当共享资源有限时,就要限制共享资源的使用,如公共停车场可用停车位个数不为 0 时允许车辆进入,可用停车车位为 0 时禁止车辆进入。在 RTOS 中可以采用信号量来表达资源可使用的次数,当线程获得信号量时就可以访问该共享资源了。

1. 信号量的含义及应用场合

信号量的概念最初是由荷兰计算机科学家艾兹格·迪杰斯特拉(Edsger W. Dijkstra)提出的,被广泛应用于不同的操作系统中。维基百科对信号量的定义如下:信号量(Semaphore)是一个提供信号的非负整型变量,用于确保在并行计算环境中,不同线程在访问共享资源时,不会发生冲突。利用信号量机制访问一个共享资源时,线程必须获取对应的信号量。如果信号量不为 0,则表示还有资源可以使用,此时线程可使用该资源,并将信号量减 1;如果信号量为 0,则表示资源已被用完,该线程进入信号量阻塞列表,排队等其他线程使用完该资源后释放信号量(将信号量加 1),才可以重新获取该信号量,访问该共享资源。此外,若信号量的最大值为 1,信号量就变成了互斥量。

在生活中,我们停车时经常因不知道停车场是否有空停车位而直接驶入,进入停车场后才发现没有空车位,无法停车。有时,停车场只有 1 个空车位,却驶入了多辆车,造成停车纠纷。对于停车场车位这个共享资源,我们可以引入信号量来进行管理。信号量初始值为停车场可用车辆数量,车辆进入停车场前先申请(等待信号量)到可用的停车位,若没有可用停车位则只能等待(对应线程阻塞)。若有车辆离开停车场(释放信号量),可用停车位(信号量)就会加 1;当信号量大于 0 的时候,等待的车辆可以进入停车场,可用停车位(信号量)就会减 1。正是信号量这种有序的特性,使之在计算机中有着较多的应用:实现线程之间的有序操作;实现线程之间的互斥执行,使信号量个数为 1,对临界区加锁,保证同一时刻只有一个线程在访问临界区;为了实现更好的性能而控制线程的并发数等。

2. 信号量的常用函数

1)创建信号量变量函数 sem_create

在使用信号量之前必须调用创建信号量变量函数 sem_create 创建一个信号量结构体指针变量,同时可以设置信号量可用资源的最大数量。

```
//================================================================
//函数名称: sem_create
//功能概要:创建一个信号量结构体指针变量,设置可用资源的最大数量
//参数说明: name——信号量名称
//          value——可用信号量初始值,即可用资源的最大数
//          flag——信号量标志位,设置信号量的阻塞唤醒模式,可选择
//                 IPC_FLAG_PRIO: 优先级高的线程优先
//                 IPC_FLAG_FIFO: 先进先出顺序
//函数返回:返回一个信号量结构体指针变量
//================================================================
sem_t sem_create(const char * name, uint32_t value, uint8_t flag);
```

2)等待获取信号量函数 sem_take

在获取共享资源之前,需要等待获取信号量。若可用信号量个数大于 0,则获取一个信

号量,并将可用信号量个数减1。若可用信号量个数为0,则阻塞线程,直到其他线程释放完信号量,才能够获取共享资源的使用权。

```
//=================================================================
//函数名称：sem_take
//功能概要：等待一个可用的信号量资源
//参数说明：sem——信号量控制块
//        time——设置等待的超时时间,一般为 WAITING_FOREVER(永久等待)
//函数返回：返回成功或错误代码
//=================================================================
err_t sem_take(sem_t sem, int32_t time);
```

3) 释放信号量函数 sem_release

线程使用完共享资源后,需要释放占用的共享资源,使可用信号量值加1。

```
//=================================================================
//函数名称：sem_release
//功能概要：释放一个信号量资源
//参数说明：sem——信号量控制块
//函数返回：返回成功或错误代码
//=================================================================
err_t sem_release(sem_t sem)
```

3. 信号量的编程实例

1) 信号量样例程序的功能

信号量编程实例见“..\03-Software\CH11\RTOS04-Semaphore”。该工程以三辆车进只有两个停车位的停车场为例,讨论如何通过信号量来实现车辆的有序进场停车。空车位对应于信号量,只有空车位(信号量)>0 时,车辆可以进场停车,空车位(信号量)减1;车辆驶出时,空车位(信号量)加1,对应于信号量的获取与释放。信号量的获取和释放必须成对出现,即某个线程获取了信号量,该信号量必须在该线程中进行释放。模拟程序设计的功能是车子1进场停车 20s,车子2进场停车 10s,车子3进场停车 5s,可以看到需要等待进场的情况。

2) 准备阶段

通过 sem_create 函数初始化信号量结构体指针变量,设置最大可用资源数。例如在本节样例程序中,在 app_init 中初始化信号量结构体指针变量,为了模拟演示,设置最大可用停车位为2,代码如下:

(1) 在 includes.h 中定义信号量。

```
G_VAR_PREFIX sem_t g_sp;                      //声明一个全局变量(信号量)
```

(2) 在 threadauto_appinit.c 的 app_init 函数中创建信号量。

```
g_sp = sem_create("g_sp",2,IPC_FLAG_FIFO);   //创建信号量 g_sp,初值为 2
```

3) 应用阶段

(1) 等待信号量。在线程访问资源前,通过 sem_take 函数等待信号量;无可用信号量时,线程进入信号量阻塞列表,等待可用信号量的到来。例如,在本节样例程序中,在对应线

程中获取信号量,代码如下:

```
sem_take(g_sp, WAITING_FOREVER);                    //等待信号量
```

(2) 释放信号量。在线程使用完资源后,通过 sem_release 函数释放信号量。例如,在本节样例程序中,在对应线程中释放信号量,代码如下:

```
sem_release(g_sp);                                  //释放信号量
```

4) 样例程序源码

(1) 停车线程 1。

```
#include "includes.h"


//=============================================================
//线程名称: thread_Stop1
//参数说明: 无
//功能概要: 输出信号量变化情况,获得信号量后延时 20s
//内部调用: 无
//=============================================================
void thread_Stop1()
{
    //(1)======声明局部变量=============================================
    int SPcount;                                //记录信号量的个数
    //(2)======主循环(开始)=============================================
    while (1)
    {
        delay_ms(2000);                         //延时 2s
        printf("\r\n");
        printf("车辆 1 到达停车场! \r\n");
        SPcount=g_sp->value;                    //读取信号量的值
        printf("车辆 1 请求空闲车位,当前空闲车位为: %d\r\n",SPcount);
            if(SPcount==0)
            {
                printf("空闲车位为 0,车辆 1 等待(进入阻塞列表)...\r\n\r\n");
            }
        //等待一个信号量
        sem_take(g_sp,WAITING_FOREVER);
    //信号量被自动减 1
        SPcount=g_sp->value;                    //读取信号量的值
        printf("车辆 1 获得空闲车位,模拟停车 20s。此时空闲车位还剩: %d \r\n\r",SPcount);
        if(SPcount==0)
        {
            printf("空闲车位为 0,红灯亮,随后车辆不允许进入\r\n");
            gpio_set(LIGHT_GREEN,LIGHT_OFF);
            gpio_set(LIGHT_RED,LIGHT_ON);
        }
        delay_ms(20000);
```

```
//释放一个信号量
sem_release(g_sp);
//此时信号量自动加 1
SPcount=g_sp->value;
printf("车辆 1 驶离,空闲车位为%d,绿灯亮,车辆允许进入 \r\n",SPcount);
gpio_set(LIGHT_RED,LIGHT_OFF);
gpio_set(LIGHT_GREEN,LIGHT_ON);
}
//(2)======主循环(结束)===================================
printf("\r\n");
}
```

(2) 停车线程 2 与停车线程 3。

停车线程 2 与停车线程 3 的程序与停车线程 1 的代码完全相同,只是其中的提示及延时参数发生变化。停车线程 2 的模拟停车时间为 10s,停车线程 3 的模拟停车时间为 5s。

(3) 程序执行流程分析。

从有车辆进入停车场直到车辆离开,程序会输出车辆对空闲车位(信号量)的使用过程以及线程的状态。车辆到达停车场先请求空闲停车位(信号量),如果当前空闲车位(信号量)个数为 0,即无空闲车位(信号量),则会输出当前车辆等待空闲车位(信号量)的提示;若车辆申请到空闲车位(信号量),则输出剩余空闲车位(信号量)的个数;车辆离开停车场释放空闲车位(信号量),并输出提示以释放停车位(信号量)。在车辆获取空闲车位(信号量)时和车辆驶离停车场释放空闲车位(信号量)时,增加了对当前空闲车位(信号量)数量的判断,有空闲车位绿灯亮表示允许停车,无空闲车位红灯亮表示禁止停车。

5) 运行结果

程序开始运行后,可以看到各个线程对信号量(空闲车位)的请求和使用情况,运行结果如图 11-7 所示。

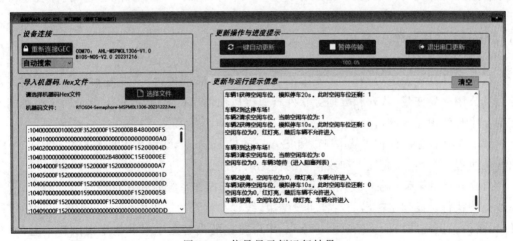

图 11-7　信号量示例运行结果

g_sp 为自定义的信号量名称,通过提示,可以明显地看到信号量的增减变化。g_sp 申请和释放时都会有相应提示,而无可用 g_sp 时也会提示哪个线程正在等待。

11.4.5　互斥量

当信号量的初值为 1 时,就被称为互斥量,其值要么为 1,表示可以使用该资源;要么为 0,表示不能使用该资源。因为其作用比较特殊,所以 RTOS 把它单独作为一个部件来看待。

1. 互斥量的含义及应用场合

1)互斥量的概念

互斥量(Mutex,也称为互斥锁)是一种用于保护操作系统中的临界区(或共享资源)的同步工具。它能够保证任何时刻只有一个线程能够操作临界区,从而实现线程间同步。互斥量的操作只有加锁和解锁两种,每个线程都可以对一个互斥量进行加锁和解锁操作,必须按照先加锁后解锁的顺序进行操作。一旦某个线程对互斥量加锁,在它对互斥量进行解锁操作之前,任何线程都无法再对该互斥量进行加锁,因此,加锁是一种独占资源的行为。在无操作系统的情况下,一般通过声明独立的全局变量,在主循环中使用条件判断语句对全局变量的特定取值进行判断,从而实现对资源的独占。互斥型信号量的使用方法如图 11-8 所示。

图 11-8　互斥型信号量使用方法

2)互斥关系

互斥关系是多个需求者为了争夺某个共用资源而产生的关系。在生活中就存在很多体现互斥关系的场景,如停车场内有两辆车争夺一个停车位、食堂里几个人排队打饭等。这些竞争者之间可能彼此并不认识,但是为了竞争共用资源而产生了互斥关系。就像食堂排队打饭一样,互斥关系中没有竞争到资源的需求者都需要排队等待第一个需求者使用完资源后,才能开始使用资源。

3)互斥应用场合

在一个计算机系统中,有很多受限的资源,如串行通信接口、读卡器和打印机等硬件资源以及公用全局变量、队列和数据等软件资源。以使用串口通信为例,下面是两个线程间不使用互斥和使用互斥的情况。

假定有两个线程,线程 1 从串口输出“Soochow University”,线程 2 从串口输出“1234567890”,执行从线程 1 开始,且线程 1 和线程 2 的优先级相同。

(1)不使用互斥。在不使用互斥的情况下,由于操作系统时间片轮转机制,线程 1 和线程 2 交替执行。线程 1 输出的内容还没结束,线程 2 就开始输出内容,会导致输出的内容混乱,无法得到正确的结果。经过上述流程,串口输出的内容是字母和数字混杂在一起的,与期望输出的“Soochow University”和“1234567890”相去甚远。具体代码可参见“..\03-Software\CH11\Mutex_NoUse”,运行结果如图 11-9 所示。

(2)使用互斥。在使用互斥量的情况下,线程 1 开始运行后,线程 2 必须等待线程 1 发送完成并解除占用的串口,才能使用串口发送数据。这样经过“排队”的过程,串口能够正常

图 11-9 无互斥量示例运行结果

输出"Soochow University"和"1234567890",保证了程序的正确性。具体代码可参见"..\
03-Software\CH11\Mutex_Use",运行结果如图 11-10 所示。

图 11-10 互斥量示例运行结果

2. 互斥量的常用函数

1）创建互斥量变量函数 mutex_create

在使用互斥量之前必须调用创建互斥量变量函数 sem_create 创建一个互斥量结构体
指针变量。

```
//===============================================================
//函数名称: mutex_create
//功能概要: 创建一个互斥量结构体指针变量
//参数说明: name——互斥量名称
//         flag——互斥量标志位,设置互斥量的阻塞唤醒模式
//                IPC_FLAG_PRIO: 优先级高的线程优先
//                IPC_FLAG_FIFO: 先进先出顺序
//函数返回: 返回一个互斥量结构体指针变量
//===============================================================
mutex_t mutex_create(const char * name, uint8_t flag);
```

2）获取互斥量函数 mutex_take

调用获取互斥量函数 mutex_take,将在指定的等待时间内获取指定的互斥量。

```
//=======================================================
//函数名称: mutex_take
//功能概要: 获取互斥量
//参数说明: mutex——互斥量控制块
//          time——设置等待的超时时间,一般为 WAITING_FOREVER(永久等待)
//函数返回: 返回成功或错误代码
//=======================================================
err_t mutex_take(mutex_t mutex, int32_t time)
```

3）互斥量释放函数 mutex_release

调用互斥量释放函数 mutex_release,将释放指定的互斥量。

```
//=======================================================
//函数名称: mutex_release
//功能概要: 释放互斥量
//参数说明: mutex——互斥量控制块
//函数返回: 返回成功或错误代码
//=======================================================
err_t mutex_release(mutex_t mutex)
```

3. 互斥量的编程实例

1）互斥量样例程序的功能

下面将举例说明如何通过互斥量来实现线程对资源的独占访问。基于 2.3 节的样例工程,仍然实现红灯线程每 5s 闪烁一次,绿灯线程每 10s 闪烁一次,蓝灯线程每 20s 闪烁一次。在 2.3 节的样例工程中,红灯线程、蓝灯线程和绿灯线程有时会出现同时亮的情况(出现混合颜色),而本工程通过单色灯互斥量使得每一时刻只有一盏灯亮,不出现混合颜色的情况,小灯颜色显示情况如图 11-11 所示。样例工程参见"..\03-Software\CH11\RTOS05-Mutex-3LED"。

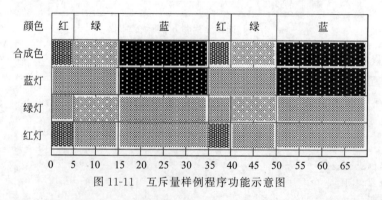

图 11-11　互斥量样例程序功能示意图

互斥量的锁定和解锁必须成对出现,即若某个线程锁定了某个互斥量,则该互斥量必须在该线程中进行解锁。

2）准备阶段

(1) 在 includes.h 中定义互斥量。

```
G_VAR_PREFIX mutex_t g_mutex;
```

（2）在 app_init 函数中初始化互斥量。

```
g_mutex=mutex_create("g_mutex",IPC_FLAG_PRIO);        //初始化互斥量变量
```

3）应用阶段

（1）锁定互斥量。在线程访问独占资源前，通过 mutex_take 函数锁定互斥量，以获取共享资源使用权；若此时独占资源已被其他线程锁定，则线程进入互斥量的阻塞列表中，等待锁定此独占资源的线程解锁该互斥量。

```
mutex_take(g_mutex,WAITING_FOREVER);
```

（2）解锁互斥量。在线程使用完独占资源后，通过 mutex_release 函数解锁互斥量，释放对独占资源的使用权，以便其他线程能够使用独占资源。

```
mutex_release(mutex);
```

4）样例程序源码与运行过程分析

这里给出红灯线程源码，蓝灯线程和绿灯线程的源码与红灯线程源码基本一致，只是延时时间不同。

```
#include "includes.h"
//========================================================
//函数名称：thread_redlight
//函数返回：无
//参数说明：无
//功能概要：每 5s 红灯翻转
//内部调用：无
//========================================================
void thread_redlight()
{
    gpio_init(LIGHT_RED,GPIO_OUTPUT,LIGHT_OFF);
    printf("第一次进入红灯线程！\r\n");
    //(1)======声明局部变量========================================

    //(2)======主循环(开始)========================================
    while (1)
    {
        //1.锁住单色灯互斥量
        mutex_take(g_mutex,WAITING_FOREVER);
        printf("\r\n 红灯锁定单色互斥量成功！红灯翻转,延时 5s\r\n");
        //2.红灯变亮
        gpio_reverse(LIGHT_RED);
        //3.延时 5 秒
        delay_ms(5000);
        //4.红灯变暗
        gpio_reverse(LIGHT_RED);
        //5.解锁单色灯互斥量
        mutex_release(g_mutex);
    }//(2)======主循环(结束)========================================
}
```

本例程与 11.3 节的例程的区别在于使用了互斥量机制。添加了互斥量机制后,红、绿、蓝三种颜色的小灯会按照红灯 5s、绿灯 10s、蓝灯 20s 的顺序单独实现亮暗,每种颜色的小灯线程之间通过锁定单色灯互斥量独立占有资源,不会产生黄、青、紫、白这四种混合颜色。若不添加互斥量机制,则现象与 11.3 节无区别。具体流程如下:红灯线程调用 mutex_take 函数申请锁定单色灯互斥量成功,互斥锁为 1,红灯线程切换亮暗。红灯线程锁定单色灯互斥量期间,蓝灯线程和绿灯线程申请锁定单色灯互斥量均失败,都会被放到互斥量阻塞列表中;直到红灯线程解锁单色灯互斥量之后,蓝灯线程和绿灯线程才会从互斥量阻塞列表中移出,获得单色灯互斥量,然后进行灯的亮暗切换。由于单色灯互斥量是由红灯线程锁定的,因此红灯线程能成功解锁它。5s 后,红灯线程解锁单色灯互斥量,互斥锁变为 0,此时单色灯互斥量会从互斥量列表移出,并转移给正在等待单色灯互斥量的绿灯线程。绿灯线程变为单色灯互斥量所有者,就表示绿灯线程成功锁定单色灯互斥量,互斥锁变为 1,同时切换绿灯亮暗。10s 后,绿灯线程解锁单色灯互斥量,互斥锁再次变为 0,此时仍处于等待状态的蓝灯线程成为单色灯互斥量所有者。20s 后,蓝灯线程解锁单色灯互斥量,红灯线程又会重新锁定单色灯互斥量,进而实现周期循环的过程。

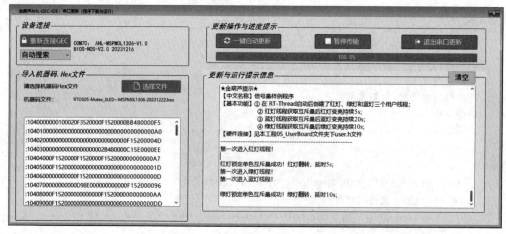

图 11-12　互斥量示例运行效果

5) 运行结果

通过串口工具查看输出结果,如图 11-12 所示。当实际项目中需要资源互斥使用时,可以"照葫芦画瓢"地参照这个例子进行编程。RT-Thread 中的互斥量还具有解决优先级翻转问题的功能,本书不再阐述,有兴趣的读者可参阅王宜怀等所著的《嵌入式实时操作系统:基于 RT-Thread 的 EAI&IoT 系统开发》(机械工业出版社,2021 年 7 月)一书。

本章小结

本章从应用角度给出了 RTOS 的基本应用方法,主要说明 RTOS 作为应用程序开发的工具,可以为我们提供哪些基本服务;并在 AHL-MSPM0L1306 这一 RAM 资源极其有限的情况下,给出了 RT-Thread 的基本要素实例。本章希望通过这些实例,把复杂问题简单化。应用得好,RTOS 就会为我们服务,协助我们做好应用程序;没有应用好,RTOS 就会变成累赘,成为负担。读者可以通过实例学习,并模仿实例进行实际应用程序开发,在应用中进一步巩固提高,学习实时操作系统就不会感到那么困难了。

俗话说,知其然,还要知其所以然,即不仅要学会在 RTOS 下进行应用程序的开发,还要理解 RTOS 的工作原理。若能理解原理,对应用编程肯定有益处,但不能只注重原理,而忽视应用编程。应用开发人员可以把学习实时操作系统的目标定位在"知其然且知其所以然",让原理服务于应用。为了达到这个目的,可以参阅王宜怀等《实时操作系统应用技术——基于 RT-Thread 与 ARM 的编程实践》(机械工业出版社,2024 年 3 月)一书的"第 9 章　初步理解 RT-Thread 的调度原理"。

习题

1. 总结 RTOS 可以为我们提供哪些基本服务。

2. 简述线程上下文的含义及作用。

3. 线程有哪四种基本状态? 在火车站安检情景下,乘客有以下四种状态,请给出与线程四种状态的对应关系。

(1) 乘客在广场上。

(2) 乘客到安检区排队。

(3) 乘客正在进行安检。

(4) 乘客忘记带身份证,无法进行安检。

4. 简述在 RTOS 框架下,delay_ms()延时函数的作用。

5. 思考一下,在本章 RT-Thread 工程框架中,若把红灯线程中延时函数改为机器码指令空延时,会出现什么情况? 若能保证原来效果,如何编程?

6. 通常情况下 RTOS 使用哪些列表对线程进行管理与调度?

7. 针对消息队列,用语言总结比较规范的编程步骤。

8. 简述消息队列的含义及应用场景,自行设计一个程序体现消息队列的工作过程。

第12章

进一步学习指导

12.1 关于更为详细的技术资料

本书作为教材,通用知识占用一部分篇幅。ARM 及 TI 提供的数据手册、参考手册等材料比较多,见文献[1-10],电子资源中也给出了一些扩展资料及程序,可供进一步学习时查阅。

12.2 关于嵌入式系统稳定性问题

学习到这里,读者基本上具备了进行嵌入式系统开发的软硬件基础,但是实际开发嵌入式产品远不止于此。稳定性是嵌入式系统的生命线,而实验室中的嵌入式产品在调试、测试、安装之后,最终投放到实际应用,往往还会发生很多故障,出现不稳定的现象。由于嵌入式系统是一个综合了软件和硬件的复杂系统,因此单单依靠哪个方面都不能完全解决其抗干扰问题,只有从嵌入式系统硬件、软件以及结构设计等方面进行全面的考虑,综合应用各种抗干扰技术来全面应对系统内外的各种干扰,才能有效提高其抗干扰性能。在这里,作者根据多年来的嵌入式产品开发经验,对实际项目中较常出现的稳定性问题做简要阐述,供读者在进一步学习中参考。

嵌入式系统的抗干扰设计主要包括硬件和软件两个方面。在硬件方面,通过提高硬件的性能和功能,能有效地抑制干扰源,阻断干扰的传输信道,这种方法具有稳定、快捷等优点,但会使成本增加。而软件抗干扰设计采用各种软件方法,通过技术手段来增强系统的输入输出、数据采集、程序运行、数据安全等抗干扰能力,具有设计灵活、节省硬件资源、低成本、高系统效能等优点,且能够处理某些用硬件无法解决的干扰问题。

1. 保证 CPU 运行的稳定

CPU 指令由操作码和操作数两部分组成,取指令时先取操作码后取操作数。当程序计数器 PC 因干扰出错时,程序便会跑飞,引起程序混乱失控,严重时会导致程序陷入死循环或者误操作。为了避免这样的错误发生或者为了从错误中恢复,通常使用指令冗余、软件拦截技术、数据保护、计算机操作正常监控(看门狗)和定期自动复位系统等方法。

2. 保证通信的稳定

在嵌入式系统中,会使用各种各样的通信接口,以便与外界进行交互,因此,必须保证通信的稳定。在设计通信接口的时候,通常从通信数据速度、通信距离等方面进行考虑,一般情况下,通信距离越短越稳定,通信速率越低越稳定。例如,对于 UART 接口,通常可选用 9600、38400、115200 等低速波特率来保证通信的稳定性;另外,板内通信使用 TTL 电平即可,而板间通信通常采用 232 电平,有时为了使传输距离更远,可以采用差分信号进行传输。

另外,为数据增加校验也是增强通信稳定性的常用方法,甚至有些校验方法不仅具有检错功能,还具有纠错功能。常用的校验方法有奇偶校验、循环冗余校验法(CRC)、海明码以及求和校验和异或校验等。

3. 保证物理信号输入的稳定

模拟量和开关量都是物理信号,它们在传输过程中很容易受到外界的干扰,雷电、可控硅、电机和高频时钟等都有可能成为其干扰源。在硬件上选用高抗干扰性能的元器件可有效地克服干扰,但这种方法通常面临着硬件开销和开发条件的限制。相比之下,在软件上可使用的方法比较多,且开销低,容易实现较高的系统性能。

通常的做法是进行软件滤波。对于模拟量,主要的滤波方法有限幅滤波法、中位值滤波法、算术平均值法、滑动平均值法、防脉冲干扰平均值法、一阶滞后滤波法以及加权递推平均滤波法等;对于开关量滤波,主要的方法有同态滤波和基于统计计数的判定方法等。

4. 保证物理信号输出的稳定

系统的物理信号输出,通常是通过对相应寄存器的设置来实现的。因为寄存器数据也会因干扰而出错,所以使用合适的办法来保证输出的准确性和合理性也很有必要,主要方法有输出重置、滤波和柔和控制等。

在嵌入式系统中,输出类型的内存数据或输出 I/O 口寄存器也会因为电磁干扰而出错,输出重置是非常有效的办法。定期向输出系统重置参数,这样,即使输出状态被非法更改,也会在很短的时间里得到纠正。但是,使用输出重置需要注意的是,对于某些输出量,如 PWM,短时间内多次的设置会干扰其正常输出。通常采用的办法是,在重置前先判断目标值是否与现实值相同,只有在不相同的情况下才启动重置。有些嵌入式应用的输出需要某种程度的柔和控制,可使用前面所介绍的滤波方法来实现。

总之,系统的稳定性关系到整个系统的成败,所以在实际产品的整个开发过程中都必须予以重视,并通过科学的方法进行解决,这样才能有效地避免错误的发生,提高产品的可靠性。

参 考 文 献

［1］ TI. MSPM0L 系列 32MHz 微控制器技术参考手册［EB/OL］.［2023-12-01］.https：//www.ti.com.cn/.

［2］ TI. MSPM0L 系列 32MHz 微控制器数据手册［EB/OL］.［2023-10-01］.https：//www.ti.com.cn/.

［3］ ARM. Cortex-M0 + Technical Reference Manual Rev. r0p1［EB/OL］.［2023-10-01］. https://documentation-service.arm.com/.

［4］ ARM. Cortex-M0 + Devices Generic User Guide［EB/OL］.［2023-12-01］.https://documentation-service.arm.com/.

［5］ ARM. ARMv6-M Architecture Reference Manual［EB/OL］.［2023-12-01］.https://documentation-service.arm.com/.

［6］ JOSEPH Y. The Definitive Guide to the ARM Cortex-M0［M］. Amsterdam：Elsevier Inc. 2011.

［7］ Free Software Foundation Inc.Using as The gnu Assembler Version2.11.90［EB/OL］.［2023-12-01］. https://docslib.org/doc/13274697/using-as-the-gnu-assembler.

［8］ NATO Communications and Information Systems Agency. NATO Standard for Development of Reusable Software Components［EB/OL］.［2023-12-01］.http://www.uml.org.cn/bzgf/component/nate standards_ib/_1.pdf.

［9］ JOSEPH Y. Cortex-M3 权威指南［M］. 宋岩,译. 北京：北京航空航天大学出版社,2011.

［10］ JOSEPH Y. ARM Cortex-M3 与 Cortex-M4 权威指南［M］. 吴常玉,曹孟娟,王丽红译. 3 版. 北京：清华大学出版社,2015.

［11］ 王宜怀,许粼昊,曹国平. 嵌入式技术基础与实践——基于 ARM-Cortex-M4F 内核的 MSP432 系列微控制器［M］.5 版. 北京：清华大学出版社,2019.

［12］ 王宜怀,李跃华,徐文彬,等. 嵌入式技术基础与实践——基于 STM32L431 微控制器［M］.6 版. 北京：清华大学出版社,2021.

［13］ 王宜怀,史洪玮,孙锦中,等. 嵌入式实时操作系统：基于 RT-Thread 的 EAI&IoT 系统开发［M］. 北京：机械工业出版社,2021.

［14］ JACK G. 嵌入式系统设计的艺术［M］.2 版. 北京：人民邮电出版社,2009.

［15］ BRYANT R.E, O'HALLARON D. R. Computer systems：a programmer's perspective（Third edition）［M］. Pittsburgh：Carnegie Mellon University,2016.

［16］ 上海睿赛德电子科技有限公司. RT-THREAD 编程指南［EB/OL］.［2023-11-01］.https://www.rt-thread.org/.

图书资源支持

感谢您一直以来对清华版图书的支持和爱护。为了配合本书的使用，本书提供配套的资源，有需求的读者请扫描下方的"书圈"微信公众号二维码，在图书专区下载，也可以拨打电话或发送电子邮件咨询。

如果您在使用本书的过程中遇到了什么问题，或者有相关图书出版计划，也请您发邮件告诉我们，以便我们更好地为您服务。

我们的联系方式：

清华大学出版社计算机与信息分社网站：https://www.SHUIMUSHUHUI.com/

地　　　址：北京市海淀区双清路学研大厦 A 座 714

邮　　　编：100084

电　　　话：010-83470236　　010-83470237

客服邮箱：2301891038@qq.com

QQ：2301891038（请写明您的单位和姓名）

资源下载：关注公众号"书圈"下载配套资源。

资源下载、样书申请　　　　图书案例

书　圈

清华计算机学堂

观看课程直播